U0830587

大学物理实验

（第二版）

主　编　徐天赋　高　静　赵志鹏
副主编　梁　丹　孙继浩　田东升
　　　　李兴元　徐江红　郭素娟

燕山大学出版社
·秦皇岛·

本书依据教育部高等学校物理基础课程教学指导委员会的《理工类大学物理实验课程教学基本要求》，在燕山大学物理实验中心早年所编写的两版《大学物理实验》教材基础上改编而成，也是实验中心多年来物理实验教学改革集体智慧的结晶。

全书共 6 章，包括实验前必备的误差理论及数据处理的基本知识，按层次精选了 9 个典型的基础性实验、22 个综合性实验、9 个近代物理实验和 6 个设计性实验。本书内容安排由浅入深、循序渐进，使学生逐步学会从选题、选配实验仪器到独立进行实验设计、开展具有研究性内容的实验工作，培养学生的独立实验能力、实验设计能力和研究创新能力。

本书可作为理工类院校大学物理实验教学的参考教材和相关实验技术人员的教学参考书。

图书在版编目（CIP）数据

大学物理实验/徐天赋，高静，赵志鹏主编. —2 版. —秦皇岛：燕山大学出版社，2025.5
ISBN 978-7-5761-0603-9

Ⅰ. ①大… Ⅱ. ①徐… ②高… ③赵… Ⅲ. ①物理学—实验—高等学校—教材 Ⅳ. ①O4-33

中国国家版本馆 CIP 数据核字(2024)第 000094

大学物理实验
DAXUE WULI SHIYAN
徐天赋 高 静 赵志鹏 主编

出版人：陈 玉	
责任编辑：孙志强	**策划编辑**：李 冉
责任印制：吴 波	**封面设计**：吴 波
出版发行：燕山大学出版社 YANSHAN UNIVERSITY PRESS	**电　　话**：0335-8387555
地　　址：河北省秦皇岛市河北大街西段 438 号	**邮政编码**：066004
印　　刷：涿州市般润文化传播有限公司	**经　　销**：全国新华书店

开　　本：787 mm×1092 mm 1/16	**印　　张**：14.75
版　　次：2022 年 3 月第 1 版 2025 年 5 月第 2 版	
印　　次：2025 年 5 月第 1 次印刷	**字　　数**：350 千字
书　　号：ISBN 978-7-5761-0603-9	**定　　价**：59.00 元

版权所有 侵权必究
如发生印刷、装订质量问题，读者可与出版社联系调换
联系电话：0335-8387718

前　　言

物理学是研究物质最一般的运动规律和物质基本结构的学科，研究内容包括大至宇宙、小至基本粒子等一切物质最基本的运动形式和规律。物理学是一门实验科学，同时也是一门逻辑推理演绎的科学，是一门拥有众多分支的重要基础自然科学。

习近平总书记在党的二十大报告中指出："教育、科技、人才是全面建设社会主义现代化国家的基础性、战略性支撑。必须坚持科技是第一生产力、人才是第一资源、创新是第一动力，深入实施科教兴国战略、人才强国战略、创新驱动发展战略，开辟发展新领域新赛道，不断塑造发展新动能新优势。"实验环节在理工科人才培养过程中，起着重要作用。实验教学工作，对于人才的顺利成长、创新驱动发展具有重要影响。大学物理实验作为非物理专业理工类本科生的一门实验课程，是理工科专业学生在大学接受系统实验方法和实验技能训练的开端，是提高实验能力、增加对基本物理实验技能掌握的重要课程，有利于提升学生严谨的态度、科学的思想方法、分析能力和创造力，对理工类的人才培养具有重要意义。通过实验训练，学生可以获得关于物理规律的感性认知，加深对物理概念、原理和定律的理解。学生在做实验的过程中，可以锻炼自己的动手能力、思维能力，验证物理假说的正确性，培养实事求是的科学态度，实验在学生培养过程中具有独特和不可替代的重要作用。

本书是在燕山大学物理实验中心所编写的前两版《大学物理实验》教材基础上，结合学校人才培养的定位和近年来实验教学的实际运行情况，加入了新的实验项目，去除了部分老旧项目，完善了部分现有仪器项目，对教材内容作了较大调整。本书共分 6 章，第 1 章和第 2 章重点论述了贯穿整个实验课全过程所必备的误差理论和数据处理的基本方法，统一了误差理论中对实验数据处理方法的要求。第 3 章为物理实验基本仪器的使用与训练，编选了 9 个实验项目。第 4 章为综合及应用型实验，编选了 22 个实验项目。第 5 章为近代物理实验，编选了 9 个实验项目。第 6 章为设计性实验，编选了 6 个实验项目。全书由浅入深、循序渐进，涵盖了力学、热学、声学、电磁学、光学、近代物理等多方面的实验项目。对于部分难懂的实验项目，采用附录的方式对实验原理、仪器结构、仪器界面操作、软件使用等予以补充说明。删除、简化了对实验原理内容理解帮助不大的知识点，力求公式推导过程简洁清晰，便于学生课下预习时能更好地理解实验测量方法，进而提高教材的整体可读性。

本书在出版过程中得到了燕山大学教务处、出版社和理学院的大力支持与帮助，得到了实验中心所有实验教师的全力支持。在此，向他们表示由衷的感谢。

由于编者的水平所限，难免存在不足和错误之处，恳请广大读者予以批评和指正。

编者

2024 年 10 月

CONTENTS 目录

◎ 绪 论

物理学是一门实验科学。物理学新概念、新规律的发现和确立主要依赖于实验，物理学上的新突破也常常是基于新的实验技术和方法的发现。物理实验的方法、思维、仪器以及技术已经被普遍地应用在各个自然科学领域，乃至自然科学之外的学科。

“教育是国之大计、党之大计”，“培养造就大批德才兼备的高素质人才，是国家和民族长远发展大计”，在党的二十大报告中，习近平总书记强调“科教兴国战略”，要 “加强基础学科建设”“加强基础研究”。大学物理实验课程作为学生科学实验的基础，理应承担起立德树人的根本任务，为培养德智体美劳全面发展的社会主义建设者和接班人出一份力。

“大学物理实验”是理工科院校各专业的一门独立设置的必修基础课程，是学生进入大学以后接受系统实验方法和实验技能训练的开端。本课程中每个实验项目都经过精心设计、安排，在加深对理论知识理解的同时，可使学生获得基本的实验知识，并在实验方法和实验技能等诸多方面提供了较为系统、严格的训练，是大学生从事科学实验的入门向导。在培养科学工作者的良好素质及科学世界观方面，大学物理实验课程也起着潜移默化的作用，是其他实践类课程难以替代的。

0.1 大学物理实验课的任务

本课程按照《高等学校理工科本科基础课程教学基本要求》，以循序渐进的原则，学习物理实验知识、方法和技能，了解科学实验的主要过程和基本方法，为今后学习和工作奠定良好的实验基础。其具体任务是：

1. 通过对实验现象的观察、分析和对物理量的测量，学习物理实验知识，加深对物理学原理的理解。

2. 培养与提高学生的科学实验能力，主要包括以下几个方面：

(1) 能通过阅读实验教材或资料，做好实验前的准备。

(2) 能借助教材或仪器说明书正确使用物理实验仪器。

(3) 能运用物理学理论对实验现象进行初步分析判断。

(4) 能正确记录和处理实验数据，绘制曲线，分析实验结果，撰写合格的实验报告。

(5) 能够完成简单的具有设计性内容的实验。

3. 要求学生遵守纪律，遵守操作规程，团结协作，具有理论联系实际和实事求是的科学作风、严肃认真的工作态度、主动研究的探索精神和爱护公共财产的优良品德。

0.2 如何做好大学物理实验

简单来说，做好大学物理实验要抓好三个环节：实验预习、实验过程和实验报告。

1. 实验预习

预习是实验的基础，是实验顺利进行和实验质量的保障。做好预习，首先应明确本次实验的目的，知道要“做什么”；在此基础之上明确实验原理、实验方法的特点，以及测量的内容和注意事项，了解实验“怎么做”，哪些是直接测量量，哪些是间接测量量，用什么仪器和方法来测量，结果的误差该如何估算等。想明白这些问题之后，制定合理的实验规划，在课堂实验过程中有的放矢，有针对性地进行操作和观察，及时发现和解决问题，独立完成各项任务，实现各个目标。在此基础上，上课之前完成实验预习报告。

2. 实验过程

（1）按时进入实验室，不迟到早退，注意课堂秩序，不交头接耳，独立完成实验。

（2）认真检查并熟悉测量仪器，记下主要测量仪器的型号及其主要技术参数（如测量范围和精度）。

（3）根据仪器使用说明，正确安装和调整仪器；检查无误后，按实验要求进行实验；如有问题，可联系指导教师协助解决。

（4）严肃认真，胆大心细，独立操作，有条不紊。

（5）实事求是，正确记录实验数据和实验现象，需特别注意数据的有效数字。

（6）实验中要及时分析和整理数据，如有问题，应重测或补测，错误的数据用一条水平线段划掉即可。原始数据整理后送指导教师签字，没有问题，将电源关闭，仪器规整好，填写实验运行记录本，记录仪器设备损坏情况。

实验中强调规范操作，注意操作的安全性；学会边做实验、边检查、边分析，避免实验结束时才发现实验过程有误的现象发生。实验中出现故障时应立即控制现场（如断电、降温等），及时报告老师，分析原因，排除故障，切不可有意回避、推诿责任、擅自调换别组的仪器。因操作不当造成仪器损坏，将视情节酌情赔偿。

3. 实验报告

实验报告不只是一份学生的作业，更是实验者所做的工作和成果展示。阅读者要从报告中了解实验者做了什么，根据什么做的，取得了哪些观测资料，得到了什么样的实验结果，取得了什么成果或结论。实验报告应能反映实验者对所做实验的完整思路，其中特别注意实验目的、实验原理、实验结论的和谐一致，即实验中的结论应该是在原理的指导下取得的结果，来显示实验目的的达成度。

撰写实验报告字体要端正，文字要简练，数据要齐全，图表要规范，计算要准确，分析要充分、具体。要按时提交实验报告，过时无故不交者没有分数，如发现有抄袭数据或报告现象的，一律按作弊严肃处理。

0.3 关于实验报告的说明

本课程中，实验报告分为预习报告、课上数据记录和课后数据处理三部分，其所占分数比例通常为 3∶3∶4。

实验课之前必须按时完成预习报告的书写，并在课上交由教师审阅，无预习报告或预习报告不合格者不得参加该次实验课；课上数据记录完成，由教师签字后方可离开实验室，无签字数据无效，数据雷同者无实验成绩；学生应在规定时间内按要求处理数据，提交实验报告，若出现抄袭情况一律按作弊处理。

1. 预习报告(30 分)

(1) 实验名称。

(2) 实验仪器：主要仪器的名称、型号及主要技术参数。

(3) 实验目的。

(4) 实验原理：不可直接抄书，应按照自己的理解书写实验的主要原理及公式，画好必要的原理图、电路图、光路图(注：复杂的仪器结构图可不画，作图需用铅笔，不得使用中性笔或圆珠笔等不可擦除的笔作图，此外每个实验公式、图、表应单独编号，不得直接使用教材中的编号)。

(5) 实验内容：教师无特殊要求的情况下，以教材为主。

(6) 原始数据记录：课前须根据实验内容自行设计数据记录表格，无数据记录表格视为预习不合格，不得进入实验室参加该次实验课。要求使用直尺和铅笔制作表格，表格大小应当合适，原则上应留有修改数据的空间；此外表格上方应居中填写表格名称，且应独立编号，不得直接抄书。

2. 课上数据记录(30 分)

规范操作，独立完成实验，并实事求是地记录数据。要求直接记录在原始数据记录表中，且不得使用铅笔，经教师签字后方可关闭仪器，数据不合理则需重测或补测数据。无教师签字，数据无效；签字后，未经同意原始数据不得修改。

3. 数据处理与分析(40 分)

(1) 按照教师课上或教材上的要求处理数据，多次重复的简单运算可列成表格，需注意数据的有效数字；多次测量并要求书写结果表达式时，一定要计算标准偏差、相对误差，最后写出结果表达式。

(2) 间接测量量的计算，应当有计算过程(包括依据的公式、代入数据的运算式、计算结果、单位)，其误差与相对误差的计算应按照间接量的数据处理规则计算。

(3) 作图法求解物理量也必须有相应的求解过程，包括标注参照点、取点计算过程，无数据计算应当根据作图情况写出实验结论。此外，凡是作图都应提前以表格的形式给出作图的数据来源。

(4) 原则上，所有的物理量都应当标注单位，单位之间的运算不要弄错，如有必要可先统一换算成国际单位再做运算。

(5) 误差分析：实验完成后，要对整个实验过程进行反思，分析误差的原因和来源，尤其是实验结果与理论偏差较大的情况，误差分析尤为重要。切记要有理有据，不可空谈或套路化。

◎ 第1章 误差理论

1.1 测量与误差

测量误差理论是一门专门的学科，深入地讨论需要有丰富的实验经验和较多的数学知识，下面介绍有关测量误差的基本知识，希望学生着重了解它的物理内容，学会简单的计算，领会误差的分析思想对于做好实验的意义。

1.1.1 测量的基本概念及分类

在科学实验中，一切物理量都是经过测量得到的。为了进行测量，必须选定一些标准单位，如7个国际单位制(SI)基本单位：质量的单位——千克(kg)、长度的单位——米(m)、时间的单位——秒(s)、电流强度的单位——安培(A)、热力学温标的单位——开尔文(K)、光强的单位——坎德拉(cd)、物质的量的单位——摩尔(mol)。测量就是将待测物理量与这些作为标准单位的同类物理量进行比较，得出其倍数的过程。倍数值称为待测物理量的数值，选作的计量标准称为单位，因此，测量值包括数值和单位。

根据测量值获得方式的不同，测量可分为直接测量和间接测量两种。凡使用测量仪器能直接测得结果的测量，如用米尺测量物体的长度、用秒表测量一段时间等，称为直接测量，相应的物理量称为直接测得量。另外，还有很多物理量，它们不是用测量仪器直接测得的，而是先直接测量另一些相关的物理量，然后通过这些量之间的数学关系运算才能得到结果，这样的测量称为间接测量，相应的物理量称为间接测得量。例如，测量某物体的平均运动速率，我们是直接测量路程和通过这段路程所用的时间，然后经过计算得到的。显然，直接测量是间接测量的基础。

1.1.2 误差的基本概念及分类

一般来说，测量过程都是测量者在一定的环境条件下，使用一定的测量仪器进行的。由于测量仪器的结构不可能完美无缺；观察者的操作、调整和读数不可能完全准确；环境条件的变化，如温度的波动、振动、电磁辐射的随机变化；理论的近似性等，都不可避免地对实验结果造成各种干扰，因此，任何测量都不可能做到绝对的准确。被测物理量在一定客观条件下的真实大小，即该物理量的真值 x_0 和测量值 x 之间总存在着差异，这种差异称为测量误差。测量误差的表示方法分为绝对误差 Δx 和相对误差 E。

$$\Delta x = x - x_0 \tag{1-1}$$

绝对误差和误差的绝对值不同，绝对误差可正可负，而误差的绝对值总是正值。

相对误差是测量误差的绝对值与真值之比，常用符号 E 来表示，并表示成百分数：

$$E=\frac{|x-x_0|}{x_0}\times 100\% \tag{1-2}$$

误差存在于一切测量之中，而且贯穿测量过程的始终。每使用一种测量仪器，进行一次测量，都会引入误差。正常测量的误差，按其产生的原因和性质可以分为系统误差和随机误差。

在同一条件下多次测量同一物理量时，误差的大小和符号始终保持不变，或者按照某种确定的规律变化，这种误差称为系统误差。例如：用停表测量一段时间，假设停表走得快，则用它测出的时间总比真值大(假设其他误差可以忽略不计)，此时的误差就是系统误差。

在同一条件下多次测量同一物理量时，测得值总有差异，并在消除系统误差以后，差异依然存在，即误差的绝对值和符号是变化不定、不可预知的，这种误差称为随机误差(或称偶然误差)。

实验中由于实验者的粗心大意或操作不当造成的人为差错称为粗大误差(或称过失误差)。例如，看错刻度、读错数字、计算错误等。由定义可以看出，严格地讲，粗大误差应叫作错误，错误不是误差。含有粗大误差的测量结果是完全无效的，当确认测量结果中含有粗大误差时，该结果应舍弃不用。粗大误差通过实验者的主观努力是能够克服的，而系统误差和随机误差是客观的、不可避免的。

测量结果中一般同时含有系统误差和随机误差。我们研究误差的目的就是要在测量过程中尽量减小误差，并对残存的误差给出适当的估计值。

1.2 系统误差

1.2.1 系统误差的来源

系统误差的来源有以下几个方面：

1. 仪器误差

由于仪器本身的缺陷或没有按规定的条件使用仪器而造成的误差。例如，仪器的零点不准造成的误差，等臂天平两臂不等长造成的误差，仪器的水平或铅直未调整，在 20℃下标定的标准电阻在 30℃的条件下使用造成的误差等。

2. 理论误差

由于测量所依据的理论公式本身的近似性，或者实验条件不能达到理论公式所规定的要求，或者由于测量方法所带来的误差。例如，利用单摆测量重力加速度 g 所依据的公式为：$g=4\pi^2 l/T^2$(式中，l 为单摆的摆长，T 为单摆的周期)，此公式成立的条件是摆角趋于零，而在测量周期时又必然要求有一定的摆角，这就决定了测量结果中必含有系统误差。

3. 个人误差

由于观测者本人的生理或心理特点所造成的误差。它通常与观测人员反应速度和观测习惯有关。例如，测量一段时间，观测者计时有超前或落后习惯所带来的误差；对准标志时，观测者总是偏左或偏右所造成的误差等。

4. 环境误差

由于环境条件变化所引起的误差，如温度、气压、湿度的变化等。

1.2.2 系统误差的发现

系统误差产生的原因往往是已知的，它的出现一般也是有规律的。人们通过长期实践和理论研究总结出一些发现系统误差的方法。

1. 理论分析法

所谓理论分析法就是观测者凭借所掌握的有关某项实验的物理理论、实验方法和实验经验等对实验所依据的理论公式的近似性、所采用的实验方法的完善性等进行研究与分析，从中找出产生系统误差的某些主要根源，从而发现系统误差的方法。例如，气垫导轨实验中，经理论分析知道由于滑块与导轨之间存在一定的摩擦阻力，如果实验中作为无摩擦的理想情况来处理，就会产生与摩擦阻力有关的系统误差。理论分析法是发现、确定系统误差的最基本的方法。

2. 对比法

对比法就是改变实验的部分甚至全部条件，去测量被测量，分析改变前后测得值是否有显著的不同，从中去分析有无系统误差和探索系统误差来源的方法。对比的方法有多种，其中包括不同实验方法和不同测量方法的对比；使用不同测量仪器的对比；改变测量条件的对比，以及采用不同人员测量的对比等。例如，将物体分别放在天平的左盘和右盘上分别称量，可以发现天平不等臂引入的误差；精确地测量同一单摆在不同摆角时的周期值，可以发现周期与摆角有关。

3. 数据分析法

因为随机误差是遵从统计分布规律的，所以若测量结果不服从统计规律，则说明存在系统误差。可以按照测量列的先后次序，把偏差（残差）列表或作图，观察其数值变化的规律，进而分析是否存在系统误差。

以上介绍了三种发现系统误差的方法。除此之外，还有一些发现系统误差的方法，在具体工作中，我们应该注意学习和总结。

1.2.3 系统误差的减少和消除

系统误差可以通过一定的实验和数据处理方法加以限制、减小或大部分消除。一些影响测量结果的主要系统误差分量的消除会使测量的准确度有所提高，但是某些原来次要的分量和新发现的系统误差分量又会成为影响准确度继续提高的障碍。因此，系统误差不可能绝对完全地被消除，只能在测量的各个环节中设法减小或基本消除某些主要系统误差分量对测量结果的影响。下面介绍几种常用的减消系统误差的方法。

1. 利用标准器具减消系统误差

用高准确度计量器具来检定实验仪器（或装置），能给出后者的检定曲线或在一系列指定测量值处的修正值。以实验仪器（或装置）测量时，利用检定曲线或修正值能显著减小系统误差。

2. 修正已经确定的定值系统误差分量

修正已定系统误差分量是减消系统误差的有效方法。除了由计量器具检定证书等资料给出的修正值可用来修正测得值之外，还可根据原理方法分析、测量数据处理等过程来确定修正值。

3. 采用合理规范的测量步骤减消系统误差

在测量中，按照规范和技术要求，依据正确的测量经验，采用合理规范的测量步骤，能避免和减小某些引起系统误差的影响因素的作用，以达到减消系统误差的目的。例如：

(1) 按规程正确放置(指针)模拟式电表，并远离铁磁材料，能减小相应影响量的附加误差。

(2) 对一些仪器装置预调水平或铅直状态(如对天平、冲击电流计的调整)。

(3) 电表预调零点、千分尺预调零点。

(4) 大气压力计读数时正向平视，有镜面的表读数时指针与像重合，调焦时使被测对象(或其像)与基准或参考标尺(或叉丝)共面等，都是避免读数视差的措施，能减小系统误差。

(5) 控制或保持稳定的正常测量条件，屏蔽或减小一些敏感影响量(如温度、外电磁场、振动等)的影响，能减小系统误差。

4. 选择或改进测量方法减消系统误差

(1) 替代法　在测量条件不变的情况下，先测得未知量，然后再用一已知标准量取代被测量，而不引起示值改变，于是被测量就等于这个标准量。例如用伏安法测量电阻时，当电流表外接时，由于伏特表的内阻不是无限大，它必将引起分流，导致所测电阻值总是偏小。而用一电阻箱替代被测电阻，调节电阻箱阻值，使伏安表示数与之前连接被测电阻一致时，电阻箱阻值即为被测电阻阻值。又如先挑选一定的砝码组合和被测物分置天平两端，使天平平衡；再用标准砝码组合代替被测物，仍使天平平衡，则被测物质量等于标准砝码组合的质量，即使天平不等臂，或空天平不平衡，这些系统误差因素对代替结果也影响甚小。

(2) 异号法　改变测量中的某些条件，进行两次测量，使两次测量中的误差符号相反，再取两次测量结果的绝对值的平均值作为测量结果。例如用 1 μV 分辨率的数字表测同一小电势，用正反两种接法的读数绝对值取平均，能减小数字表零点不准和部分寄生电势的系统误差影响。

(3) 交换法　根据误差产生的原因，在一次测量之后，把某些测量条件交换一下再次测量。例如设待测质量为 m_x，先置物于天平右侧，在左侧置砝码 m_L 使平衡；再交换物与砝码位置，平衡时右侧砝码为 m_R。若空天平不平衡，则取 $m_x=(m_L+m_R)/2$，若天平不等臂，则取 $m=\sqrt{m_L m_R}$。

在实际问题中，系统误差的处理往往是我们能否获得准确测量结果的关键，但对系统误差的处理还没有建立起数学上比较严密、完整的体系。因此，系统误差的处理是一件复杂而困难的工作，它不仅需要我们掌握广博的理论知识，还需要从长期的实践中积累丰富的经验，不断地提高。

1.3　随机误差及其数学处理

假设系统误差已被减弱到可以忽略的程度，只剩下随机误差。随机误差是由于人的感官灵敏程度和仪器的精密程度有限，周围环境的干扰以及随测量而来的其他不可预测的随机因素造成的。这些因素一般是无法预知、难以控制的。所以，测量过程中随机误差的出现带有某种必然性和不可避免性。例如，在测定单摆的周期时，观测者需按下秒表的按钮来记录单摆经过某一标志线的时刻。如果多次重复地测量，就会发现所测得的周期值一般并不相同。这是由于观测者有时过早地按下按钮，有时则过迟。而动作的迟、早，也有程度上的差异。又如，在有的测量中，温度的微小起伏会造成测量结果的无序变化；杂散电磁场会影响精密测量，等等。

1.3.1 随机误差的正态分布规律

对某一被测量进行多次重复测量，假设系统误差已被减弱到可以被忽略的程度，由于随机误差的存在，测量结果 $x_1, x_2, \cdots, x_n$ 一般存在着一定的差异。如果被测量的真值为 x_0，则根据误差的定义，各次测量的误差为

$$\varepsilon_i = x_i - x_0 \quad (i=1,2,\cdots,n) \tag{1-3}$$

大量的实验事实和统计理论都证明，在绝大多数物理测量中，随机误差 ε_i 服从正态分布（或称高斯分布）规律。它具有以下性质：

(1) 单峰性——绝对值小的误差出现的机会（概率）大，绝对值大的误差出现的机会（概率）小；

(2) 对称性——大小相等、符号相反的误差出现的概率相等；

(3) 有界性——绝对值大的正负误差出现的概率趋于零；

(4) 抵偿性——当测量次数非常多时，由于正负误差相互抵消，各误差的代数和趋于零。

随机误差正态分布规律的这些性质在图 1-1 的正态分布曲线上可以看得非常清楚。该曲线横坐标为误差 ε，纵坐标为 $f(\varepsilon)$，即误差的概率密度分布函数，它的意义是单位误差范围内出现的误差概率。曲线下阴影包含的面积元 $f(\varepsilon)\mathrm{d}\varepsilon$，就是误差出现在 ε 至 $\varepsilon+\mathrm{d}\varepsilon$ 区间内的概率。

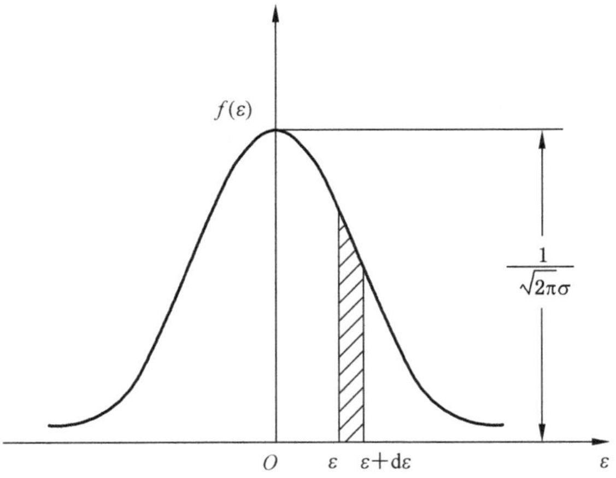

图 1-1 随机误差的正态分布曲线

根据统计理论可以证明

$$f(\varepsilon) = \frac{1}{\sqrt{2\pi}\sigma} e^{-\frac{\varepsilon^2}{2\sigma^2}} \tag{1-4}$$

式中，σ 是一个取决于具体测量条件的常数，称为标准误差(或称均方误差、标准差)。由式(1-4)容易证明，标准误差 σ 正好处在正态分布曲线拐点的横坐标上(拐点是函数的二阶导数为零时解出的值)。

按照概率理论，误差 ε 出现在区间$(-\infty,+\infty)$的事件是必然事件，所以$\int_{-\infty}^{+\infty} f(\varepsilon)\,\mathrm{d}\varepsilon=1$，即曲线与横轴所包围的面积恒等于 1。当 $\varepsilon=0$ 时，由式(1-4)得

$$f(0)=\frac{1}{\sqrt{2\pi}\sigma} \tag{1-5}$$

由式(1-5)可见，若测量的标准误差 σ 很小，则必有 $f(0)$很大。由于曲线与横轴间围成的面积恒等于1，所以曲线中间凸起较大，两侧下降较快，相应的测量必然是绝对值小的随机误差出现较多，即测得值的离散性小，重复测量所得的结果相互接近，测量的精密度高；相反，如果 σ 很大，则 $f(0)$就很小，误差分布的范围就较宽，说明测得值离散性大，测量的精密度低。这两种情况的正态分布曲线如图 1-2 所示。因为 σ 反映的是一组测量数据的离散程度，因此常称它为测量列的标准误差。它的数学表达式为

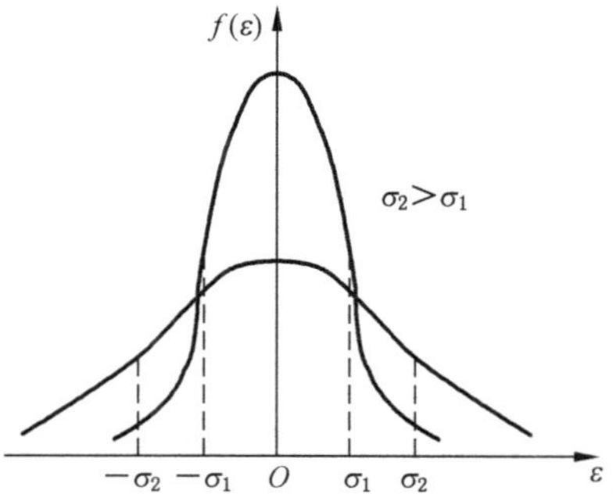

图 1-2 正态分布函数与分布参数的关系

$$\sigma=\lim_{n\to\infty}\sqrt{\frac{\sum_{i=1}^{n}(x_i-x_0)^2}{n}} \tag{1-6}$$

可以证明，$\int_{-\sigma}^{+\sigma} f(\varepsilon)\mathrm{d}\varepsilon\approx0.683=68.3\%$，即在$-\sigma\sim+\sigma$之间正态分布曲线下的面积占总面积的 68.3%。这就是说，如果测量次数 n 很大，则在所测得的数据中，将有占总数68.3%的数据的误差落在区间$[-\sigma,+\sigma]$之内；也可以这样讲，在所测得的数据中，任一个数据 x_i 的误差ε_i 落在区间$[-\sigma,+\sigma]$之内的概率 $P=68.3\%$。区间$[-\sigma,+\sigma]$称为置信区间，其对应的概率($P=68.3\%$)称为置信概率。扩大置信区间，置信概率就会提高。例如，在区间$[-2\sigma,+2\sigma]$内，置信概率为 95.5%；在区间$[-3\sigma,+3\sigma]$内，置信概率为 99.7%。一般情况下，置信区间可用$[-k\sigma,+k\sigma]$表示，k 称为包含因子。

1.3.2 直接测得量误差的估算

1. 单次测量

在物理实验中，常由于测量准确度要求不高或条件不允许等原因，对一个物理量的直接测量只进行了一次。这时，可根据实际情况，对测量值的误差进行合理的估算。在单次测量中，可将仪器误差限 $\Delta_{仪}$ 作为单次测量的误差。正确使用仪器时的 $\Delta_{仪}$ 可按如下原则来确定：

对可估读测量数据的仪器，$\Delta_{仪}$ 为最小刻度的一半；

对不可估读测量数据的仪器，$\Delta_{仪}$ 为仪器的最小分辨的读数；

对有仪器说明书或注明仪器精度等级的仪器，$\Delta_{仪}$ 按仪器说明书计算。

2. 多次重复测量

为了减小随机误差，在可能的情况下，要采用多次重复测量的方法。由于测量误差的存在，真值实际上是无法测得的。如果在对被测量进行 n 次相同的测量，得到的将是一组大小略有起伏的测量数据 $x_1, x_2, \cdots, x_n$。根据随机误差的正态分布规律，测量值偏大或偏小的机会是相等的，即绝对值相等的正负误差出现的概率是相等的。因此，各次测得值的算术平均值

$$\bar{x} = \frac{x_1 + x_2 + \cdots + x_n}{n} = \frac{\sum_{i=1}^{n} x_i}{n} \tag{1-7}$$

必然最为接近被测量的真值，称为最佳估计值。

在误差的实际处理方法中，多采用如下的贝塞尔公式去估计标准误差：

$$S(x) = \sqrt{\frac{\sum_{i=1}^{n} (x_i - \bar{x})^2}{n-1}} = \sqrt{\frac{\sum_{i=1}^{n} {v_i}^2}{n-1}} \tag{1-8}$$

式中，测得值 x_i 与平均值 $\bar{x}$ 之差 v_i（即 $v_i = x_i - \bar{x}$）称为测得值 x_i 的残余误差，简称残差。贝塞尔公式是用残差去求标准误差的估计值 $S(x)$，称此估计值为测量列的标准偏差（或实验标准差）。

算术平均值的标准偏差 $S(\bar{x})$ 为算术平均值的标准误差的估计值，若测量列的标准偏差为 $S(x)$，则

$$S(\bar{x}) = \frac{S(x)}{\sqrt{n}} \tag{1-9}$$

1.3.3 异常值的剔除

在测量数据中，有时会发现过大或过小的异常数据。这往往是测量过程中的过失引起的，这样引入的误差，我们称为过失误差或粗大误差。那么按什么标准来判断一组数据中是否含有过失误差呢？下面介绍三个常用判别的准则。

1. 拉依达准则

此准则是以凡残差大于 $3S(x)$ 的数据均视为异常值而被舍弃为标准来剔除不合理的数据的。其根据是，对于服从正态分布的随机误差来说，误差出现在 $\pm 3\sigma$ 区间的概率约为 99.7%，也就是说，在 1 000 次测量中，误差的绝对值大于 3σ 的测量约为 3 次。所以，在测量次数不太多的情况下，出现这样的数据是不正常的，这时我们宁可将它舍弃。这样以测量列的标准偏差的 3 倍为界来决定数据的取舍就成为一个准则。

拉依达准则只有在测量次数 n 较大时才适用，且至少应使 $n > 10$，否则用这种方法是无法剔除异常值的。事实上，拉依达准则偏宽，又没有考虑数据个数的影响，在正式处理数据时一般不使用。

2. 肖维涅准则

肖维涅准则考虑了测量次数对偏差的影响。设重复测量的次数为 n，则在一组测量数据中，凡未在区间 $\bar{x} \pm c_n S(x)$ 的测得值可以认为是异常值而舍弃。c_n 称为肖维涅系数，

表 1-1 给出了各种测量次数下的 c_n 值。测量次数越多，c_n 越大，当 $n>100$ 时，c_n 接近 3，和拉依达准则相当；$n\leqslant 4$ 时，该准则无效。

表 1-1 肖维涅系数表

n	c_n	n	c_n	n	c_n
5	1.65	14	2.10	23	2.30
6	1.73	15	2.13	24	2.31
7	1.80	16	2.15	25	2.33
8	1.86	17	2.17	30	2.39
9	1.92	18	2.20	40	2.49
10	1.96	19	2.22	50	2.58
11	2.00	20	2.24	75	2.71
12	2.03	21	2.26	100	2.81
13	2.07	22	2.28	200	3.02

3. 格拉布斯准则

格拉布斯准则比肖维涅准则更为科学，它考虑了测量次数 n 和置信概率 P 的影响。该准则认为，测量数据未在区间 $\overline{x}+g_{(n,P)}S(x)$ 内时，该值为异常值的概率为 P。式中 $g_{(n,P)}$ 称为格拉布斯系数，其值见表 1-2。

表 1-2 格拉布斯系数表

n \ P	0.950	0.975	0.990	0.995	n \ P	0.950	0.975	0.990	0.995
3	1.15	1.16	1.16	1.16	15	2.41	2.55	2.70	2.81
4	1.46	1.48	1.49	1.50	16	2.44	2.59	2.75	2.85
5	1.67	1.72	1.75	1.76	17	2.48	2.62	2.78	2.89
6	1.82	1.89	1.94	1.97	18	2.50	2.65	2.82	2.93
7	1.94	2.02	2.10	2.14	19	2.53	2.68	2.85	2.97
8	2.03	2.13	2.22	2.27	20	2.56	2.71	2.88	3.00
9	2.11	2.22	2.32	2.39	24	2.64	2.78	2.99	3.11
10	2.18	2.29	2.41	2.48	28	2.71	2.88	3.07	3.20
11	2.23	2.36	2.48	2.56	32	2.77	2.94	3.14	3.27
12	2.28	2.41	2.55	2.64	36	2.82	2.99	3.19	3.33
13	2.33	2.46	2.61	2.70	40	2.87	3.04	3.24	3.38
14	2.37	2.51	2.66	2.76	50	2.96	3.13	3.34	3.48

必须指出，按上述几个准则若判别出测量数据中有两个以上测得值异常时，此时只能首先剔除残差最大的测得值，然后重新计算算术平均值 $\overline{x}$ 及测量列的标准偏差 $S(x)$，再对余

下的测得值进行判别，直至所有的测得值皆不含异常值为止。

考虑到多次测量也有仪器误差的影响，取仪器误差 Δ＝分度值（不可估读仪器），或 Δ＝分度值/2（估读仪器），则算术平均值的标准偏差

当 $S(\overline{x})>\Delta_{仪}$ 时，取 $S(\overline{x})$；

当 $S(\overline{x})<\Delta_{仪}$ 时，取 $\Delta_{仪}$。

相对误差是测量误差的绝对值与真值之比，如式(1-2)所示。因为误差和真值均不可知，在实际工作中就用平均值的标准偏差和平均值之比作为相对误差的估计值，为

$$E=\frac{S(\overline{x})}{\overline{x}}\times 100\% \tag{1-10}$$

1.3.4　间接测得量误差的估算

间接测得量是由直接测得量根据一定的数学公式计算出来的。这样一来，直接测得量的误差必然影响到间接测得量，这就是误差的传递，这种影响的大小可以由相应的数学公式计算出来。

设间接测得量 N 与直接测得量 $x,y,z,\cdots$ 函数关系为

$$N=f(x,y,z,\cdots) \tag{1-11}$$

由于 $x,y,z,\cdots$ 存在误差 $\Delta x,\Delta y,\Delta z,\cdots$，使 N 也必产生了相应的误差 ΔN。因为误差相对于测量值来说是一个微小量，故可以借助微分手段来研究，对式(1-11)两边取微分：

$$\mathrm{d}N=\frac{\partial f}{\partial x}\mathrm{d}x+\frac{\partial f}{\partial y}\mathrm{d}y+\frac{\partial f}{\partial z}\mathrm{d}z+\cdots \tag{1-12}$$

遇到积商形式的测量时，则先对测量式(1-11)取自然对数再求微分，得

$$\frac{\mathrm{d}N}{N}=\frac{\partial \ln f}{\partial x}\mathrm{d}x+\frac{\partial \ln f}{\partial y}\mathrm{d}y+\frac{\partial \ln f}{\partial z}\mathrm{d}z+\cdots \tag{1-13}$$

式中，$\mathrm{d}N$ 对应于 $S(N)$，$\mathrm{d}x$ 对应于 $S(x)$，…。当直接测得量 $x,y,z,\cdots$ 彼此独立时，间接测得量 N 满足：

$$S(\overline{N})=\sqrt{\left(\frac{\partial f}{\partial x}S(\overline{x})\right)^2+\left(\frac{\partial f}{\partial y}S(\overline{y})\right)^2+\left(\frac{\partial f}{\partial z}S(\overline{z})\right)^2+\cdots} \tag{1-14}$$

$$E=\frac{S(\overline{N})}{\overline{N}}=\sqrt{\left(\frac{\partial \ln f}{\partial x}S(\overline{x})\right)^2+\left(\frac{\partial \ln f}{\partial y}S(\overline{y})\right)^2+\left(\frac{\partial \ln f}{\partial z}S(\overline{z})\right)^2+\cdots} \tag{1-15}$$

对于和差形式的函数，先用式(1-14)求平均值的标准偏差，再用式(1-10)求相对误差比较简便；而对积商形式的函数，则先用式(1-15)求出相对误差，再用 $S(\overline{N})=E\cdot\overline{N}$ 求平均值的标准偏差比较简单。

1.3.5　测量结果的表达式

若用标准偏差表征测量结果的误差范围，则测量结果可写成下列标准形式

$$\begin{cases} x=\overline{x}\pm S(\overline{x}) \\ E=\dfrac{S(\overline{x})}{\overline{x}}\times 100\% \end{cases} \tag{1-16}$$

测量结果表达式的含义是：测量结果是一个范围，它表示待测物理量的真值有一定的概率落在$(\overline{x}-S(\overline{x}),\overline{x}+S(\overline{x}))$范围内；误差以一定概率落在$(-S(\overline{x}),S(\overline{x}))$范围内。这个概率就是指置信概率。

式(1-16)中的有效数字保留规则，将在1.4节介绍。

1.4 有效数字及其运算规则

在实验中我们所得到的测得值都是含有误差的数值，对这些数值不能任意取舍。在记录数据、计算以及书写测量结果时，要根据测量误差（或测量不确定度）来决定究竟应写出几位数字。

1.4.1 有效数字的概念

测量结果中，准确数字和存疑数字的全体称为有效数字。例如，用毫米分度的米尺测量某物体的长度，若发现该物体比151 mm长约半个分度，则测量结果可以记为151.5 mm。在这四位数字中，151这三位数字是准确读得的，称之为准确数字；而0.5这一位是估计出来的，并且仪器本身也将在这一位出现误差，所以它存在一定的可疑成分，即实际上这一位可能不是0.5，称这样的数字为存疑数字。若物体的末端正好与89 mm刻线相重合，这时必须把测量结果记为89.0 mm，而不能记为89 mm。从数字的概念上看，89.0与89是一样大的数值，前者小数点后的0没有保留的价值。但从测量与误差的角度来看，它却表示测量进行到了这一位，只不过把它估计为零而已。有的指针式仪表，它的最小分度较窄，而指针较宽，要读到1/10分度有困难，这时可以读到最小分度的1/5，甚至1/2。

进行十进制的单位变换，只改变有效数字的小数点的位置，而有效数字的位数仍保持不变。例如，某物体的长度为10.50 mm，10.50 mm是四位有效数字。若改用米为单位，则记为0.010 50 m。这时有效数字的位数仍为四位。由此可见，在非零数字之前的0不是有效数字，而在非零数字之间或之后的0都是有效数字。

进行单位变换时，要避免把上例中的长度写成10 500 μm，因为这样写无故增加了有效数字的位数。以后遇到这种情况时必须用科学记数法来表达。上例中的长度以微米为单位时，记为1.050×10^{4} μm；若以米为单位，则记为1.050×10^{-2} m。

进行非十进制的单位变换，有效数字位数不一定维持不变。这时，先找出单位变换以后误差在哪一位上，然后把测量结果也保留到那一位，使测量结果的最后一位与误差所在的一位对齐。例如，$1.8°\pm0.1°=108'\pm6'$，单位变换以后，两位有效数字变成了三位有效数字。

1.4.2 运算后的有效数字

1. 实验后计算误差时有效数字的确定

大学物理实验中，标准偏差（或测量不确定度）通常只取一位有效数字。另外，为了不人为地缩小误差范围，在对标准偏差取位时，一般采用进位的方法。例如，不仅将标准偏差0.048取为0.05，而且将标准偏差0.043也取为0.05。

无论是直接测量还是间接测量的结果，实验平均值位数取舍的依据是：实验平均值的末位必须与标准偏差(或测量不确定度)所在位对齐。例如,计算得到某物理量的平均值为21.516单位,而标准偏差为0.03单位,则最后结果应为(21.52±0.03)单位。

相对误差一般取两位有效数字,采用进位的方法。

2. 实验后不计算误差时有效数字的确定

实验后不计算误差时,测量结果的有效数字的位数只能按以下规则粗略地确定。

(1) 加减运算后的有效数字。加减运算后结果的误差等于参加运算的各数值误差之和。因此运算后的误差应大于参加运算的各数值中任何一个数值的误差,所以加减运算后所保留的数值的末位,应当和参加运算的各数值中最先出现的可疑位一致。

例如:

$$\begin{array}{r} 115.2\underline{5} \\ 17.\underline{7} \\ +100.12\underline{4} \\ \hline 233.\underline{074} \end{array}$$

结果为233.1(画有横线的数字为存疑数字)。

(2) 乘除运算后的有效数字。乘除运算结果的相对误差等于参加运算的各数值的相对误差之和。因此运算结果的相对误差应大于参加运算的各数值中任何一个数值的相对误差。而一般来说有效数字位数越少,其相对误差就越大,所以乘除运算后所得数值的有效数字的位数,可以估计为和参加运算的各数值中有效数字位数最少的数值的位数相同。

例如:

$$\begin{array}{r} 562.3\underline{1} \\ \times \quad 12.\underline{1} \\ \hline \underline{56231} \\ 11246\underline{2} \\ 5623\underline{1} \\ \hline 68\underline{03}.\underline{951} \end{array}$$

按照只保留1位存疑的原则,结果保留三位有效数字$6.8\underline{0}\times10^3$。

(3)函数运算后的有效数字。函数运算后有效数字的位数也是根据由误差来决定有效数字的原则来确定的。若函数为$y=f(x)$,可以先对函数取微分,即取$\Delta y=|f'(x)|\Delta x$,再取x的最后一位的误差为1,然后进行计算,找出Δy在哪一位上,把函数运算的结果也保留到那一位。

例如:$x=50.8$,则$y=\ln x=3.927\,9$。因为$\Delta y=\dfrac{\Delta x}{x}$,若取$\Delta x=0.1$(这是至少的),则$\Delta y=\dfrac{0.1}{50.8}\approx0.002$,于是取$\ln 50.8$为3.928。

又如:$x=9°24'$,则$y=\cos x=0.986\,57$。这是用$\Delta y=|\sin x|\Delta x$,取$\Delta x=1'$得到的。

再如:$x=8.15$,则$y=\sqrt[7]{x}=1.349\,5$。这是用$\Delta y=(1/7)x^{-6/7}\Delta x$,取$\Delta x=0.01$得到的。

1.4.3 使用有效数字运算规则的几点说明

1. 在运算中，对于 π、$\sqrt{2}$ 等常数，所取的位数应足够多，以免引入计算误差，应尽量从计算器上的“π”“$\sqrt{2}$”等键取用。

2. 对数运算时，首数不算有效数字。

3. 首位数是 8 或 9 的 m 位数值和首位数是 1 的 $m+1$ 位数值的相对误差相似，因此在乘除运算中计算有效数字的位数时，对首位数是 8 或 9 的数值的有效数字的位数可多取一位（即可算为 $m+1$ 位）。

例如：9.96×14.212=141.5

计算结果保留四位有效数字。

4. 有多个数值参加运算时，在运算过程中各数值的位数应比按有效数字运算规则规定的位数多取一位，以防止由于多次取舍引入计算误差，但运算最后仍应舍去。例如：

$$
\begin{aligned}
&4.526\times(3.528\,2^2-2.415^2)\times14.12\\
&=4.526\times(12.448\,\bar{2}-5.832\,\bar{2})\times14.12\\
&=4.526\times6.616\,\bar{0}\times14.12\\
&=422.8
\end{aligned}
$$

上面画有横线的数字不是有效数字，运算过程中保留它是为了减少舍入误差。

1.4.4 数值的修约规则

计算数据时要把多余的数字舍去，被舍去的数字应按“四舍六入五凑偶”的修约规则处理，即：

如果要舍去的一位数是 1、2、3、4 时就直接舍去，是 6、7、8、9 时，在舍去的同时进 1。如果要舍去的一位是 5，而保留的最后一位为奇数时，则舍 5 进 1；如果要保留的最后一位是偶数，则舍去 5 不进位，但 5 的下一位不是零时仍然要进位。

例如，将下列数值保留三位有效数字

$$
\begin{aligned}
&3.542\,5\rightarrow3.54\\
&3.546\,6\rightarrow3.55\\
&3.535\,0\rightarrow3.54\\
&3.545\,0\rightarrow3.54\\
&3.545\,1\rightarrow3.55
\end{aligned}
$$

通常所用的数值修约规则是“四舍五入”。一般来说，这样舍入不是很合理，因为总是“入”的机会大于“舍”的机会。采用上面的修约规则可使“舍”和“入”的机会均等，可以避免在处理较多数据时因“入”比“舍”多而带来的计算误差。

1.5 测量不确定度评定

1.5.1 不确定度的建立

由于误差存在于一切测量当中，对某一物理量的测量用单一的量值来表示是不够准确、严谨的。为了避免用“误差”的概念表示测量结果可能引起的缺陷，一些国外学者和 ISO(国际标准化组织)先后引入了不确定度的名词以取代一定概率的误差限值。1980 年，BIPM(国际计量局)起草了一份《实验不确定度的说明》的建议书，并在第二年原则上通过了这一建议书。此后，国际和国内的计量、检验等工作领域都在积极研究采用国际建议，使不确定度表示体系不断完善化、系统化。1992 年，ISO 等 7 个国际组织联合发表《测量不确定度指南》等文件。许多工业化国家也相继颁布了不确定度的国家标准。我国也在国家标准文件和计量规范中逐步采用了不确定度的表达方式，在经过几年的应用、研究、完善后，1999 年我国计量科学研究院经国家质量技术监督局批准，颁布了《JJF1059—1999 测量不确定度评定与表示》的中国国家计量技术规范，明确提出了测量结果的最终形式要用不确定度来进行评定与表示。经过历次修改，我国现行标准为 2018 年开始执行的《GB/T 27418—2017 测量不确定度评定与表示》，现行国际标准为《ISO/IEC Guide 98-3:2008, Uncertainty of measurement—Part3:Guide to the expression of uncertainty in measurement》，不确定度在我国开始进入全面推广阶段。近几年，全国各院校也在物理实验教学中采用不确定度来评定结果，但完全按照《JJF1059—1999 测量不确定度评定与表示》计算不确定度对初学者来说显得过于复杂，因此在介绍有关知识时作了一定程度的简化处理，使可操作性更强。

1.5.2 测量不确定度的概念与分类

不确定度表示由于测量误差的存在而对被测量结果不能肯定的误差范围，用来表征被测量值的分散性是与测量结果相联系的参数。不确定度是标准不确定度的简称。标准不确定度是指以“标准偏差”表示的测量不确定度估计值，用 u 表示。

由于误差来源众多，测量结果的不确定度一般包含几个分量，在修正了可定系统误差之后，把余下的全部误差归为 A、B 两类不确定度分量。

能用对观测列进行统计分析方法计算的分量，称为 A 类不确定度，用 u_A 表示；不同于 A 类的其他方法估算的分量，称为 B 类不确定度，用 u_B 表示。各标准不确定度分量的合成称为合成标准不确定度，用 u 表示。

1.5.3 直接测量结果不确定度的评定

1. 不确定度 A 类分量 u_A

在大学物理实验中，对一个物理量在同一条件下重复测量次数 n 一般小于 10，约定 A 类不确定度取实验平均值的标准偏差，用贝塞尔公式计算被测量的 A 类不确定度，即

$$u_A = S(\overline{x}) = \sqrt{\frac{\sum_{i=1}^{n}(x_i - \overline{x})^2}{n(n-1)}} \tag{1-17}$$

2. 不确定度 B 类分量 u_B

在大学物理实验中，一般只考虑仪器误差这一主要因素，约定 B 类不确定度为

$$u_B=\frac{\Delta_{仪}}{c} \tag{1-18}$$

式中，$\Delta_{仪}$ 为仪器误差限，即仪器“最大误差”（若仪器铭牌或说明书中未标注大小，其值按本书 1.3.2 中介绍的方法计算）；c 为修正因子，与仪器误差的分布规律有关。常用实验仪器误差的概率分布通常有均匀分布、正态分布、三角分布等，修正因子分别为$\sqrt{3}$、3、$\sqrt{6}$。在物理实验中，若仪器说明书未给出误差概率分布信息，则通常按照均匀分布处理，即 $c=\sqrt{3}$，因此

$$u_B=\frac{\Delta_{仪}}{\sqrt{3}} \tag{1-19}$$

3. 合成不确定度

在 A 类和 B 类不确定度分量相互独立的条件下，采用方和根方法合成得到

$$u=\sqrt{u_A^2+u_B^2} \tag{1-20}$$

在许多情况下，需要采用 95%、99%或 99.7%等较高的置信概率。这时，可以在合成标准不确定度前乘以包含因子 k，可得扩展不确定度。国家技术监督局 1994 年建议：待测量服从正态分布时，通常对置信概率为 $P=68.3\%$，近似取 $k=1$；对置信概率为 $P=95.0\%$，近似取 $k=2$；对置信概率为 $P=99.7\%$，近似取 $k=3$。

在本课程中，除特别说明外，置信概率均取 $P=68.3\%$。

1.5.4 测量结果的不确定度表示

直接测得量 x 的测量结果可表示为

$$\begin{cases} x=\bar{x}\pm u \quad (置信概率\ P=68.3\%) \\ u_r=\dfrac{u}{\bar{x}}\times 100\% \end{cases} \tag{1-21}$$

式中，u_r 称为相对不确定度。

1.5.5 直接测得量结果表达式书写示例

例 1 用量程为 0～25 mm 的螺旋测微器重复测量细丝直径 10 次，如表 1-3 所示，试用不确定度表示测量结果。

表 1-3 螺旋测微器测量细丝直径

主要仪器：螺旋测微器　　精度：0.01mm　　零差：−0.012 mm　　单位：mm

次数 i	1	2	3	4	5	6	7	8	9	10
d	1.963	1.962	1.966	1.964	1.963	1.961	1.965	1.967	1.961	1.960

解：

1. 细丝直径的平均值

$$\bar{d}=\frac{1}{n}\sum_{i=1}^{n}d_i=\frac{1}{10}\times(1.963+1.962+\cdots+1.960)=1.963\ 2\ \text{mm}$$

过程量多取一位，下同。

2. 测量列的标准偏差

$$S(d)=\sqrt{\frac{\sum_{i=1}^{n}(d_i-\overline{d})^2}{n-1}}=\sqrt{\frac{(1.963-1.963\ 2)^2+(1.962-1.963\ 2)^2+\cdots+(1.963\ 0-1.963\ 2)^2}{10-1}}$$

$$=0.002\ 30\ \text{mm}$$

3. 根据肖维涅准则，$\overline{d}\pm c_n S(d)=(1.958\ 7, 1.967\ 7)$ mm，所有数据均在此范围内，判断无异常数据。

4. 修正千分尺的零点误差：$\overline{d}=\overline{d}-(-0.012)=1.975\ 2$ mm

5. 直径的不确定度 A 类分量

$$u_A=S(\overline{d})=\frac{S(d)}{\sqrt{n}}=\frac{0.002\ 30}{\sqrt{10}}=0.000\ 727\ \text{mm}$$

6. 直径的不确定度 B 类分量

$$u_B=\frac{\Delta_{仪}}{\sqrt{3}}=\frac{0.005}{\sqrt{3}}=0.002\ 89\ \text{mm}$$

7. 合成不确定度

$$u=\sqrt{u_A^2+u_B^2}=\sqrt{(0.000\ 727)^2+(0.002\ 89)^2}=0.002\ 98\ \text{mm}$$

相对不确定度

$$u_r=\frac{u}{\overline{d}}\times 100\%=\frac{0.002\ 98}{1.975\ 2}\times 100\%=0.151\%$$

8. 测量结果表达式为

$$\begin{cases} d=\overline{d}\pm u=(1.975\pm 0.003)\ \text{mm} \\ u_r=\dfrac{u}{\overline{d}}\times 100\%=0.16\% \end{cases} \quad (P=68.3\%)$$

1.5.6 间接测量结果不确定度的评定

设间接测量量 N 与相互独立的直接测得量 $x, y, z, \cdots$ 函数关系为

$$N=f(x, y, z, \cdots) \tag{1-22}$$

由于 $x, y, z, \cdots$ 具有对应的不确定度 $u(x), u(y), u(z), \cdots$，它们必然影响间接测量量，使 N 也有相应的不确定度 $u(N)$。因为不确定度相对于测量值来说是一个微小量，故可以借助微分手段来研究。当 N 是以加减运算为主的函数时，对式(1-22)两边取微分，得

$$\mathrm{d}N=\frac{\partial f}{\partial x}\mathrm{d}x+\frac{\partial f}{\partial y}\mathrm{d}y+\frac{\partial f}{\partial z}\mathrm{d}z+\cdots \tag{1-23}$$

间接测得量 N 的不确定度为各分量的均方根，即

$$u(N)=\sqrt{\left(\frac{\partial f}{\partial x}u(x)\right)^2+\left(\frac{\partial f}{\partial y}u(y)\right)^2+\left(\frac{\partial f}{\partial z}u(z)\right)^2+\cdots} \tag{1-24}$$

当 N 是以乘除运算为主的函数时，则先对测量式(1-22)取自然对数再求微分，得

$$\frac{\mathrm{d}N}{N}=\frac{\partial \ln f}{\partial x}\mathrm{d}x+\frac{\partial \ln f}{\partial y}\mathrm{d}y+\frac{\partial \ln f}{\partial z}\mathrm{d}z+\cdots \tag{1-25}$$

那么，间接测得量 N 的相对不确定度为

$$u_{\mathrm{r}}(N)=\frac{u(N)}{\overline{N}}=\sqrt{\left(\frac{\partial \ln f}{\partial x}u(x)\right)^2+\left(\frac{\partial \ln f}{\partial y}u(y)\right)^2+\left(\frac{\partial \ln f}{\partial z}u(z)\right)^2+\cdots} \tag{1-26}$$

对于以加减运算为主的函数，先用式(1-24)求不确定度 $u(N)$，再用$\frac{u(N)}{\overline{N}}$求相对不确定度比较简便；而对于以乘除运算为主的函数，则先用式(1-26)求出相对不确定度 $u_{\mathrm{r}}(N)$，再用 $u(N)=\overline{N}\cdot u_{\mathrm{r}}(N)$求不确定度比较简单。表 1-4 列出了常用函数的不确定度传递公式。

表 1-4 常用函数的不确定度传递公式

函数表达式	不确定度传递公式
$N=x\pm y$	$u(N)=\sqrt{u^2(x)+u^2(y)}$
$N=x\cdot y$ 或 $N=\frac{x}{y}$	$u_{\mathrm{r}}(N)=\sqrt{u_{\mathrm{r}}{}^2(x)+u_{\mathrm{r}}{}^2(y)}$
$N=kx$ （k 为常数）	$u(N)=ku(x),u_{\mathrm{r}}(N)=\frac{u(x)}{\overline{x}}=u_{\mathrm{r}}(x)$
$N=x^n$ （$n=1, 2, 3, \cdots$）	$u_{\mathrm{r}}(N)=n\cdot\frac{u(x)}{\overline{x}}$
$N=\sqrt[n]{x}$	$u_{\mathrm{r}}(N)=\frac{1}{n}\cdot\frac{u(x)}{\overline{x}}$
$N=\frac{x^k y^m}{z^n}$	$u_{\mathrm{r}}(N)=\sqrt{k^2\left(\frac{u(x)}{\overline{x}}\right)^2+m^2\left(\frac{u(y)}{\overline{y}}\right)^2+n^2\left(\frac{u(z)}{\overline{z}}\right)^2}$
$N=\sin x$	$u(N)=\lvert\cos(\overline{x})\rvert\cdot u(x)$
$N=\ln x$	$u(N)=\frac{u(x)}{\overline{x}}=u_{\mathrm{r}}(x)$

1.5.7 间接测得量结果表达式书写示例

例 2 已知某长方体的长 $\overline{a}=14.40$ cm，$u_{\mathrm{r}}(a)=0.35\%$；宽 $\overline{b}=6.75$ cm，$u_{\mathrm{r}}(b)=0.74\%$；高 $\overline{c}=2.38$ cm，$u_{\mathrm{r}}(c)=2.1\%$，求长方体的体积及其不确定度，并写出测量结果表达式。

解：

$$\overline{V}=\overline{a}\cdot\overline{b}\cdot\overline{c}=14.40\times 6.75\times 2.38=231.336\ \mathrm{cm}^3$$

根据式(1-26)，得到体积的相对不确定度为

$$u_{\mathrm{r}}(V)=\sqrt{u_{\mathrm{r}}^2(x)+u_{\mathrm{r}}^2(y)+u_{\mathrm{r}}^2(z)}=\sqrt{(0.35\%)^2+(0.74\%)^2+(2.1\%)^2}=2.25\%$$

体积的不确定度为

$$u(V)=u_r(V)\cdot\overline{V}=2.25\%\times 231.336=5.21\ \text{cm}^3$$

因此，长方体体积的结果表达式为

$$\begin{cases}V=\bar{V}\pm u(V)=(231\pm 6)\text{cm}^3\\ u_r(V)=\dfrac{u(V)}{\bar{V}}\times 100\%=2.3\%\end{cases}\qquad (P=68.3\%)$$

◎ 第2章 数据处理的基本方法

由实验测量得到的数据，必须经过科学的分析和处理，才能揭示出各物理量之间的关系。处理数据常用的方法有列表法、作图法、逐差法和最小二乘法等。

2.1 列表法

列表法是用表格的方式把物理量之间的对应关系一一列出来。在记录和处理数据时，常常将实验数据列成表格。数据列表可以简单而又明确地表示出有关物理量之间的关系，便于随时检查测量结果和运算是否合理，提高工作效率，减少或避免错误，既有助于及时发现问题和分析问题，又有助于分析实验结果，找出一些物理量之间存在的规律。

对数据进行列表处理时，遵循以下原则：

1. 为了清楚地说明表的意义，应写明表格的标题或加上必要的说明；

2. 列表前，应明确实验中待测的物理量，分清直接测量量和间接测量量，一般先列先测，后列后测；

3. 表格应简单明了，便于分析有关物理量之间的关系；

4. 表格中各栏要用符号标明，数据所代表的物理量和单位要交代清楚，单位写在标题栏，一般应按照中华人民共和国国家标准(GB 3100～3102—1993)的规定表示物理量的符号，若用自定符号(尽量避免)则需加以说明；

5. 表格中所列数据要正确反映测量结果的有效数字。

2.2 作图法

根据实验数据所作图线能够明显地表示出实验数据各个物理量之间的关系，并且通过它可以找出两个量之间的数学关系，因此作图法是一种用于数据处理的重要方法。

2.2.1 作图法的步骤与规则

1. 选择合适的坐标纸

常用的坐标纸有直角坐标纸、单对数坐标纸、双对数坐标纸和极坐标纸等，应根据需要选用合适的坐标纸。大学物理实验中主要采用直角坐标纸。坐标纸的大小要根据实验数据的有效数字和对测量结果的需要来确定。原则上应能包含所有的实验点，并且尽量不损失实验数据的有效数字位数，即图上的最小格与实验数据的有效数字的最小准确数字位对应。

2. 确定坐标轴和注明坐标分度

通常以横坐标(x 轴)表示自变量，纵坐标(y 轴)表示因变量，在坐标纸上画出坐标轴(不能认为坐标纸上有线条就不需要画出坐标轴了)，并用箭头标示出坐标轴方向，注明坐标轴所代表的物理量的名称(或符号)以及单位。

在坐标轴上每隔一定间距均匀标注坐标分度值。坐标轴的分度应使每个试验点的坐标值都能正确、迅速、方便地找到，难以直接读数的分度值都是不合理的。

作出的图线最好占满图纸的大部分而不是偏于一边或一角。坐标轴的起点不一定从零开始，一般用小于实验数据最小值的某一整数作为起始点，用大于实验数据最大值的某一整数作为终点进行坐标分度，这样坐标纸可以被充分利用。合理选坐标轴、正确分度是作图的关键。

3. 正确标出测量点

实验数据点在坐标纸上用符号“×”标出，用符号“×”标点要清晰并将其交叉点落在实验测量数据对应的坐标位置上(使用标点的铅笔的笔尖要足够细，避免作图误差太大)。若在同一个图上作几条实验曲线，各条曲线的实验数据点应该用不同符号(如⊗，+，⊙等)标出，以示区别。一般不用“·”作为标示符号，因为它易与尘埃或坐标纸的缺陷点等混淆而发生错漏。

4. 连接实验图线

根据实验数据点的分布趋势作光滑连续的曲线或直线(校正曲线连折线)。连线要用尺子拟合，由于测量有一定误差，所以图线不一定要通过所有的实验点，使实验点均匀分布在曲线两侧，与曲线的距离尽可能小。个别偏离曲线较远的点，应检查标点是否错误，若无误表明该点可能是错误数据，在连线时不予考虑。

5. 图注和说明

在图纸的明显位置上标明图线的名称、作者、作图日期和简单说明(如实验条件、数据来源、图注等)。图线名称要正确完整(不能单用字母说明)，不要随意简化，以免意义不清。最后将所作的图粘贴在实验报告相应位置上。

2.2.2 用作图法求直线的斜率、截距和经验公式

若在直角坐标纸上得到的图线为直线，并设直线的方程为 $y=kx+b$，可用如下步骤求直线的斜率、截距和经验公式。

1. 在直线上选两点 $A(x_1,y_1)$和 $B(x_2,y_2)$。为了减小误差，A、B 两点应相隔远一些，但仍要在实验范围之内，并且 A、B 两点不选实验点。用与标记实验点不同的符号将非实验点 A、B 在直线上标出，并在旁边标明其坐标值。例如，伏安法测电阻实验中，根据实验数据(见表 2-1)作图 2-1 并在图线中选取了 A、B 两点。

表 2-1 伏安法测电阻实验数据表

U/V	1.00	2.00	3.00	4.00	5.00	6.00	7.00	8.00	9.00	10.00
I/mA	1.00	2.01	3.03	3.93	4.85	5.92	6.88	8.01	8.90	9.97

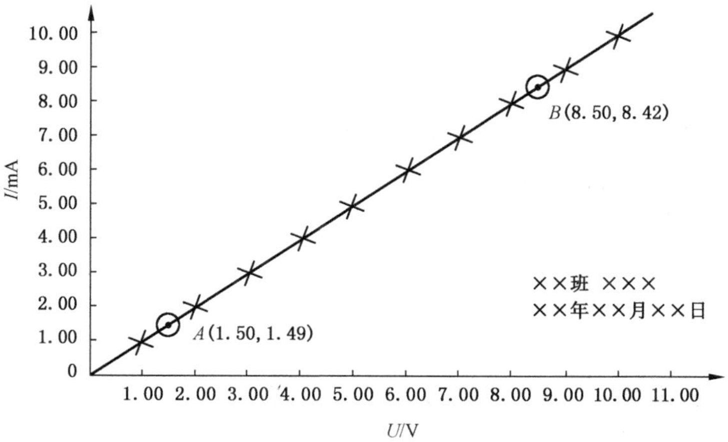

图 2-1 电阻的伏安特性

2. 将 A、B 两点的坐标值分别代入直线方程 $y=kx+b$，可求得斜率

$$k=\frac{y_2-y_1}{x_2-x_1} \tag{2-1}$$

由此求得的直线斜率 k，一般是一个有单位的物理量。例如，在图 2-1 中，将 A、B 两点的坐标值代入式(2-1)中，得斜率 $k=9.90\times10^{-4}\,\Omega^{-1}$，则待测电阻 $R=k^{-1}=1.01\times10^{3}\,\Omega$。

3. 如果横坐标的起点为零，则直线的截距可从图中直接读出；如果横坐标的起点不为零，可用下式计算截距

$$b=\frac{x_2y_1-x_1y_2}{x_2-x_1} \tag{2-2}$$

4. 将求得的 k、b 的数值代入方程 $y=kx+b$ 中，就得到经验公式。

2.2.3 曲线的改直

在实际工作中，许多物理量之间的关系并不都是线性的，但仍可通过适当的变换而成为线性关系，即把曲线变换成直线，这种方法叫作曲线改直。作这样的变换不仅是由于直线容易描绘，更重要的是直线的斜率和截距所包含的物理内涵是我们所需要的。例如：

1. $y=ax^b$，式中 a、b 为常量，可变换成 $\lg y=b\lg x+\lg a$，$\lg y$ 为 $\lg x$ 的线性函数，斜率为 b，截距为 $\lg a$。

2. $y=ab^x$，式中 a、b 为常量，可变换成 $\lg y=(\lg b)x+\lg a$，$\lg y$ 为 x 的线性函数，斜率为 $\lg b$，截距为 $\lg a$。

3. $pV=C$，式中 C 为常量，可变换成 $p=C(1/V)$，p 为 $1/V$ 的线性函数，斜率为 C。

4. $y^2=2px$，式中 p 为常量，可变换成 $y=\pm\sqrt{2p}\,x^{1/2}$，y 为 $x^{1/2}$ 的线性函数，斜率为 $\pm\sqrt{2p}$。

5. $y=x/(a+bx)$，式中 a、b 为常量，可变换成 $1/y=a(1/x)+b$，$1/y$ 为 $1/x$ 的线性函数，斜率为 a，截距为 b。

6. $s=v_0t+at^2/2$，式中 v_0、a 为常量，可变换成 $s/t=at/2+v_0$，s/t 为 t 的线性函数，斜率为 $a/2$，截距为 v_0。

2.3 逐差法

由误差理论可知，算术平均值最接近真值，因此，实验中应尽量实现多次测量。但在某些实验中，如果简单地取各次测量的平均值，往往会造成对一些测量数据的浪费，得不到好的测量结果，因此需要在数据处理方法上做些变化，逐差法即为物理实验中常用的数据处理方法之一。

逐差法适用于自变量 x 等间距变化而因变量 y（待测量）关于自变量 x 呈线性关系（$y=kx+b$）或关于 x 的多项式（$y=a_0+a_1x+a_2x^2+a_3x^3+\cdots+a_nx^n$）。逐差法可以充分利用采集到的测量数据，达到对数据的取平均的效果，且能最大限度地保证不损失有效数字，减少相对误差。

设实验数据组（x_i，y_i）具有线性关系 $y=kx+b$，x_i 按等间距变化，且测量误差远小于 y_i 的测量误差，为了进行逐差法拟合直线，把数据按顺序分成数目相等的前后两组，将后一组的第 1 项与前一组的第 1 项相减，后一组的第 2 项与前一组的第 2 项相减，……依次求出两组对应项的差值（即逐差），然后取其平均值。

由此可见，逐差法处理线性关系问题时是利用等间隔的数据点连了 n 条直线，分别求出每条直线的斜率后，再取平均，得到拟合直线的斜率。逐差法不像作图法拟合直线具有较大的随意性，比最小二乘法计算简单而结果相近。

例如，在驻波法测量声速实验中，记录示波器上信号幅值为极大值时接收器的位置 L_i 如表 2-2 所示。

表 2-2　驻波法测声速实验数据表

i	1	2	3	4	5	6
L_i/mm	73.670	78.296	82.850	87.575	92.200	96.952
i	7	8	9	10	11	12
L_i/mm	100.780	104.762	111.073	115.939	120.270	125.030

采用逐差法求相邻极大值下，接收器移动距离的平均值 $\Delta\overline{L}$ 时，将表 2-2 中数据分成两部分

$$L_1, L_2, L_3, L_4, L_5, L_6 \text{ 和 } L_7, L_8, L_9, L_{10}, L_{11}, L_{12}$$

取对应项的差值为

$\Delta L_1=L_7-L_1=100.780-73.670=27.110$ mm

$\Delta L_2=L_8-L_2=104.762-78.296=26.466$ mm

$\Delta L_3=L_9-L_3=111.073-82.850=28.223$ mm

$\Delta L_4=L_{10}-L_4=115.939-87.575=28.364$ mm

$\Delta L_5=L_{11}-L_5=120.270-92.200=28.070$ mm

$\Delta L_6=L_{12}-L_6=125.030-96.952=28.078$ mm

由于以上差值表示相隔 6 个极大值时的位置变化，所以得到相邻极大值下，接收器移动距离的平均值 $\Delta\overline{L}$ 为

$$\Delta\overline{L}=\frac{1}{6\times 6}(\Delta L_1+\Delta L_2+\Delta L_3+\Delta L_4+\Delta L_5+\Delta L_6)$$
$$=\frac{1}{6\times 6}(27.110+26.466+28.223+28.364+28.070+28.078)$$
$$=4.620\ \text{mm}$$

2.4 最小二乘法

作图法虽然在数据处理中是一种直观而且很便利的方法，但在图线的绘制过程中往往会引入附加误差，人工拟合直线（或曲线）时带有较大的任意性，所得的结果也常常因人而异，而且很难对它作进一步的误差分析。为了克服这一缺点，常用数学解析的方法，从一组实验数据中找出一条最佳拟合曲线，这个过程称为方程的回归。回归法中常用的数学方法是最小二乘法。下面仅讨论一元线性回归（直线拟合）问题。由于某些曲线型的函数可以通过适当的数学变换而改写成直线方程，因此，这一方法也适用于某些曲线型的规律。

下面就数据处理中的最小二乘法原理作简单介绍。

设在某一实验中，可控制的物理量取 $x_1,x_2,\cdots,x_n$ 值时，对应的物理量依次取 $y_1,y_2,\cdots,y_n$ 值。假定对 x_i 值的观测误差很小，而主要误差都出现在 y_i 的观测上。显然，如果从 (x_i,y_i) 中任取两组实验数据就可以得出一条直线，只不过这条直线的误差有可能很大。直线拟合的任务就是用数学分析的方法从这些观测到的数据中求出最佳经验公式 $y=kx+b$。按这一经验公式作出的图线不一定能通过每一个实验点，但它是以最接近这些实验点的方式穿过它们的。很明显，对应于每一个 x_i 值，测得值 y_i 和最佳经验公式中的 y 值之间存在一偏差 δy_i：

$$\delta y_i=y_i-y=y_i-(kx_i+b)\quad(i=1,2,3,\cdots,n)$$

最小二乘法的原理就是：如果各测得值 y_i 的误差相互独立且服从同一正态分布，当 y_i 的偏差的平方和为最小时，得到最佳经验公式。若以 S 表示 δy_i 的平方和，它应满足：

$$S=\sum(\delta y_i)^2=\sum[y_i-(kx_i+b)]^2=\min(\text{极小})\tag{2-3}$$

式(2-3)中各 x_i 和 y_i 是测得值，都是已知量，所以解决直线拟合的问题就变成了由实验数据组 (x_i,y_i) 来确定 k 和 b 的过程。

令 S 对 k 的偏导数为零，即

$$\frac{\partial S}{\partial k}=-2\sum(y_i-kx_i-b)x_i=0$$

整理得

$$\sum x_iy_i-k\sum x_i{}^2-b\sum x_i=0\tag{2-4}$$

令 S 对 b 的偏导数为零，即

$$\frac{\partial S}{\partial b}=-2\sum(y_i-kx_i-b)=0$$

整理得

$$\sum y_i-k\sum x_i-nb=0\tag{2-5}$$

由式(2-4)和式(2-5)解得

$$k=\frac{\sum x_i \sum y_i - n\sum x_i y_i}{(\sum x_i)^2 - n\sum x_i^{\ 2}} \tag{2-6}$$

和

$$b=\frac{\sum x_i \sum x_i y_i - \sum x_i^{\ 2} \sum y_i}{(\sum x_i)^2 - n\sum x_i^{\ 2}} \tag{2-7}$$

将得出的 k 和 b 的数值代入直线方程 $y=kx+b$ 中，即得最佳经验公式。

由式(2-5)得

$$b=\frac{\sum y_i}{n}-k\frac{\sum x_i}{n} \tag{2-8}$$

式中，$\frac{\sum y_i}{n}$和$\frac{\sum x_i}{n}$分别是数据中 y_i 的平均值 $\overline{y}$ 和 x_i 的平均值 $\overline{x}$，即式(2-8)可写为

$$b=\overline{y}-k\overline{x} \tag{2-9}$$

将式(2-9)代入方程 $y=kx+b$ 中，得

$$y-\overline{y}=k(x-\overline{x}) \tag{2-10}$$

从式(2-10)可以看出，最佳直线是通过($\overline{x}$，$\overline{y}$)这一点的。因此，严格地说在作图时应将点($\overline{x}$，$\overline{y}$)在坐标纸上标出。作图时应将作图的直尺以点($\overline{x}$，$\overline{y}$)为轴心来回地转动，使各实验点与直尺边线的距离最近而且两侧分布均匀，然后沿直尺的边线画一条直线，即为所求的直线。

必须指出，实际上只有当 x 和 y 之间存在线性关系时，拟合的直线才有意义。为了检验拟合的直线有无意义，在数学上引进一个叫相关系数 r 的量，它的定义为

$$r=\frac{\sum \Delta x_i \Delta y_i}{\sqrt{\sum(\Delta x_i)^2}\sqrt{\sum(\Delta y_i)^2}} \tag{2-11}$$

式中，$\Delta x_i=x_i-\overline{x}$；$\Delta y_i=y_i-\overline{y}$；$r$ 表示两变量之间的函数关系与线性函数的符合程度。

相关系数 r 越接近 1，x 和 y 的线性关系就越好；如果它接近于零，就可以认为 x 和 y 之间不存在线性关系。物理实验中，如果 r 达到 0.999，则说明实验数据的线性关系良好，各实验点聚集在一条直线附近。

用回归法处理数据的计算量较大，不少计算器都具有直接计算"r""a""b"的功能，方便使用。

◎ 第3章 物理实验基本仪器的使用与训练

实验3.1 长度测量仪器与训练

长度是在国际单位制(SI)中被规定为基本单位的七个量之一,长度的单位为米(m)。1983年10月,在第17届国际计量大会上,“米”被重新定义:“光在真空中在(1/299 792 458)秒的时间间隔内所行进的路程的长度。”

长度测量不仅在生产和科学实验中被广泛地使用,而且许多其他的物理量也往往被转化为长度量(或角度量)来进行测量。掌握长度测量基本原理及实施方法十分重要,本实验将通过讲解机械式测长的三类典型工具来进行说明,它们是:米尺、游标卡尺和螺旋测微器(千分尺)。

在正文之前有必要先介绍几个衡量测长仪器能力的重要指标性概念:①仪器是否可以估读;②仪器量程;③仪器的分度值。仪器是否可以估读直接决定了测得的数据是否含估读位,游标卡尺测数无估读位,米尺和千分尺测数均必须包含一位估读位。仪器量程是指仪器一次测量的测量范围,量程越大测量范围越宽。分度值是指仪器的最小分化单位,即这台仪器能够准确分辨并读取的最小值,仪器的分度值有时也叫作仪器的精度。其值需要经分析仪器的读数原理及构造后得出,包含大小和单位两部分,常见的米尺精度为1 mm,游标卡尺的精度为0.02 mm,千分尺的精度为0.01 mm。分度值的大小反映一台仪器的精密程度,一般来说,分度值越小的仪器就越精密,仪器越精密其最大允许误差一般来说越小。所以,我们在单次测量中常参考分度值给出结果的测量不确定度,多次测量中则据分辨率估计仪器可能引入的B类标准不确定度。

【实验目的】

1. 熟悉米尺、游标卡尺和千分尺的构造及读数原理,学会正确的调节使用方法。
2. 了解测定长度的基本方法。
3. 学会误差传递的基本知识,掌握有效数字的记录与误差计算。

【实验仪器】

米尺、游标卡尺、千分尺、金属细丝、长方体盒、空心圆柱体和其他待测样品等。

【实验原理】

测量长度最古老和最基本的方法是比较法,其他方法还有游标法、螺旋法、放大法、衍射法、干涉法、转换法和莫尔条纹技术等。随着测量技术的不断发展,测量手段的不断丰富,新的测试方法也在不断诞生,每一种测试方法都有其典型的代表仪器,如米尺利用的是比较法，游标卡尺利用的是游标法，千分尺利用的是螺旋法，迈克尔逊干涉仪利用的是比较法和螺旋法等。此处重点介绍比较法、游标法和螺旋法这三种长度测量的方法。

1. 比较法测量长度

将待测物体的两端与标准米尺进行比较，就是最简单的长度测量。

贴紧、正视和对准读数是测量时的要领和关键。按仪器使用的一般规则，第一步必须使待测物体与标准米尺的尺身贴紧，并使物体的一端与标准米尺的起点刻度（“0”刻度线）准确地对准，“0”刻度线是测量的基准线，标准米尺上的刻度值均是从这条线算起的。从待测物体的另一端在标准米尺刻度上的位置读出测量的长度值。但由于仪器的磨损，有时往往不以“0”刻度作为起点。

2. 游标法测量长度

米尺的最小刻度为 1 mm，它只能读到精度为毫米的估读位。为了进一步提高测量精度，通常在主尺上附带一个可以沿尺身移动的小尺（称副尺或游标），组成游标卡尺。游标卡尺的测量原理及读数原理见后面的仪器简介。

3. 螺旋法测量长度

在一根带有毫米刻度的测杆上，加工出高精度的螺纹（又称丝杆），并配上与之相应的精制螺母套筒，在套筒口边界上准确地刻以等分的刻度，就构成了一副测微螺旋。根据螺旋推进的原理，套筒每转过一周（360°）测杆就前进一个刻度。根据此原理制成的螺旋测微器，又称千分尺，它的测量原理及读数原理见后面的仪器简介。

【仪器简介】

1. 米尺

实验室常用的米尺，选用温度系数较小的不锈钢或某些合金制成。其最小分度为 1 mm，用米尺测量时，可精确到毫米这一位。按读数规则，毫米的下一位应该估读，估读的这一位可疑数字虽然存在误差但仍能反映出这位数的可靠程度，因此需要保留。米尺的量程有各种不同的规格。

使用米尺的注意事项：

(1) 测量时，应将刻度的一边与被测物体平面贴紧、对齐并正视读数，要尽量避免视差。

(2) 为避免米尺两端的磨损而产生误差，测量时可不用尺的端点作为起点；若需多次测量，可选择不同的起点，以避免刻度的不均匀而引起的误差。

2. 游标卡尺（亦称游标尺）

游标是为了提高角度、长度微小量的测量精度而采用的一种读数装置，游标卡尺就是用游标原理制成的典型量具。游标卡尺的外形结构如图 3-1 所示。

当拉动尺框时，两个量爪将做相对移动而远离或接近，其距离大小的数值从游标和尺身上读出。外测量爪用于测量各种外尺寸；内测量爪用于测量深度不超过 12 mm 的孔的直径和各种内尺寸；深度尺固定在尺框的背面，能随着尺框在尺身的导槽（在尺身背面）内滑动，用于测量各种深度尺寸，测量时，尺身的端面是测定定位基准。

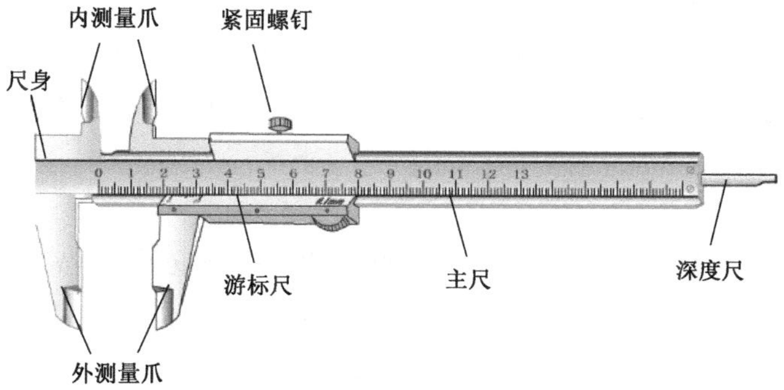

图 3-1 游标卡尺的外形结构

下面介绍一下游标卡尺的工作原理以及读数原则：

从图 3-2 中不难看到，游标尺上每一小格的长度都比主尺上的小，游标尺上 50 个小格的长度正好比主尺上 50 个小格的长度小 1 mm，则游标尺上每一小格的长度都比主尺上的小 1/50 mm＝0.02 mm，此即该游标卡尺的分度值，即精度。

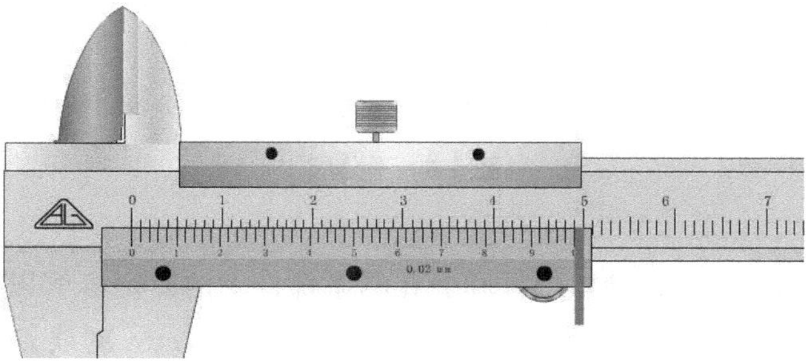

图 3-2 游标卡尺主尺和游标尺刻度示意图

在图 3-3 中，游标尺上的第 30 根刻度线（从零刻度线算起）和主尺上的 4 cm 处刻度线对齐，已知每一小格相差 0.02 mm，那么 30 个小格相差 30×0.02 mm＝0.60 mm，即图中所示的一段长度为 0.60 mm，则该被测物长度为 10 mm＋0.60 mm＝10.60 mm，其中 10 mm 为从主尺上读得的数据。由此，不难看出，游标卡尺为不可估读的测量仪器，测量所得数据均为准确数据。

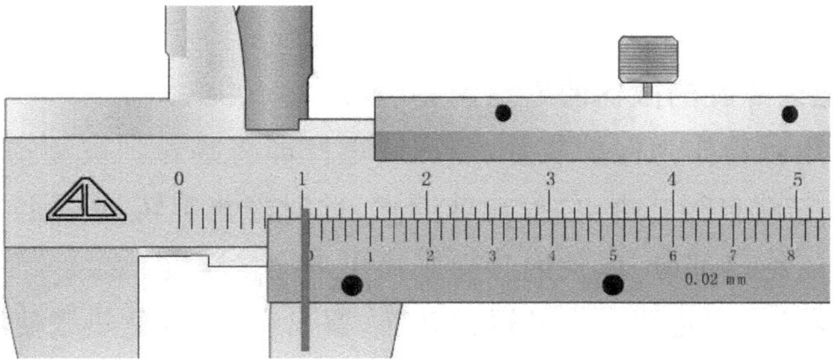

图 3-3 游标卡尺读数示意图

综上，我们可以得到以下结论：游标卡尺为不可估读的测量仪器，1 mm 以上读数从主尺上读，1 mm 以下读数从游标尺上来读，设游标卡尺的精度为 x mm，游标尺上的第 n 个刻度线和主尺上的某个刻度线对齐,那么游标尺上的读数应该为 $n \times x$ mm,则该次测量的最终数据为主尺读数加上游标尺读数。游标卡尺是常用的较为精密的测量工具之一,使用时要注意维护,在测量时轻轻把物体卡住即可,切忌把被夹紧的物体在卡口内拉动,要保护量爪不被磨损。

3. 千分尺

千分尺又称螺旋测微器,是比游标卡尺精度高的长度测量仪器。常用的千分尺如图 3-4 所示,其量程为 25.00 mm,分度值为 0.01 mm,可估读到 0.001 mm。

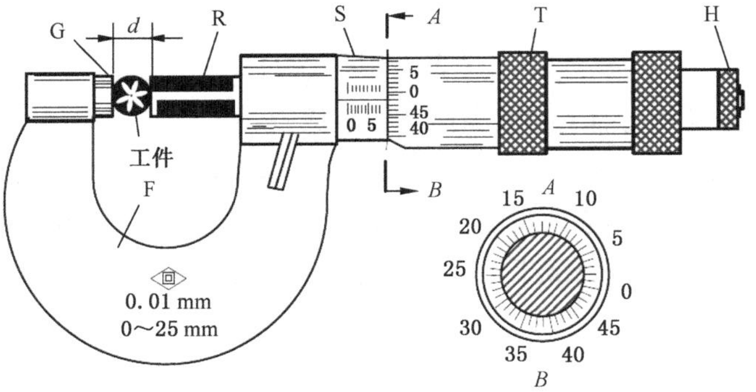

F—尺架;G—测砧;R—测微螺杆;S—固定套筒;T—微分筒;H—测力装置

图 3-4 千分尺

(1) 仪器构造

千分尺的主要部分是精密测微螺杆和套在测微螺杆上的固定套管以及紧固在螺杆上的微分筒。固定套管上的主尺有两排刻线:1 mm 刻线和 0.5 mm 刻线。微分筒圆周上刻有 50 个分格,当它转一周时,测微螺杆前进或后退一个螺距(0.5 mm),所以,它的分度值为 0.5/50 mm,即 0.01 mm。它是采用机械放大原理来提高精度的。

(2) 读数方法

① 测量前应检查零位是否对齐,若不齐则应记下修正值,并注意修正值的正负号。

② 0.5 mm 以上的数值由主尺读出,0.5 mm 以下的数值从微分筒读出并估读到 0.001 mm 位。

③ 留心主尺上 0.5 mm 刻度是否露出微分筒的边缘。

(3) 注意事项

① 测量前,要记录螺旋测微器的零点误差(零差)。

② 测量时须使用棘轮作为保护装置,当测微螺杆即将接触到被测物时,应旋转棘轮,直到接触上被测物时,它就自行打滑,并发出咔咔声,此时停止旋转,进行读数。

③ 手握千分尺的绝热部分,以免因热膨胀而影响测量精度。

④ 用毕放回仪器时,应将测微螺杆退回几转,留出空隙,以免热胀使测微螺杆变形。

⑤ 无论是往哪个方向旋转都不能用力过猛。

【实验内容】

1. 用米尺测长方体盒的长、宽、高各 10 次,把测得数据填入表 3-1 中,并计算其体积。
2. 用游标卡尺测圆柱体的内径、外径、高及孔深各 10 次,把测得数据填入表 3-2 中。

3. 用千分尺测量金属细丝的直径，把测得数据填入表 3-3 中。

【数据记录与处理】

表 3-1　用米尺测长方体盒的长、宽、高所得数据记录表

仪器名称：　　　　　　精度：　　　　　　实验台号：　　　　　　单位：mm

量/次数	长	宽	高
	a_i	b_i	c_i
1			
2			
⋮	⋮	⋮	⋮
9			
10			
平均值			

表 3-2　用游标卡尺测圆柱体内径、外径、柱高、孔深数据表

仪器名称：　　　　　　精度：　　　　　　实验台号：　　　　　　单位：mm

量/次数	内径	外径	柱高	孔深
	r_i	R_i	H_i	h_i
1				
2				
⋮	⋮	⋮	⋮	⋮
9				
10				
平均值				

表 3-3　用螺旋测微器测细钢丝的直径数据表

仪器名称：　　　　　　精度：　　　　　　零差：　　　　　　实验台号：　　　　　　单位：mm

量/次数	1	2	3	4	5	6	7	8	9	10	平均值	平均值修正后
直径												

【思考题】

1. 一个物体长度约 2 cm，若用米尺、游标卡尺、螺旋测微器测量，问分别能读出几位有效数字？

2. 测定一块长约 30 cm、宽约 5 cm、厚约 2 mm 的金属板的体积，欲使测量结果为 4 位有效数字，应当如何选择测量仪器？

实验 3.2　复摆的研究

一个任意形状的物体，在重力作用下，绕固定水平转轴在竖直平面内作微小角度的自由摆动，这样的装置叫作复摆（又称物理摆），它具有共轭的特性。本实验就是根据复摆的物理特性，来进行重力加速度的测量，这是一种比较准确的方法。

【实验目的】

1. 研究复摆的物理特性。
2. 掌握如何用复摆测重力加速度。
3. 学习用作图法研究问题及数据处理。

【实验仪器】

复摆、光电计时器。

【实验原理】

1. 复摆的振动周期

如图 3-5 所示，设一复摆的质量为 m，其重心 G 到转轴 O 的距离为 h，g 为重力加速度，刚体在重力作用下绕转轴 O 在竖直面内摆动，用 I 表示刚体对转轴 O 的转动惯量，平衡时 OG 连线是在铅垂竖直方向上。使刚体离开平衡位置，OG 连线与铅垂线成 θ 角，此时刚体受到一个转动力矩的作用而发生转动，此力矩为

$$M=-mgh\sin\theta \tag{3-1}$$

式中，θ 为转动角位移，负号表示力矩的方向，它总是与角位移方向相反，当转角很小（满足 $\theta<5^\circ$）时，$\sin\theta\approx\theta$，则

$$M=-mgh\theta \tag{3-2}$$

根据转动定律，复摆绕固定轴 O 转动，有

$$M=I\beta \tag{3-3}$$

式中，β 为复摆绕 O 轴转动的角加速度，$\beta=\frac{\mathrm{d}^2\theta}{\mathrm{d}t^2}$，则有

$$M=I\frac{\mathrm{d}^2\theta}{\mathrm{d}t^2} \tag{3-4}$$

由式(3-2)和式(3-4)，有

$$\frac{\mathrm{d}^2\theta}{\mathrm{d}t^2}=-\frac{mgh\theta}{I} \tag{3-5}$$

由式(3-5)可看出刚体运动时，其角加速度与角位移 θ 成正比并且异号，这是一种谐振动（角谐振动），根据谐振动原理，其振动的圆频率为

$$\omega=\sqrt{\frac{mgh}{I}}$$

因此复摆的振动周期为

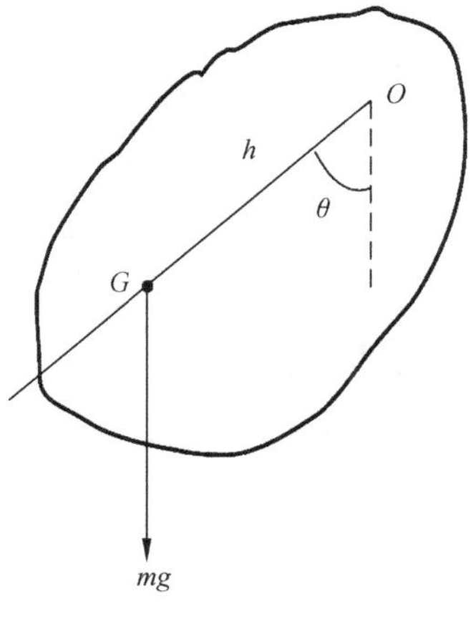

图 3-5　复摆

$$T=2\pi\sqrt{\frac{I}{mgh}} \tag{3-6}$$

2. 复摆的转动惯量、回转半径和等值单摆长

由平行轴定理

$$I=I_G+mh^2$$

式中，I_G 为复摆对通过重心 G 并与摆轴平行的轴的转动惯量，则式(3-6)可写为

$$T=2\pi\sqrt{\frac{I_G+mh^2}{mgh}} \tag{3-7}$$

可见，复摆的振动周期随悬点 O 与质量中心 G 之间的距离 h 而改变，还可将 $I=I_G+mh^2$ 改写为

$$I=mR_G^2+mh^2 \tag{3-8}$$

式中，$R_G=\sqrt{\frac{I_G}{m}}$，称为复摆对 G 轴的回转半径，同样也有 $R=\sqrt{\frac{I}{m}}$，R 称为复摆对悬点 O 轴的回转半径，则复摆周期公式也可表示为

$$T=2\pi\sqrt{\frac{\frac{R_G^2}{h}+h}{g}} \tag{3-9}$$

事实上，总可以找到一个单摆，它的摆动周期等于给定的复摆的周期，令

$$L=\frac{R_G^2}{h}+h$$

则

$$T=2\pi\sqrt{\frac{L}{g}} \tag{3-10}$$

式中，L 称为复摆的等值单摆长。这样，就它的振动周期而论，一个复摆的质量可以被认为集中到一个点上，这个点距悬点（支点）的距离为

$$L=\frac{I}{mh}=\frac{{R_G}^2}{h}+h$$

这个点被称为复摆的振动中心。

3. 复摆的共轭性

图 3-6 给出一个复摆，假如它的振动中心在 C 点，悬点（支点）在 O 点，点 C 和 O 点有下列特性：如果这个摆绕过 C 点的一个平行于过 O 点轴的新轴摆动，它的周期不变。而 O 变成了新的振动中心，这悬点 O 和振动中心 C 被称作互为共轭，即这个复摆以 O 为悬点和以 C 为悬点时有相同的周期，分别表示为 T_1 和 T_2 且 $T_1=T_2$。公式(3-9)可以改写成：

$$h^2-\frac{T^2}{4\pi^2}gh+{R_G}^2=0 \tag{3-11}$$

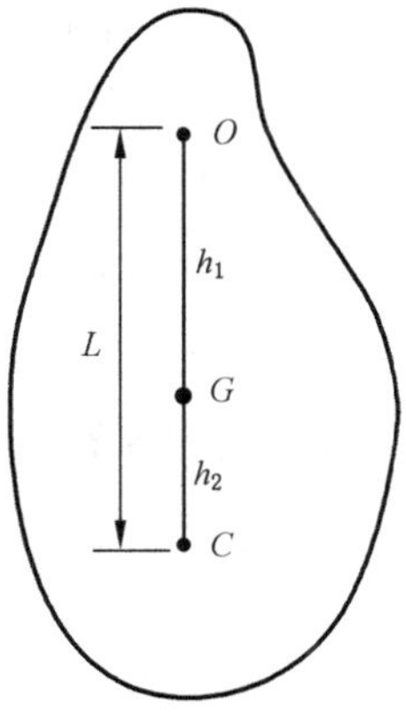

图 3-6 复摆的共轭性

可见，式(3-11)是 h 的二次方程式，有两个根 h_1 和 h_2，$h_1=$

$\overline{OG}$，$h_2=\overline{CG}$。它们之间有以下关系：

$$\begin{cases} h_1 \cdot h_2 = R_G{}^2 \\ h_1 + h_2 = \dfrac{T^2}{4\pi^2} g \end{cases} \tag{3-12}$$

很容易得到 $L=h_1+h_2$，此结果表示式(3-11)的两个根 h_1 和 h_2 之和恰等于复摆的等值单摆长。(注意这里一般 $h_1 \neq h_2$)

4. 利用复摆测定重力加速度 g

(1) 利用拟合直线测定重力加速度 g

公式(3-9)可以改写成

$$T^2 h = \frac{4\pi^2}{g} R_G{}^2 + \frac{4\pi^2}{g} h^2 \tag{3-13}$$

令 $y=T^2 h$，$x=h^2$ 则上式可改写成

$$y = \frac{4\pi^2}{g} R_G{}^2 + \frac{4\pi^2}{g} x \tag{3-14}$$

从测量可得出 n 组(x,y)值，用作图法求出拟合直线 $y=Ax+B$ 的斜率 A 和截距 B。再由 $A=\dfrac{4\pi^2}{g}$ 和 $B=\dfrac{4\pi^2}{g}R_G{}^2$，求出重力加速度 g 和回转半径 R_G 的值。

(2)利用复摆的共轭性求重力加速度 g

我们知道在复摆上总能找到这样两个悬点，如图 3-6 所示的 O 和 C，这两点分别位于重心 G 的两旁并和重心在同一直线上，当 OC 距离等于等值单摆长 L 时，以 O 为悬点的摆动周期 T_1 和以 C 为悬点的摆动周期 T_2 正好相等，由 $T_1=T_2$，找到 O 和 C 两点后，测量其间距便可求得等值单摆长 L。

如果改变转轴 O 的位置测量相应的周期，可以给出振动周期与转轴位置之间的关系曲线。如图 3-7 所示，以横坐标 h 表示转动轴与重心间的距离，纵坐标 T 表示对应的摆动周期，所作出的 T-h 关系曲线是两条关于纵坐标轴对称的曲线。在确定周期为 T 值处，画一条与水平横轴 h 平行的直线 MN，交曲线与 a、b、c、d 四点，ac 和 bd 连线相等，并等于复摆在此相应周期的等值单摆长 L，将周期 T 和相应 L 代入式(3-10)中，可求得重力加速度 g。

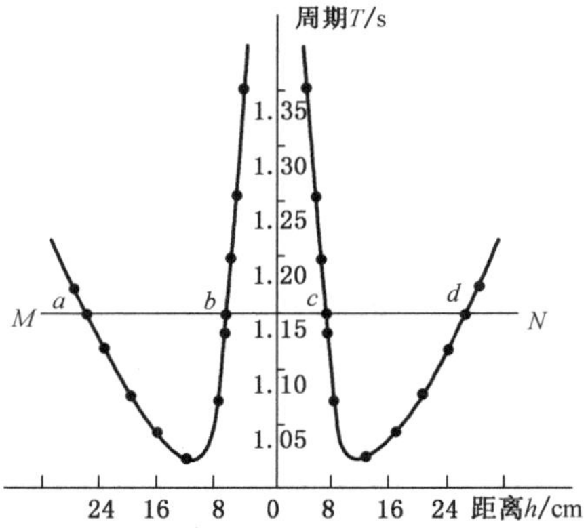

图 3-7　T-h 关系曲线

【实验内容】

1. 安装和调节实验装置

将复摆底座靠近桌子边沿放置，然后将摆杆挂在立柱上端的三角形刀口上，略微推动摆杆使其来回摆动，调节水平调节旋钮，使摆杆仅在竖直面内摆动而不发生扭转。

2. 测量复摆的振动周期 T

将与摆杆重心距离 $h=28.00$ cm 的一个孔放入三角形刀口上，使其摆动幅角 $\theta<5°$，让

其摆动正常后利用光电计时器测量摆动周期 T，再依次使 h 为 26.00，24.00，22.00，…，4.00 cm 的各孔作为悬点，重复上述测量步骤。然后再将摆杆倒转过来，用相同的方法进行测试，将所测数据记录于表格中(表格自拟)。

3. 利用拟合直线求重力加速度 g

在坐标纸上，以 T^2h 为纵坐标，h^2 为横坐标建立直角坐标系，根据数据表格中复摆一侧各孔所测实验数据逐点描绘出 T^2h-h^2 拟合直线。从直线中的斜率和截距求出重力加速度 g 和回转半径 R_G。

4. 利用复摆的共轭性求重力加速度 g

以 T 为纵坐标，h 为横坐标建立坐标系，根据表格中数据，在坐标纸上逐点描绘出 T-h 关系曲线。在曲线坐标图上适当位置处，画一条与横轴 h 平行的直线 MN，与 T-h 关系曲线相交于 a、b、c、d 四点，MN 直线与纵轴的交点可读出周期 T，对应于周期 T 有两组共轭点，位置 h_a 和 h_c 为一组，h_b 和 h_d 为一组，相应的等值单摆长为 $L_1=|h_c-h_a|$，$L_2=|h_d-h_b|$，$L=(L_1+L_2)/2$，将求得的 T 和 L 代入公式(3-10)，求得重力加速度 g 值。再用相同的方法，求出另外两组重力加速度 g 值。计算 g 的平均值并和公认值进行比较。

【注意事项】

1. 实验时仅将立柱上端的三角形刀口露出实验台边沿即可，复摆底座不要太靠外，实验时不能将平衡块取下，实验完毕后将复摆底座推回实验台内侧。

2. 应选择合适的位置悬挂摆杆，尽量减少摩擦。

3. 测量周期时，摆杆在 θ 角处从光电门一侧静止时放手，使其仅在重力作用下摆动。

【思考题】

1. 怎样减小本实验中的周期测量的误差？

2. 如果摆杆的几何中心不与其重心重合会给实验结果带来什么影响？试分析说明。

3. 摆杆在什么位置开始计时，测得的周期 T 才最准确？分析说明为什么。

【附录】复摆结构及光电计时器介绍

1. 复摆

复摆实验仪主要由立柱和摆杆构成，如图 3-8 所示。在立柱的顶端备有一个三角形刀口 3 和一个 V 形刀承 7(可根据实验需要选用)。为使整个仪器稳定，在 T 形底座后部，压有一平衡铁块 6，调节水平调节螺丝 5，可以使底座保持水平，立柱保持铅直。为在实验中研究摆动轴的位置与摆动周期的关系，摆杆上依次有 58 个圆孔 10，每个圆孔相对于摆杆中心的距离可由摆杆上的米尺刻度读出，每个圆孔都可以套在三角形的刀口上，将刀口作为转轴，而摆杆由刀口支撑可以自由摆动，它与数字毫秒计配合，测出复摆的摆动周期。

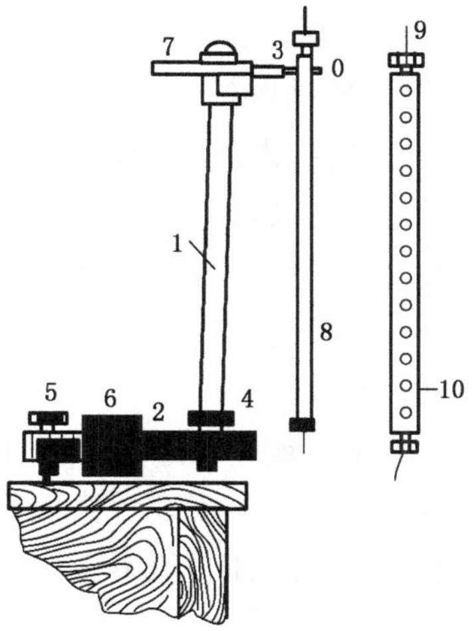

1—立柱；2—T 形座架；
3—三角形刀口；4—固定螺丝；
5—调节螺丝；6—平衡铁块；
7—V 形刀承；8—摆杆；
9—挡光针；10—圆孔

图 3-8 复摆结构图

2. 光电计时器测周期

(1) 设定测量次数。按“次数”键进入测量次数选择状态，并通过该键选择测量次数。

(2) 按“周期”键进入测量周期状态，即自动对外来脉冲进行测量。为了准确测量，第一个周期将不作测量，从第二个起共测 10 个或 30 个周期，然后计算出平均值，并在屏上显示，记录屏上所显示的周期值。

实验 3.3　电学基本仪器与训练

实验 3.3.1　电表的改装与校准

电表是用来测量电流、电压的仪器，电表的主要部件是表头。由于表头灵敏度高，满偏电流小，只能测量微小电流。若要测量较大的电流和电压，就必须对表头进行改装，扩大量程。这样就可得到各种量程的电表以及多用途的万用电表。日常接触到的各种电表几乎都是经过改装的，因此学会改装和校准电表是非常重要的。

【实验目的】

1. 掌握测定电流表表头内阻的方法。
2. 学会将表头改装成电流表和电压表。
3. 掌握校正电表的方法。

【实验仪器】

电表改装与校准实验仪(包括磁电式表头、标准电流表、标准电压表、滑线变阻器、电阻箱、稳压电源)、导线。

【实验原理】

1. 表头内阻的测定

电表的改装要依据表头自身的参数：I_g 和 R_g，电表的表头允许通过的最大电流称为表头的量程，用 I_g 表示；表头的线圈有一定内阻，用 R_g 表示。一般表头的量程能够从表盘上直接得到，而表头的内阻需要进行实际测量。表头内阻的测量方法很多，我们这里使用替代法进行测量。

测量原理如图 3-9 所示。R_2 为电阻箱，R_w 为限流电阻，测量时先将开关 S 拨向 1 端，调节 R_w，使标准电流表示值为某一整数值 I，然后保持电路中的电压、R_w 值不变，再将开关 S 拨向 2 端(以 R_2 代替 R_g)，此时只调节 R_2，使标准电流表示值仍为 I，这时，表头的内阻也就等于电阻箱 R_2 的读数。

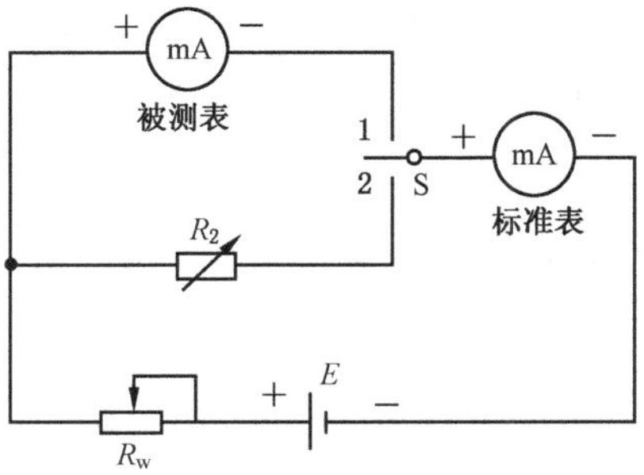

图 3-9　替代法测表头内阻原理图

2. 将表头改装成大量程电流表

因为表头的满度电流(量程)I_g 很小，所以在使用表头测量较大电流之前，必须扩大它的电流量程。扩大量程的方法是：用表头与一较低阻值的电阻 R_2 并联，使流过表头的电流是总电流的一部分。表头与并

联电阻 R_2 组成的整体就是改装后的电流表(图 3-10 中虚线框内的部分)。

图 3-10 是用量程为 I_g，内阻为 R_g 的表头所改装的量程为 I 的电流表的电路图。设 $I=nI_g$，n 为电流表的扩程倍数。当表头满刻度时，由欧姆定律得

$$I_gR_g=(I-I_g)R_2$$

$$R_2=\frac{I_g}{I-I_g}R_g=\frac{1}{n-1}R_g \tag{3-15}$$

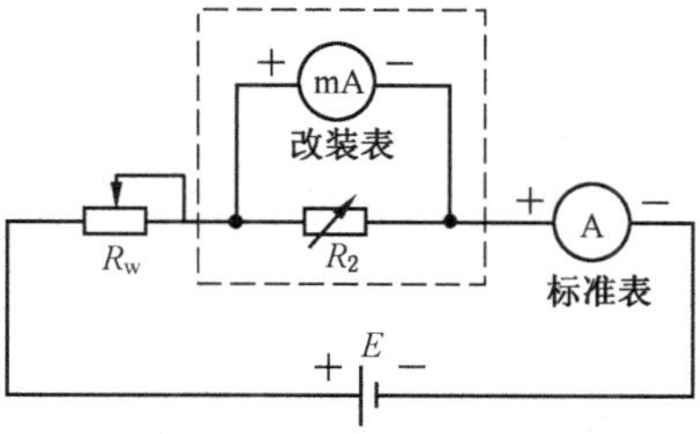

图 3-10　改装电流表原理图

所以，在表头上并联阻值不同的分流电阻 R_2，便可制成多量程的电流表。

3. 将表头改装成电压表

一般表头能承受的电压很小，不能用来测量较大的电压。为了测量较大的电压，可以给表头串联一个阻值适当的电阻 R_M($R_M=R_1+R_2$)，如图 3-11 所示，使表头上不能承受的那部分电压降落在电阻 R_M 上。这种由表头和串联电阻 R_M 组成的整体就是改装后的电压表，串联的电阻 R_M 叫作扩程电阻。

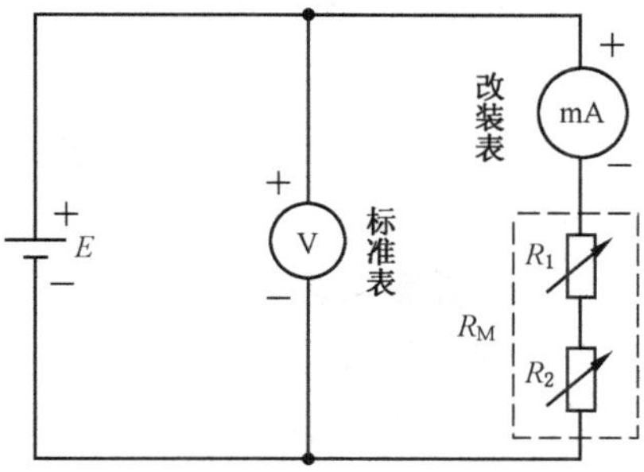

图 3-11　改装电压表原理图

改装后电压表的电压量程 U，设 $U=nI_gR_g$，n 为电压表的扩程倍数。当表头满刻度时，有

$$I_gR_M=U-I_gR_g$$

$$R_M=\frac{U}{I_g}-R_g=(n-1)R_g \tag{3-16}$$

所以，选用阻值大小不同的 R_M，就可以得到不同量程的电压表。

4. 改装微安表为欧姆表

用来测量电阻大小的电表称为欧姆表。根据调零方式的不同，改装成欧姆表的方法分为串联分压式和并联分流式两种。我们选用串联分压式将表头改装成欧姆表，其原理电路如图 3-12 所示。图中 E 为电源，R_3 为限流电阻，R_x 为被测电阻。

欧姆表使用前先要调"零"点，即 a、b 两点短路(相当于 $R_x=0$)，调节 R_w 的阻值，使表头指针刚好偏转到满刻度。可见，欧姆表的零点是在表头标度尺的满刻度(即量限)处，与电流表和电压表的零点正好相反。

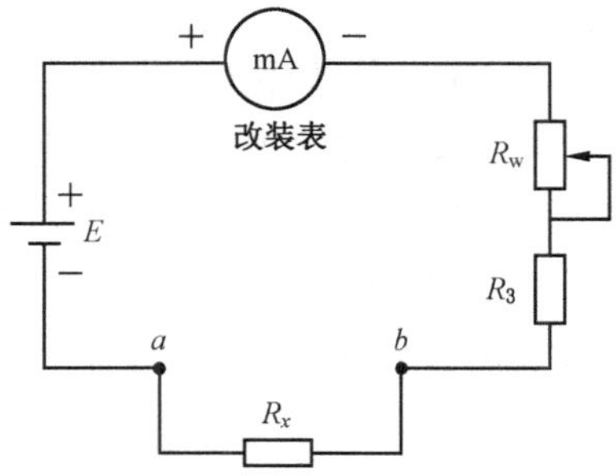

图 3-12　改装欧姆表原理图

在图 3-12 中，当 a、b 端接入被测电阻 R_x 后，电路中的电流为

$$I=\frac{E}{R_g+R_w+R_3+R_x} \tag{3-17}$$

对于给定的表头和线路来说，R_g、R_w、R_3 都是常量。由此可见，当电源电压 E 保持不变时，被测电阻和电流值有一一对应的关系，即接入不同的电阻，表头就会有不同的偏转读数，R_x 越大，电流 I 越小。将 a、b 两端短路，即 $R_x=0$ 时

$$I=\frac{E}{R_g+R_w+R_3}=I_g \tag{3-18}$$

这时指针满偏。

当 $R_x=R_g+R_w+R_3$ 时

$$I=\frac{E}{R_g+R_w+R_3+R_x}=\frac{1}{2}I_g \tag{3-19}$$

这时指针在表头的中间位置，对应的阻值为中值电阻，显然 $R_{中}=R_g+R_w+R_3$。

当 $R_x=\infty$（相当于 a、b 开路）时，$I=0$，即指针在表头的机械零位。

所以欧姆表的标度尺为反向刻度，且刻度是不均匀的，电阻 R 越大，刻度间隔越密。如果表头的标度尺预先按已知电阻值标出刻度，就可以用电流表直接测量电阻了。

【实验内容】

实验一与实验二是不同仪器的实验内容与步骤。

实验一

1. 测量表头内阻

本实验用替代法测量表头内阻，按图 3-9 所示连线。I 任取两个电流值（电流不能超过 100 μA，标准电流表量程选择 200 μA），测得内阻 R_g，求得 $\overline{R}_g$，数据记录于表 3-4 中。

表 3-4 测量表头内阻数据表

主要仪器： 精度： 实验台号：

I/μA		
R_g/Ω		
$R_{\bar{g}}$/Ω		

2. 将一个量程为 100 μA 的表头改装成 1 mA 量程的电流表

(1) 根据式(3-15)计算分流电阻 R_2 的阻值，并调到计算得到的阻值。R_w 调到较大电阻值，再按图 3-10 接线（标准电流表量程选择 2 mA）。

(2) 调节电源电压，缓慢增大电压，使改装表指到满量程（可配合调节 R_w 变阻器），这时记录标准表读数。注意：R_w 作为限流电阻，阻值不要调至最小值。然后调小电源电压，使改装表每隔 0.1 mA（满量程的 1/10）逐步减小读数直至零点；再调节电源电压按原间隔逐步增大改装表读数到满量程，每次记下标准表相应的读数于表 3-5 中。

(3) 以改装表读数为横坐标，示值误差 ΔI（为改装表读数-标准表读数）为纵坐标，在坐标纸上作出电流表的校正曲线，整个曲线为折线状，根据校正曲线可以修正电表的读数，得到较为准确的结果。

表 3-5 电流表校正数据表

主要仪器： 精度： 实验台号：

改装表读数/mA	标准表读数/mA			示值误差 ΔI/mA
	减小时	增大时	平均值	
1.0				
0.9				
0.8				
0.7				
0.6				
0.5				
0.4				
0.3				
0.2				
0.1				
0.0				

3. 将一个量程为 100 μA 的表头改装成 1.5 V 量程的电压表

(1) 根据式(3-16)计算扩程电阻 R_M 的阻值，可用 R_1、R_2 进行实验。

(2) 按图 3-11 连接电路。用量程为 20 V 的数显电压表作为标准表来校准改装的电压表。

(3) 调节电源电压，使改装表指针指到满量程(1.5 V)，记下标准表读数。然后每隔 0.3 V 逐步减小改装表读数直至零点，再按原间隔逐步增大到满量程，每次记下标准表相应的读数于表 3-6 中。

(4) 在坐标纸上作出电压表的校正曲线。

表 3-6 电压表校正数据表

主要仪器： 精度： 实验台号：

改装表读数/V	标准表读数/V			示值误差 ΔU/V
	减小时	增大时	平均值	
1.5				
1.2				
0.9				
0.6				
0.3				
0.0				

4. 改装欧姆表及标定表面刻度

(1)按图 3-12 进行连线。

(2)已知表头参数 I_g、R_g,电阻 $R_3=10\ \text{k}\Omega$,电源电压 $E=1.5\ \text{V}$。当 R_1、R_2 电阻箱作为被测电阻 R_x 时,先将 R_x 短路(即 $R_x=0$),调节 R_w 使表头指针正好达到满偏,此处为欧姆表零点。

(3)在条件不变的情况下,调节 R_1、R_2,使表头指针在中间位置,得到中值电阻 $R_中=R_1+R_2$。

(4)取 R_1、R_2 电阻箱的电阻为一组特定的数值 R_{xi},读出相应的偏转格数 D_i。将数据记录于表 3-7 中,把所得读数 D_i、R_{xi} 分别作为 X 轴、Y 轴,绘制出改装欧姆表的定标曲线。

表 3-7　欧姆表定标数据表

主要仪器:　　　　　　　　　　精度:　　　　　　　　　　实验台号:

R_{xi}/Ω	$\frac{1}{5}R_中$	$\frac{1}{4}R_中$	$\frac{1}{3}R_中$	$\frac{1}{2}R_中$	$R_中$	$2R_中$	$3R_中$	$4R_中$	$5R_中$
偏转格数 D_i/格									

$E=$______ V　　$R_中=$______ Ω

【注意事项】

1. R_w 作为限流电阻,阻值不要调至最小。
2. 改换电路前要关闭开关,对电表进行校正时,要注意保护各仪表,防止因电压过高、短路烧坏仪表。
3. 改装好的电表,其分流电阻(或分压电阻)绝不能再有所变化。
4. 实验完毕后直流电源电压先回零再关闭开关。

【思考题】

1. 用万用表的欧姆挡能否测量表头的内阻?
2. 为什么在校表时要由小到大到由大到小两次读取数据?
3. 为什么要绘制改装表的校正曲线?

实验二

本实验的实验仪器为 DH4508A 型电表改装与校准实验仪和四位半数字万用表。

1. 测量表头内阻

本实验用替代法测量表头内阻,按图 3-9 所示连线,图中用 R_1 替代 R_w 作为限流电阻,用量程为 2 mA 的数字万用表替代标准表。I 任取两个电流值(电流不能超过 100 μA),测得内阻 R_g,求得 $\overline{R_g}$,数据记录于表 3-4 中。

2. 将一个量程为 100 μA 的表头改装成 1 mA 量程的电流表

(1) 根据式(3-15)计算出分流电阻 R_2 的阻值,并调到相应大小。将电源调到最小,再按图 3-10 接线,图中用 R_1 替代 R_w,用量程为 2 mA 的数字万用表作为标准表来校准改装的电流表。R_1 作为限流电阻,阻值不可置于零,保证改装表不超量程。

（2）调节电源电压，缓慢增大电压，使改装表指到满量程（可配合调节 R_1），这时记录标准表读数。注意：R_1 作为限流电阻，阻值不要调至最小值。然后调小电源电压，使改装表每隔 0.1 mA（满量程的 1/10）逐步减小读数直至零点；再调节电源电压按原间隔逐步增大改装表读数到满量程，每次记下标准表相应的读数于表 3-5 中。

（3）以改装表读数为横坐标，示值误差 ΔI（为改装表读数-标准表读数）为纵坐标，在坐标纸上作出电流表的校正曲线，整个曲线为折线状，根据校正曲线可以修正电表的读数，得到较为准确的结果。

3. 将一个量程为 100 μA 的表头改装成 1.5 V 量程的电压表

（1）根据式（3-16）计算扩程电阻 R_M 的阻值。

（2）按图 3-11 连接电路。图中用 R_1 替代虚框中的扩程电阻 R_M，用数字万用表的 2 V 量程作为标准表来校准改装的电压表。

（3）调节电源电压，使改装表指针指到满量程（1.5 V），记下标准表读数。然后每隔 0.3 V 逐步减小改装读数直至零点，再按原间隔逐步增大到满量程，每次记下标准表相应的读数于表 3-6 中。

（4）在坐标纸上作出电压表的校正曲线。

4. 改装欧姆表及标定表面刻度

（1）按图 3-12 进行连线，图中用 R_4 替代 R_3，R_2 替代 R_w，R_1 作为被测电阻 R_x。

（2）已知表头参数 I_g、R_g，电阻 $R_4=10\ \mathrm{k\Omega}$，电源电压 $E=1.5\ \mathrm{V}$。当 R_1 电阻箱作为被测电阻 R_x 时，先将 R_x 短路（即 $R_x=0$），调节 R_2 使表头指针正好达到满偏，此处为欧姆表零点。

（3）在条件不变的情况下，调节 R_1，使表头指针在中间位置，得到中值电阻 $R_{中}=R_1$。

（4）取电阻箱的电阻为一组特定的数值 R_{xi}，读出相应的偏转格数 D_i。将记录数据于表 3-7 中，把所得读数 D_i、R_{xi} 分别作为 X 轴、Y 轴，绘制出改装欧姆表的定标曲线。

实验 3.3.2　惠斯通电桥测中值电阻

电桥在电测技术中应用特别广泛，利用桥式电路制成的电桥是一种用比较方法进行测量的仪器，在实际应用中，被用于实验应力分析、测试计量和自动检测与控制等诸多领域。惠斯通电桥是英国物理学家惠斯通 1843 年首先提出的，主要是由四个桥臂电阻、电源和检流计组成。它属于直流平衡单臂电桥，主要用于测量中值电阻，可测电阻范围为几十到几十万欧姆。

【实验目的】

1. 了解惠斯通电桥的结构，掌握惠斯通电桥的工作原理。

2. 掌握用滑线式惠斯通电桥测量电阻。

【实验仪器】

滑线式惠斯通电桥、直流可调稳压电源、数字检流计、ZX21 型旋转式电阻箱、单刀单掷开关 2 只、待测电阻 5 只、导线若干。

【实验原理】

1. 惠斯通电桥原理

惠斯通电桥的基本线路如图3-13所示。标准电阻R_0、R_1、R_2和待测电阻R_x连成四边形，每一条边称为电桥的一个臂。在对角A和C之间接电源E，在对角B和D之间接检流计G。因此电桥由4个臂、电源和检流计三部分组成。当开关K_E和K_G接通后，各条支路中均有电流通过，检流计支路起了沟通ABC和ADC两条支路的作用，好像一座"桥"一样，故称为"电桥"。适当调节R_0、R_1和R_2的大小，可以使桥上没有电流通过，即通过检流计的电流$I_G=0$，B、D两点的电势相等，电桥的这种状态称为平衡状态。这时，A、B之间的电势差等于A、D之间的电势差，B、C之间的电势差等于D、C之间的电势差。设ABC支路和ADC支路中的电流分别为I_1和I_2，由欧姆定律得

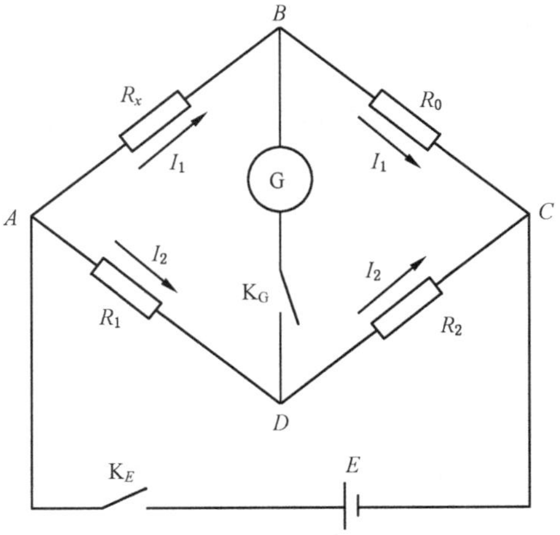

图3-13　惠斯通电桥原理图

$$I_1R_x=I_2R_1;I_1R_0=I_2R_2$$

二式相除得

$$\frac{R_x}{R_0}=\frac{R_1}{R_2} \tag{3-20}$$

式(3-20)称为电桥的平衡条件，其中R_x为待测臂，R_0为比较臂，R_1、R_2为比例臂，并且称R_1/R_2为倍率。由式(3-20)得

$$R_x=\frac{R_1}{R_2}R_0 \tag{3-21}$$

若R_1、R_2、R_0可测出，则R_x可求出。

2. 滑线电桥

滑线电桥的基本电路如图3-14所示，它的比例臂R_1、R_2不是标准电阻，而是一根长为L的均匀电阻丝。滑键(相当于D点)将电阻丝分为左右两段，AD段(设长度为L_1)的电阻为R_1，CD段(设长度为L_2)的电阻为R_2。

当滑动滑键，使检流计通过的电流为0，即电桥处于平衡状态时，待测电阻如式(3-21)所示。

设电阻丝的电阻率为ρ，横截面积为S，则

$$R_1=\rho\frac{L_1}{S};R_2=\rho\frac{L_2}{S} \tag{3-22}$$

因此，

$$R_{x_1}=\frac{L_1}{L_2}R_0 \tag{3-23}$$

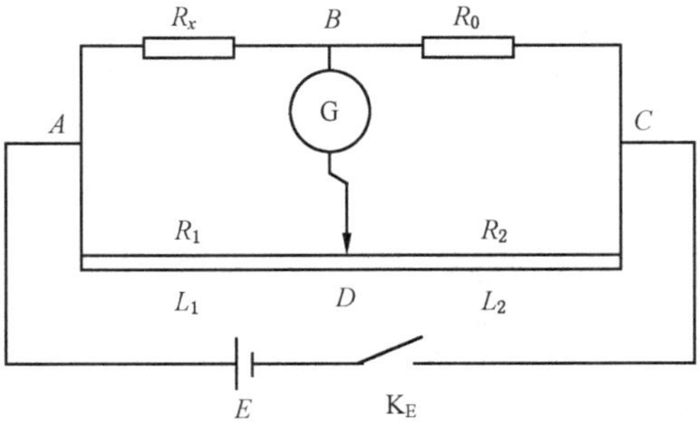

图3-14　滑线电桥原理图

L_1的长度可以从电阻丝下面所附的米尺上读出，$L_2=L-L_1$，R_0可以从电阻箱上读

出，根据式(3-23)即可求出待测电阻 R_{x_1}。

为了消除由于电阻丝不均匀所产生的误差，在上述测量之后，把 R_x 和 R_0 的位置对调，重新使电桥处于平衡状态，测得电阻丝 AD 的长度为 L_1'，DC 的长度为 $L_2'=L-L_1'$，由电桥的平衡条件得

$$R_{x_2}=\frac{L_2'}{L_1'}R_0' \tag{3-24}$$

取两次测量的平均值，作为待测电阻的阻值。

最后讨论滑键在什么位置时，测量结果的相对误差最小，由

$$R_x=\frac{L_1}{L_2}R_0=\frac{L_1}{L-L_1}R_0 \tag{3-25}$$

得

$$\Delta R_x=\frac{(L-L_1)\Delta L_1+L_1\Delta L_1}{(L-L_1)^2}R_0=\frac{L\Delta L_1}{(L-L_1)^2}R_0 \tag{3-26}$$

所以，R_x 的相对误差为

$$E=\frac{|\Delta R_x|}{R_x}=\frac{L|\Delta L_1|}{(L-L_1)L_1} \tag{3-27}$$

由 $\frac{\mathrm{d}E}{\mathrm{d}L_1}=0$ 知，当 $L_1=\frac{L}{2}$ 时，E 有极小值。因此，应当这样选择 R_0：当滑键 D 在电阻丝中央时，使电桥达到平衡状态。

【实验内容】

1. 按图 3-14 摆好仪器，再接好线路。选择待测电阻 $R_x=510\ \Omega$，将电阻箱 R_0 的阻值调至与 R_x 相当，稳压电源 E 调节到 1 V 左右；滑键 D 滑到 AC 中央，打开稳压电源开关 K_E。

2. 用左手按下滑键 D 上的铜片(注意只能按滑键的一端)，眼睛密切注视检流计 G，如果指针迅速偏转，说明通过 G 的电流很大，应迅速松开手指，使铜片弹起，以免烧坏检流计。这是由于 R_0 的阻值和 R_x 的阻值相差太大，电桥很不平衡造成的。应检查 R_0 的阻值，如有错置，立即改正。当左手按下铜片时，如果指针较慢地偏转，可用右手调节 R_0，使 G 的指针向"0"移动，直到指针最接近"0"为止。调节的方法是由电阻箱的高阻挡到低阻挡，(×100 挡、×10 挡和×1 挡)逐个仔细调节。

3. 缓慢增加稳压电源 E 到 3 V 左右，提高加在 AC 两端的电压，以增大电桥的灵敏度，这时检流计的指针又会偏离"0"，仔细调 R_0 的低阻挡，使指针重新接近"0"，这时电桥基本处于平衡状态。

4. 稍微移动滑键 D，当按下铜片时，检流计指针准确指"0"，这时电桥就处于平衡状态。记录 R_0 和 L_1。

表 3-8　用滑线式惠斯通电桥测电阻

主要仪器：　　　　　　　　　　精度：　　　　　　　　　　实验台号：

R_x 标称值/Ω	L_1/L_2	R_0/Ω	L_1'/cm	L_2'/cm	R_0'/Ω	R_x 实验值/Ω		
						R_{x_1}	R_{x_2}	$R_x=(R_{x_1}+R_{x_2})/2$
510								
3K								
51K								

5. 把 R_0 和 R_x 的位置对调，重复上述步骤，记录 R_0'和 L_1'。

6. 根据式(3-23)和式(3-24)，分别计算出待测电阻 R_{x_1} 和 R_{x_2}，并求出它们的平均值 R_x。

7. 选择其他待测电阻，重复上述步骤。

8. 计算 R_x 的平均电阻值及相对误差。

【思考题】

1. 试比较用“伏安法”和“惠斯通电桥”测电阻的优缺点。

2. 调节电桥平衡时，假如发现电桥根本找不到平衡，原因可能是什么？

3. 电桥法测量电阻时如何适当选择比例？

【附录】DH6105A 惠斯通电桥仪器简介

图 3-15 为 DH6105A 惠斯通电桥仪的结构图。

A、B、C 是装有接线柱的厚铜片(其电阻可忽略)，它们相当于图 3-13 中的 A、B、C 三点。A、C 之间有一根长度 $L=100.00$ cm 的电阻丝，装有接线柱的滑键相当于图 3-13 中的“D”点。滑键可以沿电阻丝左右滑动，它上面有两个弹性铜片。按下按钮，铜片就与电阻丝接触，接触点将电阻丝分为左右两段，AD 段(设长度为 L_1)的电阻 R_1 相当于图 3-13 中的 R_1，CD 段(设长度为 L_2)的电阻 R_2 相当于图 3-13 中的 R_2。在 A、B 之间接待测电阻 R_x，B、C 之间接电阻箱 R_0，B、D 之间接检流计 G。A、C 之间接电源 E，电源 E 为可调直流电源，带短路保护功能。

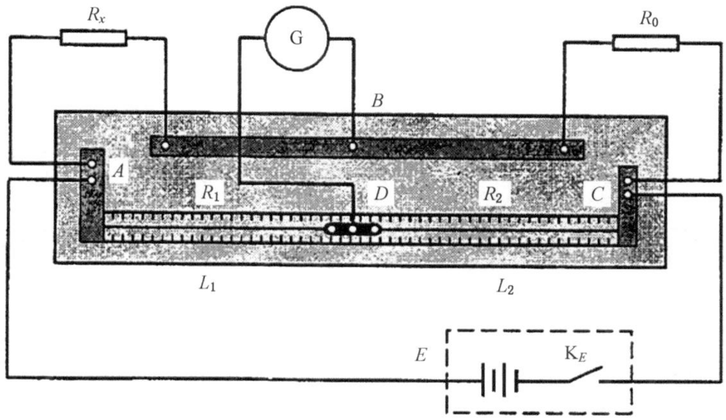

图 3-15 DH6105A 滑线式惠斯通电桥仪

实验 3.3.3 直流单双臂电桥的使用

电桥线路在电磁测量技术中得到了极其广泛的应用。它不仅可以用来测量电阻，还可以用来测量电感、电容、频率、温度、压力等许多物理量。根据用途不同，电桥有多种类型，结构与性能也各有特点，但基本原理是相同的。本实验分别介绍直流单臂电桥、直流双臂电桥测中值和低值电阻。

项目 1 热敏电阻的温度特性研究

热敏电阻具有对热敏感、电阻率大、体积小、热惯性小等特点，是测温、控温的重要器件，按其温度特性分为正温度系数(PTC)热敏电阻、负温度系数(NTC)热敏电阻和临界温度系数(CTR)热敏电阻等几类。正温度系数热敏电阻及临界温度系数热敏电阻的电阻特性会在特定温度发生急剧变化，适用于定温度检测或限制在较小的温度范围内。所以，一定范围的温度测量应用中常采用负温度系数热敏电阻。

【实验目的】

1. 进一步掌握单臂电桥原理，熟练使用箱式单臂电桥测电阻。
2. 研究热敏电阻的温度特性。

【实验仪器】

QJ24 型单臂电桥、DHT-2 型多挡恒流控温实验仪等。

【实验原理】

1. 热敏电阻温度特性

NTC 为负温度系数的热敏电阻，它是一种以钛酸钡为主要成分的高技术半导体功能陶瓷材料，其主要的特性是在工作温度范围内电阻随温度的升高而降低。利用其基本特性，NTC 系列热敏电阻已广泛应用于家用电器产品中，以达到自动增益调整、过负荷保护、温度控制、温度补偿、稳压稳幅等作用。

图 3-16 是 NTC 型热敏电阻的电阻-温度特性图。在一定的温度范围内，半导体的电阻率 ρ 和温度 T 之间有如下关系：

$$\rho = A_1 e^{B/T} \tag{3-28}$$

式中，A_1 和 B 是与材料物理性质有关的常数；T 为绝对温度。

对于截面均匀的热敏电阻，其阻值 R_T 可用下式表示

$$R_T = \rho \frac{l}{S} \tag{3-29}$$

式中，R_T 的单位为 Ω；ρ 的单位为 Ω·m；l 为两电极间的距离，单位为 m；S 为电阻的横截面积，单位为 m^2。

将式(3-28)代入式(3-29)，令 $A = A_1 \frac{l}{S}$，于是可得

$$R_T = A e^{B/T} \tag{3-30}$$

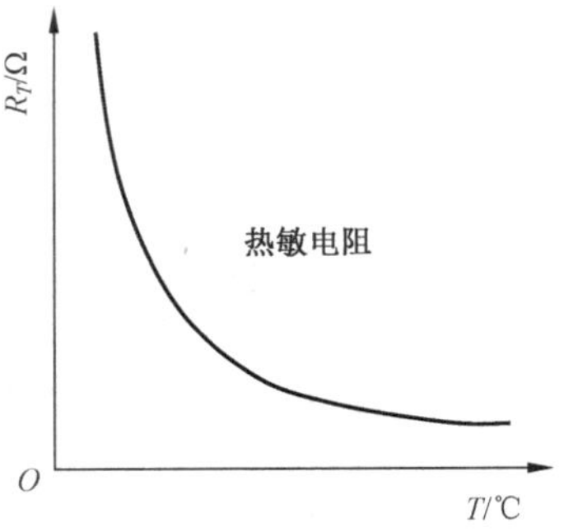

图 3-16　NTC 型热敏电阻的电阻温度特性曲线

对一定的电阻而言，A 和 B 均为常数。对式(3-30)两边取对数，则有

$$\ln R_T = B \frac{1}{T} + \ln A \tag{3-31}$$

式(3-31)中，$\ln R_T$ 与 $1/T$ 呈线性关系，用实验中测得温度 T 和与之对应的 R_T 作 $\ln R_T$-$1/T$ 曲线，用直线拟合即可求出常数 B。

热敏电阻的电阻温度系数

$$\alpha = \frac{1}{R_T} \cdot \frac{dR_T}{dT} = -\frac{B}{T^2} \tag{3-32}$$

2. 单臂电桥原理

详见实验 3.3.2 惠斯通电桥测中值电阻。

【实验内容】

1. 本实验将 NTC 热敏电阻固定在恒温加热器的发热元件中，通过温控仪加热。如图 3-17 所示，把各连线接好，QJ24 电桥的“R_x”端二接线柱与加热装置上相应的热敏电阻连接导线相连。

2. 根据不同的温度值，估计被测热敏电阻的阻值。

选择合适的电桥比例，并把比较臂放在适当的位置，先按下电桥的“B”按钮(电源按钮)，再按下“G”按钮(检流计按钮)，仔细调节比较臂，使检流计指零。从室温到 100 ℃，每隔 5 ℃测一个数据，将测量数据逐一记录在表 3-9 内。

【数据记录与处理】

表 3-9　负温度系数热敏电阻数据记录表

主要仪器：　　　　　　　　　　　　精度：　　　　　　　　　　　　实验台号：

序号	1	2	3	4	5	6	7	8
设定温度/℃	室温	30.0	35.0	40.0	45.0	50.0	55.0	60.0
实际温度 t/℃								
实际温度 T/K								
电阻 R_T/Ω								

（续表）

序号	9	10	11	12	13	14	15	16
设定温度/℃	65.0	70.0	75.0	80.0	85.0	90.0	95.0	100.0
实际温度 t/℃								
实际温度 T/K								
电阻 R_T/Ω								

作 NTC 型热敏电阻的电阻-温度（R_T-T）曲线，得出实验结论。

作 $\ln R_T$-$1/T$ 曲线（注意：此处的 T 为绝对温度），计算 B 值，求出热敏电阻在室温下的温度系数 α 的值。

【注意事项】

1. 加热电流 0.50 A，达到设定温度后自动断开，电流显示 0.00 A。

2. 用电桥测电阻时，先按“B”按钮，再按“G”按钮；断开时，先按“G”按钮，再按“B”按钮、“G”按钮间歇使用。

【附录】测热敏电阻实验装置（见图 3-17）

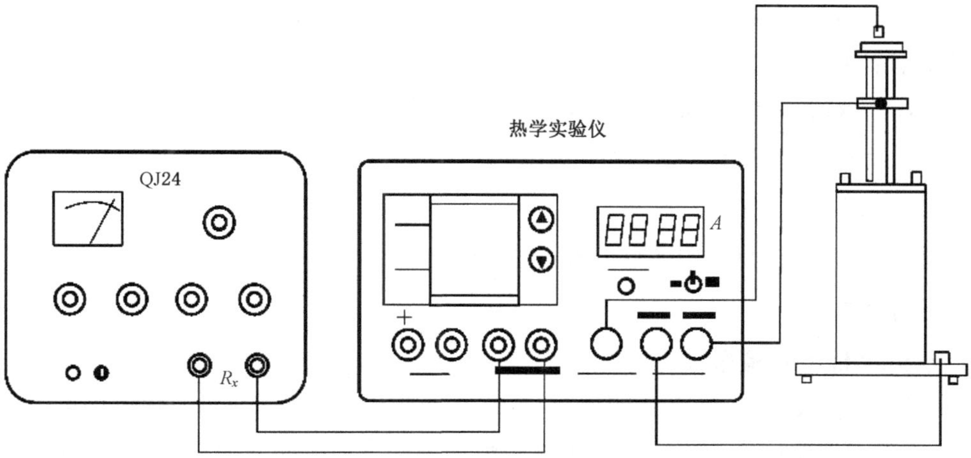

图 3-17　测热敏电阻实验装置图

1. 连接线路

按照面板及测试架的各项功能，用实验连线将其中一只加热炉连接好，经检查无误后，将专用电源线插入电源插座，打开后面板上的电源开关，接通电源，此时温度控制器的 PV 显示屏显示的温度为室内环境温度。

2. 加热温度的设定

（1）按下温控器面板上设定键（S），此时设定值（SV）显示屏一位数码管开始闪烁。

（2）根据实验所需温度的大小，再按设定键（S）左右移动到所需设定的位置，然后通过加数键（▲）、减数键（▼）来设定好所需的加热温度。

（3）设定好加热温度后，等待 8 s 后返回至正常显示状态。

3. 加热

在设定好加热温度后，将面板上的加热电流开关打开。温控仪开始给加热炉加热，在使用时可根据所需升温速度的快慢及环境温度与所需加热温度的大小，调节电流调节旋钮输出一个合适的加热电流。加热电流的大小通过面板上的加热电流显示屏显示。

4. 测量

在加热过程中，将控制仪的“热敏电阻”接线柱与电桥的测量端相接，即可进行热敏电阻的特性测量。

5. 设定不同的加热温度，用直流单臂电桥测量出在不同温度下热敏电阻的阻值。

6. 做完实验后，打开风扇使加热炉内的温度快速下降。

备注：当出现异常报警时，温控器测量值显示“HHHH”，设置值显示“Err”。当故障检查并解决后可按设定键(S)复位和加数键(▲)、减数键(▼)键重设温度。

项目2　直流双臂电桥测金属导体电阻率

直流单臂电桥测量的电阻一般为中值电阻，其数量级在 $10 \sim 10^6\ \Omega$ 之间，可以忽略导线和接触电阻的影响。对于低值电阻(例如变压器绕线的电阻，金属材料的电阻等)，测量线路的附加电阻不能忽略。用单臂电桥测量将由于附加电阻的存在而给测量结果带来不可忽略的影响，为消除(或减少)附加电阻对测量结果的影响，在单臂电桥的基础上，通过改进电路设计，发展成为双臂电桥，一般用来测量 $10^{-5} \sim 10\ \Omega$ 之间的低值电阻。

【实验目的】

1. 了解双臂电桥测低电阻的原理和方法。
2. 学会用双臂电桥测量导体棒的电阻率。

【实验仪器】

QJ44 型直流双臂电桥、四端电阻器、待测金属棒(铜、铁、铝)、千分尺。

【实验原理】

1. 双臂电桥的测量原理

用单臂电桥测电阻，当被测电阻较小时，引线电阻和接触电阻的影响将引起不可忽略的误差。如果将被测电阻 R_x 和与它相比较的标准电阻 R_N 都接成如图 3-18 所示的四端电阻，C_1、C_2 为电流引入端，称电流端，r_1、r_3 为电流引线电阻和接触电阻；P_1、P_2 为电压端；r_2、r_4 为电压端引线电阻和接触电阻。用单臂电桥测量，其接线如图 3-19 所示。两个电流端的接线电阻和接触电阻已串入电源支路，因而它们的数值不会影响测量结果；两个电压端分别串入 R_3 和 R_4 桥臂支路，由于 R_3 和 R_4 可以取较大的值，所以串入的接线电阻和接触电阻可以忽略。剩下的就是 R_x 和 R_N 之间的电阻 r 的问题。

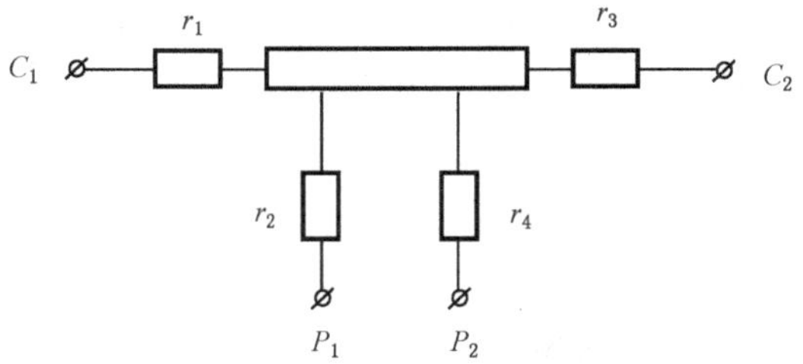

图 3-18　四端电阻器

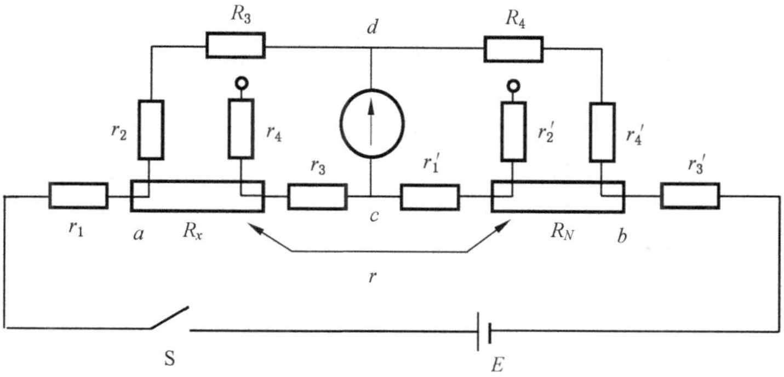

图 3-19 单臂电桥测电阻线路图

在图 3-19 中，如果 r 在 R_x 支路的电阻是 r_x，在 R_N 支路的电阻是 r_N，则电桥平衡时有

$$\frac{R_x+r_x}{R_N+r_N}=\frac{R_3}{R_4} \tag{3-33}$$

式(3-33)可改写成

$$\frac{R_x\left(1+\dfrac{r_x}{R_x}\right)}{R_N\left(1+\dfrac{r_N}{R_N}\right)}=\frac{R_3}{R_4}$$

不难看出，如果满足 $\dfrac{r_x}{R_x}=\dfrac{r_N}{R_N}$或$\dfrac{r_x}{r_N}=\dfrac{R_x}{R_N}$，则有

$$\frac{R_x}{R_N}=\frac{R_3}{R_4} \tag{3-34}$$

平衡条件中没有了 r_x 和 r_N，即消除了它们的影响，由于 r 的值不是恒定的，所以要找到将它们分成与 R_x 和 R_N 成比例的两部分的顶点 c，实际上是不可能的，因此我们在线路中引进一个电阻分压器 R_3'和 R_4'，这样就构成了双桥，如图 3-20 所示。调整 R_3、R_4 和 R_3'、R_4'，使检流计中无电流通过，称电桥平衡，这时 c、d 两点电位相等，则通过 R_3、R_4 的电流相等，记作 I_3，通过 R_3'、R_4'的电流相等，记作 I_3'，通过 R_x 和 R_N 的电流记作 I，这时有

$$IR_x+I_3'r_3'+I_3'R_3'=I_3r_3+I_3R_3$$
$$IR_N+I_3'r_4'+I_3'R_4'=I_3r_4+I_3R_4$$

如果满足 $r_3\ll R_3$，$r_3'\ll R_3'$，$r_4\ll R_4$，$r_4'\ll R_4'$，$I_3\ll I$，$I_3'\ll I$

$$\begin{cases} IR_x=I_3R_3-I_3'R_3' \\ IR_N=I_3R_4-I_3'R_4' \\ I_3'(R_3'+R_4')=(I-I_3')r \end{cases} \tag{3-35}$$

以上条件在实际中是很容易满足的。由式(3-35)可得

$$R_x=\frac{R_3}{R_4}R_N+\frac{rR_4'}{R_3'+R_4'+r}\left(\frac{R_3}{R_4}-\frac{R_3'}{R_4'}\right) \tag{3-36}$$

由式(3-36)可以看出，双桥的平衡条件与单桥的平衡条件差别在于多了第二项。但当满足下式时，第二项为零：

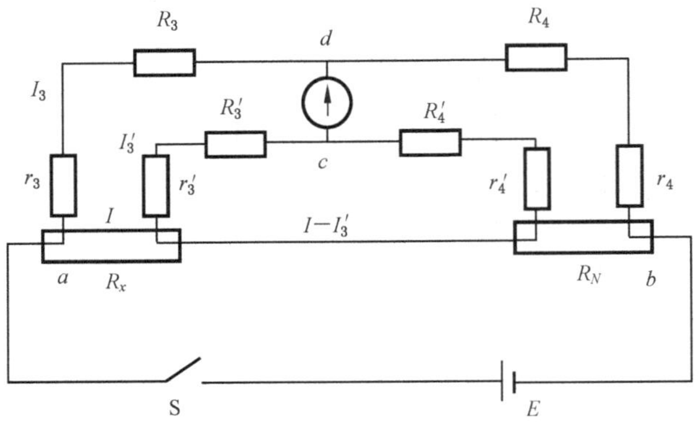

图 3-20　双臂电桥测电阻线路图

$$\frac{R_3}{R_4}=\frac{R_3{}'}{R_4{}'} \tag{3-37}$$

在双桥中，按式(3-36)可以调比较电阻 R_N 或调比例$\frac{R_3}{R_4}$来达到电桥平衡，不过必须同时满足辅助条件式(3-37)。所以，在双桥中通常满足 $R_3=R_3{}'$，$R_4=R_4{}'$，也就是做到它们成对地相等。

为了保证电桥在调节平衡过程中$\frac{R_3}{R_4}=\frac{R_3{}'}{R_4{}'}$，通常都采用两个机械联动转换开关，同时也就一定存在两个相等的比率$\frac{R_3}{R_4}=\frac{R_3{}'}{R_4{}'}$，故有双臂电桥之称。

利用双臂电桥测量低电阻时，如果测量时能保证$\frac{R_3}{R_4}=\frac{R_3{}'}{R_4{}'}$，同时选择 R_x、R_N、R_3、R_4 都大于 10 Ω，而且 R_x 和 R_N 按四端方式连接，那么就可以大大减少导线电阻和接触电阻对测量结果的影响。

2. 测金属棒材料的电阻率

一段导体的电阻与该导体材料的物理性质和这段导体的几何形状有关。实验发现，导体的电阻与其长度 l 成正比，与其横截面积 S 成反比，即

$$R_x=\rho\frac{l}{S} \tag{3-38}$$

式中，比例系数 ρ 为导体的电阻率，它的大小表示导电材料的性质，可由下式求出：

$$\rho=\frac{S}{l}R_x=\frac{\pi D^2}{4l}R_x \tag{3-39}$$

【实验内容】

1. 首先对电桥检流计进行调零，按下电源开关“B”，对指零仪表头进行调零，灵敏度置于适当位置。

2. 给四端电阻器装上样品，用粗导线把四端电阻器和双臂电桥的同名旋钮相连，估计 R_x 值的大小并将倍率开关置于适当的倍率上，按下“B”和“G”按钮开关，调节读数盘，并适当调大灵敏度，检流计指针为零时，测出不同长度下金属棒电阻值。要求每隔 40 mm 测量

一组数据，共测 10 组数据。

3. 用千分尺测量金属棒直径 6 次。

4. 更换样品，重复以上测量步骤。

采用逐差法处理数据，计算出不同金属棒的电阻率，写出实验结果表达式。

【注意事项】

1. 用双臂电桥测低电阻时，由于通过待测电阻的电流较大，在测量过程中，通电时间应尽量短，“G”按钮间歇使用。

2. 为了保护检流计，接近于平衡之前要用跃进法，使用完毕，应将检流计短路。

3. 连接用的导线应该短而粗，各接头必须干净、接牢，避免接触不良。

【思考题】

1. 双臂电桥和单臂电桥在结构和用途上有哪些不同？

2. 为什么对低电阻的测量都要采用四端电阻接法？

实验 3.3.4 交流电桥的应用

交流电桥是一种比较式仪器，在电测技术中占有重要地位。它主要用于测量交流等效电阻及其时间常数、电容及其介质损耗、自感及其线圈品质因数和互感等电参数的精密测量，也可用于非电量变换为相应电量参数的精密测量。

常用的交流电桥分为阻抗比电桥和变压器电桥两大类。本实验中交流电桥指的是阻抗比电桥。交流电桥的线路虽然和直流单臂电桥线路具有同样的结构形式，但因为它的四个臂是阻抗，所以它的平衡条件、线路的组成以及实现平衡的调整过程都比直流电桥复杂。

【实验目的】

1. 掌握交流电桥的平衡条件和测量原理。

2. 设计各种实际测量用的交流电桥。

3. 验证交流电桥的平衡条件。

【实验仪器】

DH4518 型交流电桥实验仪。

【实验原理】

1. 交流电桥的基本原理及平衡条件

交流电桥与直流电桥相似，如果把惠斯通电桥的四个桥臂改为电抗元件（电阻、电感、电容和它们的组合），把直流电源和检流计改为交流电源和交流平衡指示器（如交流毫伏表、耳机等），就可以组成交流电桥。

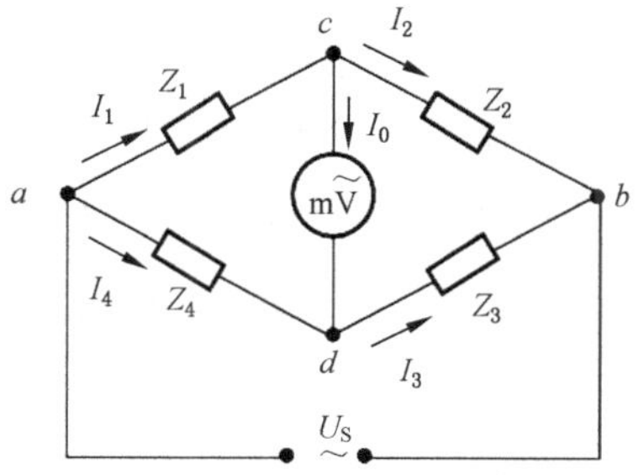

图 3-21 交流电桥原理图

图 3-21 是交流电桥的原理图。在交流电桥中，四个桥臂由阻抗元件组成，在电桥的一条对角线 cd 上接入交流指零仪，另一对角线 ab 上接入交流电源。当调节电桥参数，使交流指零仪中无电流通过时（即 I_0

=0)，cd 两点的电位相等，电桥达到平衡，这时有

$$I_1Z_1=I_4Z_4, I_2Z_2=I_3Z_3$$

由此可得

$$I_1=I_2, I_3=I_4$$

$$Z_1Z_3=Z_2Z_4 \tag{3-40}$$

上式就是交流电桥的平衡条件，它说明：当交流电桥达到平衡时，相对桥臂的阻抗的乘积相等。

由图 3-21 可知，若第一桥臂由被测阻抗 Z_x 构成，则

$$Z_x=\frac{Z_2}{Z_3}Z_4$$

当其他桥臂的参数已知时，就可得出被测阻抗 Z_x 的值。

在正弦交流情况下，桥臂阻抗可以写成复数的形式

$$Z=R+\mathrm{j}X=Z\mathrm{e}^{\mathrm{j}\varphi}$$

若将电桥的平衡条件用复数的指数形式表示，则可得

$$Z_1\mathrm{e}^{\mathrm{j}\varphi_1}\cdot Z_3\mathrm{e}^{\mathrm{j}\varphi_3}=Z_2\mathrm{e}^{\mathrm{j}\varphi_2}\cdot Z_4\mathrm{e}^{\mathrm{j}\varphi_4}$$

即

$$Z_1\cdot Z_3\mathrm{e}^{\mathrm{j}(\varphi_1+\varphi_3)}=Z_2\cdot Z_4\mathrm{e}^{\mathrm{j}(\varphi_2+\varphi_4)}$$

根据复数相等的条件，等式两端的幅模和幅角必须分别相等，故有

$$\begin{cases}Z_1Z_3=Z_2Z_4\\ \varphi_1+\varphi_3=\varphi_2+\varphi_4\end{cases} \tag{3-41}$$

上面就是平衡条件的另一种表现形式，可见交流电桥的平衡必须满足两个条件：一是相对桥臂上阻抗幅模的乘积相等；二是相对桥臂上阻抗幅角之和相等。这是交流电桥平衡的充分必要条件，二者缺一不可。

由上可以得出如下结论：在配置桥臂时，只允许有两个是复数臂。若两复数臂相邻，则必须是同性臂（即同是容抗或感抗），并且其等效阻抗的连接方式相同（即同是串联或同是并联）。若两复数臂为相对，则必须是异性臂，其等效阻抗的连接方式也相异；交流电桥平衡还要必须反复调节两个桥臂的参数。

2. 电器件的等效电路

在交流电压作用下，往往桥臂所用元件存在能量损耗——相当于纯电阻能耗，电阻在交流电压作用下，往往具有电感（线绕电阻尤为明显）和分布电容。

电容器中一般含有电容率为 ε 的介质，因而电路中有一小部分电能，在介质中损耗而变成热能，可以用等效电阻 R 表示这种介质损耗。因此，通过电容器的交流电压和电流的相位差就不再是 $\frac{\pi}{2}$，可用图 3-22(a)的串联电路或图 3-22(b)的并联电路，来表示电容器的等效电路。

对于图 3-22(a)电容器的串联等效电路，有

$$D=\tan\delta=\omega CR$$

对于图 3-22(b)电容器的并联等效电路，有

$$D=\tan\delta=\frac{1}{\omega CR}$$

两式中的 ω 是所加交流电压的角频率，δ 是电容损耗角，$\tan\delta$ 表示电容的介质损耗特性常用 D 表示。

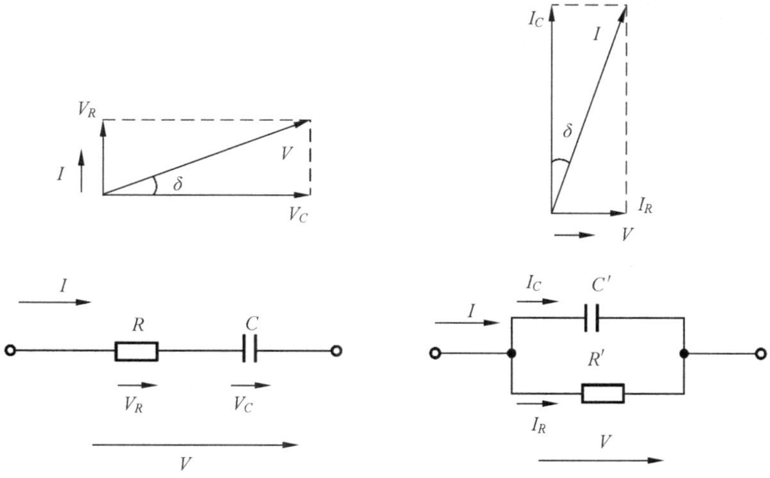

(a) 串联　　　　(b) 并联

图 3-22　电容器的等效电路图

电感元件也存在一定的导线电阻和分布电容，实际电感可等效为一个理想电感 L 和一个纯电阻 R_L 的串联组合，如图 3-23 所示。

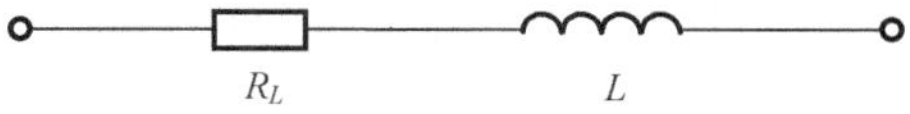

图 3-23　电感器的等效电路

3. 测量损耗小的电容电桥(串联电阻式)

图 3-24 用来测量损耗小的被测电容的电容电桥(测损耗大电容的并联式电容电桥这里不作介绍)。被测电容 C_x 接到电桥的第一臂，等效为电容 C_x'和串联电阻 R_x'，其中 R_x'表示它的损耗；与被测电容相比较的标准电容 C_n 接入相邻的第四臂，同时与 C_n 串联一个可变电阻 R_n，桥的另外两臂为纯电阻 R_b 及 R_a，当电桥调到平衡时，有

$$\left(R_x+\frac{1}{\mathrm{j}\omega C_x}\right)R_a=\left(R_n+\frac{1}{\mathrm{j}\omega C_n}\right)R_b$$

令上式实数部分和虚数部分分别相等，则

$$\begin{cases}R_xR_a=R_nR_b\\ \dfrac{R_a}{C_x}=\dfrac{R_b}{C_n}\end{cases}\tag{3-42}$$

可以得到

$$\begin{cases}R_x=\dfrac{R_b}{R_a}R_n\\ C_x=\dfrac{R_a}{R_b}C_n\end{cases}\tag{3-43}$$

由此可知，要使电桥达到平衡，必须同时满足上面两个条件，因此至少调节两个参数。如果改变 R_n 和 C_n，便可以单独调节互不影响地使电容电桥达到平衡。通常标准电容都是做成固定的，因此 C_n 不能连续可变，这时我们可以调节 R_a/R_b 的值使式(3-43)得到满足，但调节 R_a/R_b 的值时又影响到式(3-42)的平衡。因此要使电桥同时满足两个平衡条件，必须对 R_n 和 R_a/R_b 等参数反复调节才能实现，因此使用交流电桥时，必须通过实际操作取得经验，才能迅速获得电桥的平衡。电桥达到平衡后，其被测电容的损耗因数为

$$D=\tan\delta=\omega C_x R_x=\omega C_n R_n \tag{3-44}$$

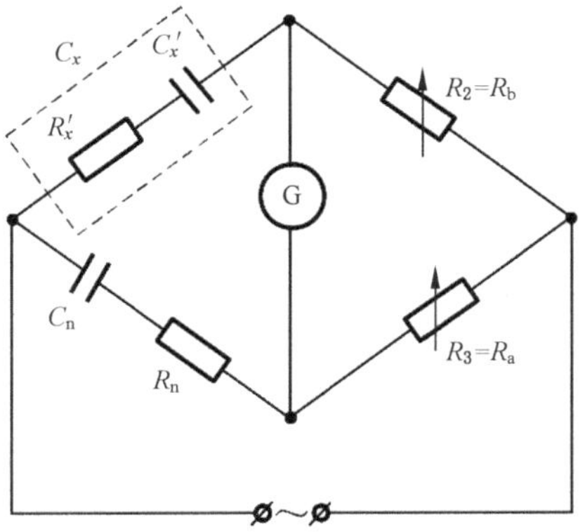

图 3-24　串联电阻式电容电桥

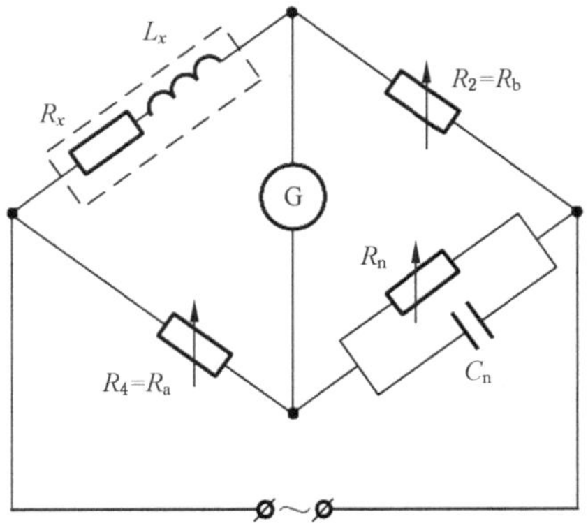

图 3-25　测量低 Q 值电感的电桥原理图

4. 测量低 Q 值电感的电感电桥

测量低 Q 值电感的电桥原理线路如图 3-25 所示。该电桥线路又称为麦克斯韦电桥（测量高 Q 值电感的电感电桥，这里不作介绍）。标准电容的桥臂中的 C_n 和可变电阻 R_n 是并联的。

在电桥平衡时，有

$$(R_x+j\omega L_x)\left(\frac{1}{\frac{1}{R_n}+j\omega C_n}\right)=R_b R_a$$

相应的测量结果为

$$\begin{cases}L_x=R_b R_a C_n\\ R_x=\dfrac{R_b}{R_n}R_a\end{cases} \tag{3-45}$$

被测对象的品质因数 Q 为

$$Q=\frac{\omega L_x}{R_x}=\omega R_n C_n \tag{3-46}$$

麦克斯韦电桥的平衡条件式(3-45)表明，它的平衡是与频率无关的，即在电源为任何频率或非正弦的情况下，电桥都能平衡，且其实际可测量的 Q 值范围也较大，所以该电桥的应用范围较广。但是实际上，由于电桥内各元件间的相互影响，交流电桥的测量频率对测量精度仍有一定的影响。

5. 电阻电桥

测量电阻时采用惠斯通电桥，如图 3-26 所示。可见桥路形式与直流单臂电桥相同，只是这里用交流电源和交流指零仪作为测量信号。

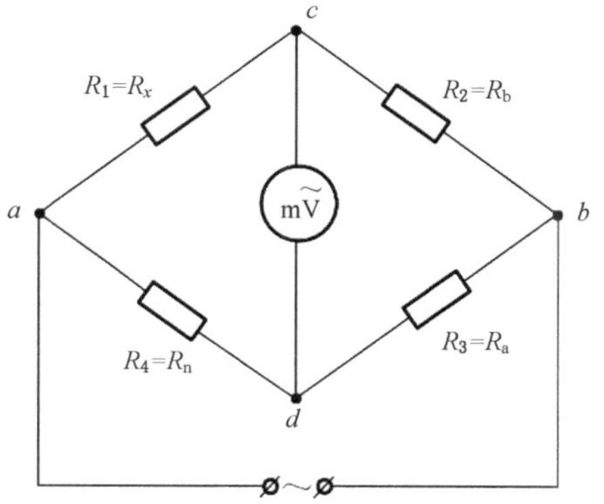

图 3-26 交流电桥测电阻

当电桥平衡时，毫伏表中无电流流过，c、d 两点为等电位，则

$$I_1=I_2, I_3=I_4$$

即

$$R_x=\frac{R_n}{R_a}R_b$$

由于采用交流电源和交流电阻作为桥臂，所以测量一些残余电抗较大的电阻时不易平衡，这时可改用直流电桥进行测量。

【实验内容】

1. 交流电桥测量电容

根据前面实验原理的介绍，用串联电阻式电容电桥测量两个损耗不同电容 C_x。试用交流电桥的测量原理对测量结果进行分析，测出电容值和其损耗电阻，并计算损耗。

2. 交流电桥测量电感

用并联电阻式电感电桥测量两个 Q 值不同电感 L_x。试用交流电桥的测量原理对测量结果进行分析，计算电感值和其损耗电阻、Q 值。

3. 交流电桥测量电阻

用交流电桥测量不同阻值的电阻，并与其他直流电桥的测量结果相比较。

【思考题】

1. 交流电桥的桥臂是否可以任意选择不同性质的阻抗元件组成？应如何选择？
2. 为什么在交流电桥中至少需要选择两个可调参数？怎样调节才能使电桥趋于平衡？
3. 交流电桥对使用的电源有何要求？交流电源对测量结果有无影响？

【附录】仪器简介

DH4518 型交流电桥实验仪中包含了交流电桥实验所需的所有部件，它们包括：三个独立的电阻桥臂（R_b 电阻箱、R_n 电阻箱、R_a 电阻箱）、标准电容 C_n、标准电感 L_n、被测电容 C_x、被测电感 L_x 及信号源和交流指零仪，如图 3-27 所示。

电桥内置桥臂电阻 R_a：由 1 Ω，10 Ω，100 Ω，1 kΩ，10 kΩ，100 kΩ，共 6 个交流电阻组成，精度为 1%。

R_b：由一个含有 10×1 000 Ω，10×100 Ω，10×10 Ω，10×1 Ω，10×0.1 Ω 交流电阻的交流电阻箱组成，精度为 0.2%。

R_n：由一个 10×1 000 Ω，10×100 Ω，10×10 Ω，10×1 Ω 交流电阻的交流电阻箱组成，精度为 1%。

内置标准电容 C_n（1～3 挡）：0.001 μF，0.01 μF（低损耗），0.1 μF，精度为 1%。

标准电感(4～6 挡):1 mH 电感(Q 值较低),10 mH 电感(Q 值较高),100 mH 电感,精度为 1.5%。

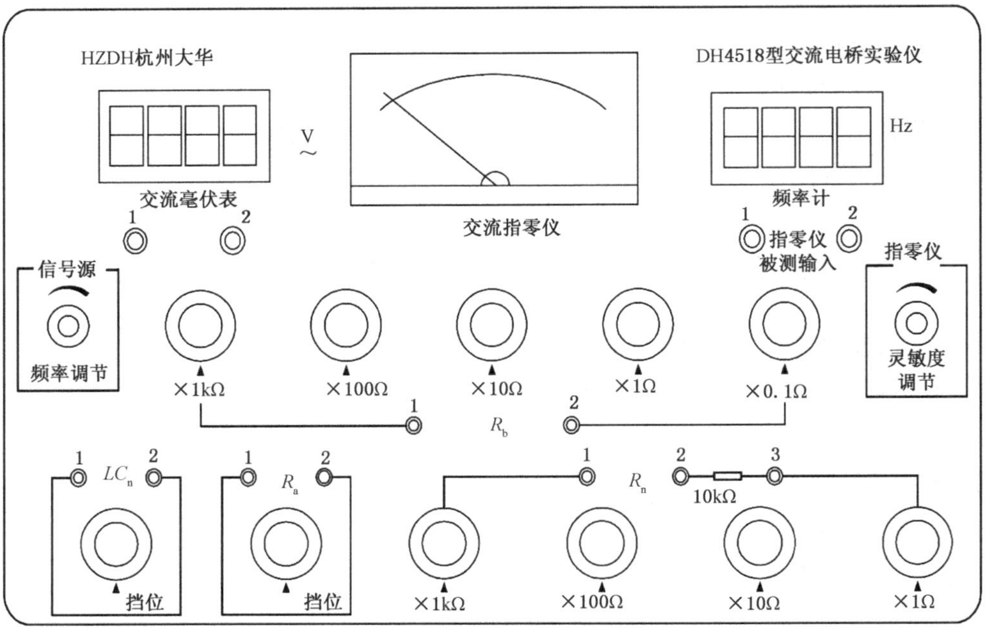

图 3-27　交流电桥实验仪面板图

【注意事项】

1. 实验前应充分掌握实验原理,设计好相应的电桥电路,错误的桥路可能会有较大的测量误差,甚至无法测量。

2. 由于采用模块化的设计,所以实验的连线较多。注意接线的正确性,正确使用专用连接线,不要拽拉引线部位,不能平衡时不要猛打各个元件,而应查找原因。

3. 交流电桥采用的是交流指零仪,所以电桥平衡时指针位于左侧 0 位。

4. 实验时,指零仪的灵敏度应先调到适当位置,以指针位置处于满刻度的 30%～80% 为好,待基本平衡时再调高灵敏度,重新调节桥路,直至最终平衡。

说明:在电桥的平衡过程中,有时指针不能完全回到零位,这对于交流电桥是完全可能的,一般来说有以下原因:

(1) 测量电阻时,被测电阻的分布电容或电感太大。

(2) 测量电容和电感时,损耗平衡(R_n)的调节细度受到限制,尤其是低 Q 值的电感或高损耗的电容测量时更为明显。另外,电感线圈极易受到外界的干扰,也会影响电桥的平衡,这时可以试着变换电感的位置来减小这种影响。

(3) 用不合适的桥路形式测量,也可能使指针不能完全回到零位。

(4) 由于桥臂元件并非理想的电抗元件,也存在损耗,如果被测元件的损耗很小甚至小于桥臂元件的损耗,也会造成电桥难以完全平衡。

(5) 选择的测量量程不当,以及被测元件的电抗值太小或太大,也会造成电桥难以平衡。

(6) 在保证精度的情况下,灵敏度不要调得太高,灵敏度太高也会引入一定的干扰,形成一定的指针偏转。

实验 3.4 光学基本仪器与训练

实验 3.4.1 分光仪的调整及三棱镜顶角的测量

分光仪是光学测量中常用的基本仪器,它是用测角的方式进行光学测量,在光学实验中占有十分重要的地位。利用光的反射、折射、衍射和偏振原理,可以做许多与角度测量有关的光学实验。在分光仪上配上专用光学元件,还可以组成专用仪器。除此之外,分光仪还可以用作多种光学现象的观察,分光仪不仅用途广泛,而且构造精密,操作训练要求严格,了解分光仪的构造、学会调节使用分光仪是极为重要的。

【实验目的】

1. 了解分光仪的构造、作用和基本原理。
2. 学习分光仪的调节及使用方法。
3. 学会用分光仪测定三棱镜的顶角。

【实验仪器】

分光仪、平面反射镜、三棱镜、钠光灯等。

【实验原理】

1. 分光仪的结构原理

分光仪的型号很多,但构造大体相同,它主要由自准望远镜、载物平台、平行光管、读数装置四部分组成,其上的各个调节装置的名称和作用分别如图 3-28 所示及表 3-10 所列。图 3-28 是一种常用的分光仪结构图。

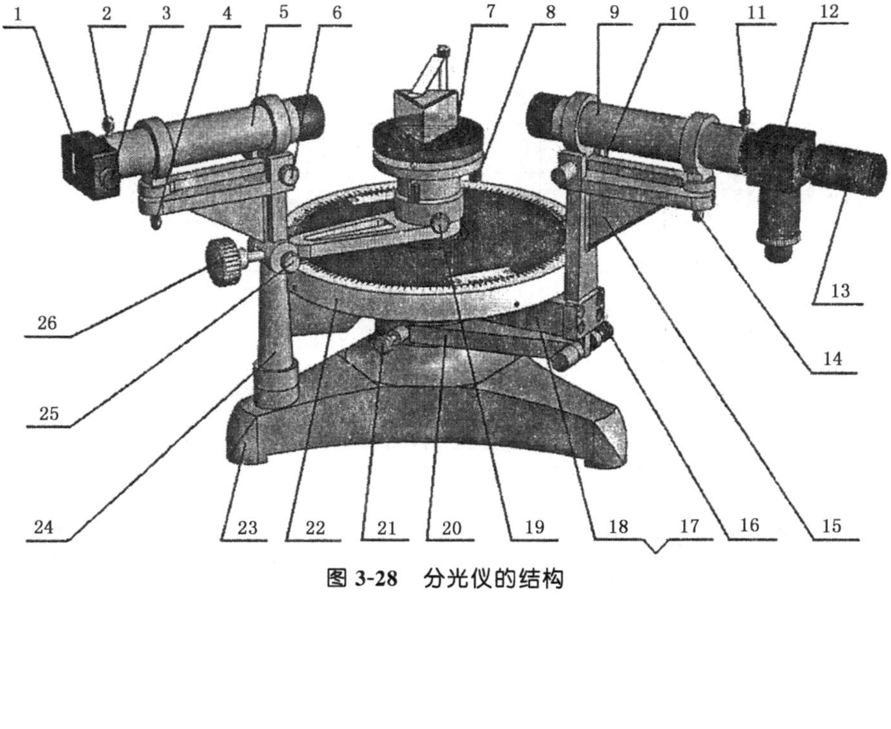

图 3-28 分光仪的结构

表 3-10 分光仪各调节装置的名称和作用

代号	名称	作用
1	狭缝装置	产生狭缝并可调节狭缝宽度
2	狭缝装置固定螺钉	松开时，前后拉动狭缝套管，调节平行光，调好后锁紧，用来固定狭缝
3	狭缝宽度调节螺钉	调节狭缝宽度，可在 0.02 mm 至 2.00 mm 间变化
4	平行光管的俯仰调节螺钉	调节平行光管的俯仰角度
5	平行光管	产生平行光
6	平行光管水平调节螺钉	水平方向上调节平行光管
7	载物台	放置光学元件
8	载物台调平螺钉(共 3 只)	调节载物台台面水平
9	望远镜部件	观测经光学元件作用后的光线
10	望远镜的水平调节螺钉	调节望远镜的水平方向
11	叉丝套筒固定螺钉	松开时，叉丝套筒可伸缩和转动(望远镜调焦)；锁紧后固定叉丝
12	目镜组	观察读数
13	目镜调节手轮	调节目镜焦距，使叉丝清晰
14	望远镜的光轴俯仰调节螺钉	调节望远镜的俯仰角度
15	支臂	
16	望远镜的微调螺钉	锁紧望远镜制动螺钉后，可使望远镜作微小偏转
17	转座	
18	刻度盘与望远镜固联螺钉	锁紧后，望远镜与刻度盘同时转动
19	载物台固定螺钉	松开时，载物台可单独转动和升降；锁紧后，可使载物台与读数游标盘同步运动
20	制动架	
21	望远镜制动螺钉	锁紧望远镜
22	刻度盘	读数
23	底座	
24	立柱	
25	游标盘微调螺钉	锁紧 26 后，调节 25 可使游标盘作小幅度转动
26	游标盘制动螺钉	锁紧 26 后，25 才起作用

(1) 自准望远镜

望远镜可以绕仪器轴旋转，并可以用望远镜制动螺钉 21 固定在某一位置上，其位置可由读数装置 22 读得。旋紧固联螺钉 18，望远镜和游标盘将会联在一起共同转动，通过望远镜来判断光学现象，通过游标盘与刻度盘的相对位移来确定望远镜转过的角度大小。

分光仪采用的是阿贝式自准直望远镜，其结构如图3-29所示。分划板上紧贴一个直角三棱镜，在棱镜的直角面上有一个被光源照亮(光源通过直角三棱镜的斜边平面反射面照亮该面)的小绿"十"字，其中心位置与分划板上叉丝的上交点对称。

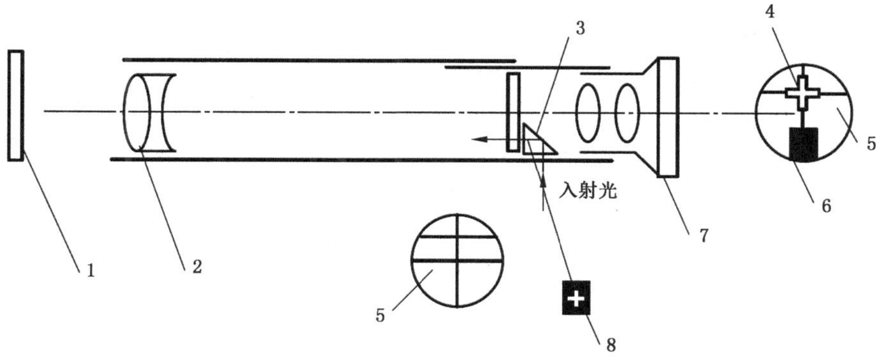

1—平面镜；2—物镜；3—小棱镜；4—十字叉丝反射像，5—分划板；
6—小棱镜；7—目镜；8—十字叉丝

图3-29 自准望远镜的结构

(2) 载物平台

它是用来放置光学元件的，可绕中心转轴转动，松开载物台固定螺钉19，可使平台固定在所需要的高度。台下有三个调平螺钉8，用以改变平台对铅直轴的倾斜度。

(3) 平行光管

平行光管是用来获得平行光束的，它在分光仪上的位置是固定的。它的结构如图3-30所示，调节狭缝宽度调节螺钉3可使狭缝宽度连续变化。松开固定螺钉2可使狭缝体前后移动。狭缝体位于平行光管物镜的焦平面上，当狭缝被照亮时，光线便以平行光射出平行光管。

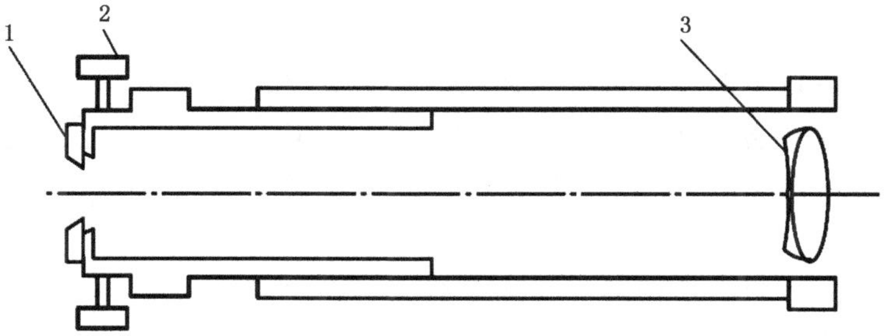

1—狭缝；2—调缝宽螺丝；3—凸透镜

图3-30 平行光管结构

(4) 读数装置

读数圆盘用来指示望远镜或载物台旋转的角度。它由刻度盘和游标盘组成。盘平面垂直于转轴，且可绕转轴旋转。刻度盘分为360°。最小刻度值为30′，小于半度的值利用游标读出。游标上刻有30个分格，游标的最小分度值为1′(见图3-31)。在轴对称方向上装有两个游标。测量时，取两游标窗口读数的平均值，就可以消除仪器的偏心误差(见附录)。

例如，先读出望远镜在初位置Ⅰ时的左右窗口读数分别记作 φ_1、φ_2，再读出望远镜在末位置Ⅱ时的左右窗口读数分别记作 φ_1'、φ_2'。

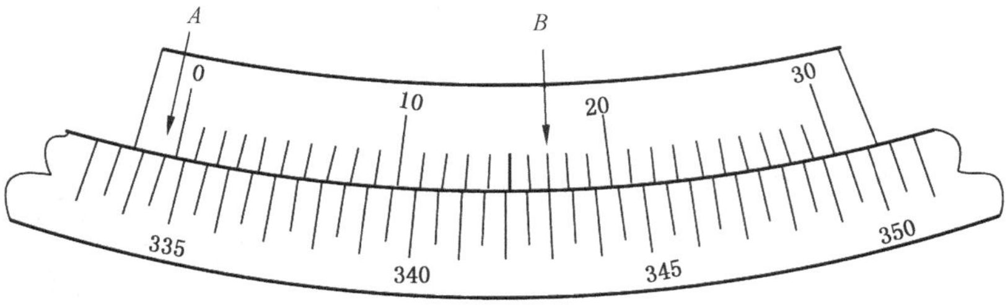

图 3-31 主刻度盘与游标盘

然后按下式取平均值，即望远镜在位置Ⅰ、Ⅱ之间的夹角 φ：

$$\varphi=\frac{1}{2}[(\varphi_1-\varphi_1')+(\varphi_2-\varphi_2')]$$

注意：当望远镜由位置 Ⅰ 转向位置 Ⅱ 过程中，若某窗口的游标越过刻度盘的零点时，则该窗口在位置Ⅱ的读数中加 360°，再与位置Ⅰ窗口读数相减。

根据游标读数原理，φ 的读数应先读出游标上 0 刻线前主刻度尺的读数 A，再读出游标上与主尺刻度对齐的游标刻线的读数 B，则 $\varphi=A+B$。例如，图 3-31 中 $A=334°30'$，而游标盘上的第 17 格恰好与主刻度盘上的某一刻度线对齐，$B=17'$，则 $\varphi=A+B=334°30'+17'=334°47'$。

2. 分光仪的调节

为了使分光仪处于工作状态，首先要对分光仪进行调节。要求达到：望远镜聚焦于无穷远处。平行光管和望远镜的光轴与仪器转轴相垂直，平行光管产生平行光。调整前先用眼睛估计一下，使各部分的位置大致符合上述要求，然后再对各部分进行仔细调整。

(1) 调节望远镜

1) 目镜的调节：目镜调节的目的是使眼睛通过目镜能很清晰地看到目镜中分划板上刻线。先调节调焦手轮 13，一边调节一边从目镜中观察，直至分划板刻线成像清晰。

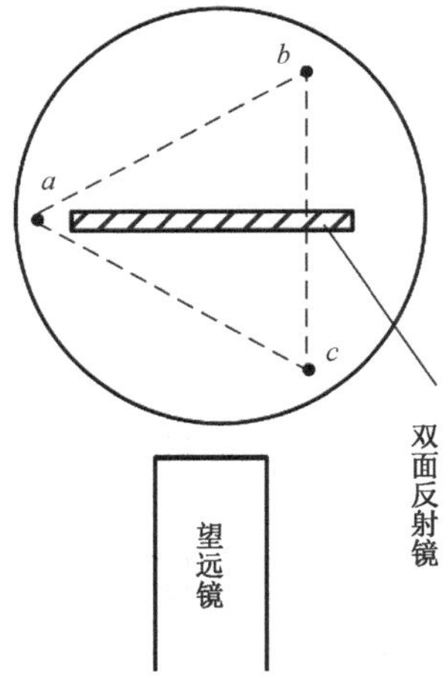

图 3-32 平面反射镜在载物台上的摆放位置

2) 望远镜的调焦：望远镜调焦的目的是将目镜分划板上的十字线调整到物镜焦平面上，也就是望远镜聚焦无穷远。首先将变压器上的 6.3 V 电压接到目镜照明装置上，打开电源，将叉丝照亮。将双面反射平面镜置于载物台 7 上，并使镜面处于任意两个调丝间连线的中垂面，如图 3-32 中的 b 和 c，只要调节 b 或 c，就可以改变镜面对望远镜的倾斜度。使用目测判断，尽可能使镜面垂直望远镜光轴，然后慢慢地转动载物台，先从望远镜外，再从望远镜中找到从镜面反射回来的小绿“十”字像。如果找不到，说明镜面的倾斜度不合适，须仔细调节望远镜光轴俯仰调节螺钉 14 和水平调节螺钉 10 及载物台底部螺钉 8，使得从双面反射镜的两个面反射的绿“十”字像都能进入望远镜内。找到绿“十”字像后，调整望远镜焦距，使绿"十"字清晰并与叉丝间无视差。此时说明望远镜已聚焦于无穷远处，可以使平行光会聚在目镜分划板上。

3）调节望远镜的光轴垂直仪器转轴

望远镜调好焦后，用望远镜制动螺钉 21 将望远镜固定。这时转动载物台，并调节载物台上调平螺钉 8 中的 b 和 c 及望远镜俯仰调节螺钉 14，以改变平台或望远镜的倾斜度，可使绿色的叉丝反射像与视场上部调整叉丝完全重合，这说明望远镜光轴和平面反射镜一个面垂直。要使望远镜光轴与载物台转轴垂直，必须使望远镜光轴同时垂直于平面镜另一个反射面，一般来说当转动载物台使平面镜另一面对准望远镜时，望远镜视场中观察到的反射绿"十"字像和叉丝上交点又不重合了。一般采用渐近法（或称二分之一法）调节，若反射绿"十"字像与上部调整叉丝线距离为 h，如图 3-33(a)所示，先调载物台调平螺钉 8 使"十"字像接近上部叉丝水平线一半的距离 $h/2$，如图 3-33(b)所示，再调望远镜俯仰调节螺钉 14，调好剩下的一半距离，使"十"字像与上部叉丝的水平线重合，如图 3-33(c)所示。转动载物台 180°，对双面反射镜的另一面重复上述步骤进行调节，直到两个反射面反射的绿"十"字像都与上部叉丝水平线重合。此时望远镜光轴即与分光仪转轴互相垂直。

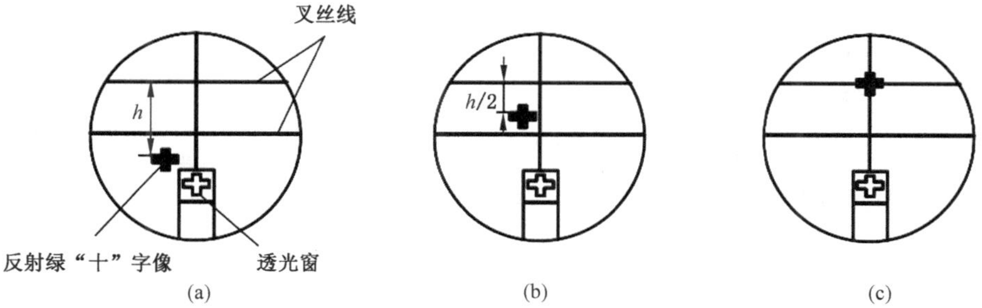

图 3-33 望远镜光轴垂直于仪器转轴调节示意图

(2) 调节平行光管

用钠光灯照亮平行光管的狭缝，将已调好的望远镜转至对准平行光管的位置，并通过望远镜观察平行光管中狭缝的像，伸缩狭缝套筒调整狭缝位置，使其处于平行光管物镜的焦平面上。这时，在望远镜中可以清楚地看到狭缝，平行光管即发出平行光。调节狭缝方向使之与叉丝竖直线重合，锁紧螺钉 2。调节螺钉 6 使狭缝在望远镜视场中央，则平行光管光轴与望远镜光轴重合。

3. 三棱镜顶角的测定

测定三棱镜顶角的方法有两种：平行光法（反射法）和自准法（法线法）。

(1) 用平行光法测三棱镜顶角

在上述调节工作完成之后，将待测棱镜顶角 A 正对平行光管，并接近载物台中心放置，如图 3-34 所示，锁紧望远镜与刻度盘固联螺钉 18，缓慢转动望远镜，记录望远镜在能看到经棱镜两反射面反射回来的狭缝像的位置Ⅰ、Ⅱ时的刻度盘两窗口的读数 θ_a、θ_b 和 θ_a'、θ_b'。

按公式求出顶角 A 为

$$A=\frac{1}{2}\varphi=\frac{1}{4}(|\theta'_a-\theta_a|+|\theta'_b-\theta_b|)$$

(2) 用自准法测三棱镜顶角

如图 3-35 所示，将三棱镜置于载物台中央，转动望远镜对准 AB 面。利用自准直原理，调整望远镜调节螺钉 10 和 14，及微调螺钉 16，使分划板上部叉丝与亮“十”字像重合，从而使望远镜光轴垂直于 AB 面，读出角度值 θ_a 和 θ_b，再将望远镜对准 AC 面，使望远镜光轴垂直于 AC 面，读出角度值 $\theta_a{}'$ 和 $\theta_b{}'$，由图 3-35 中光路和几何关系可知，望远镜转过的角度

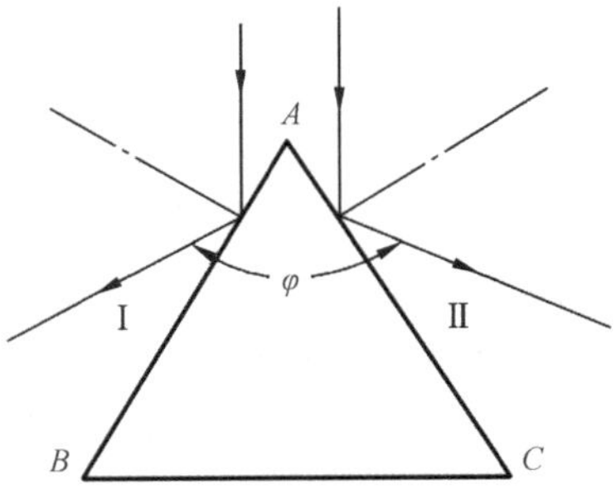

图 3-34　用平行光法测三棱镜顶角

$$\varphi=\frac{1}{2}(|\theta_a-\theta'_a|+|\theta_b-\theta'_b|)$$

三棱镜顶角

$$A=180°-\varphi$$

在计算望远镜转过的角度时，同样要注意是否经过了刻度盘零点。

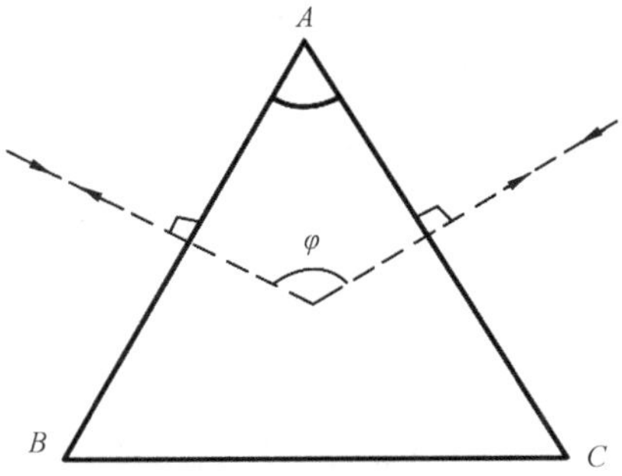

图 3-35　用自准直法测三棱镜顶角

【实验内容】

1. 根据分光仪的结构原理和调整方法调整分光仪，使其进入准备工作状态。

2. 用平行光法测三棱镜顶角。重复测量多次，计算三棱镜顶角及标准偏差，写出结果表达式。

3. 用自准法测三棱镜顶角(选做)。

【思考题】

1. 分光仪主要由哪几部分组成？各部分作用是什么？

2. 分光仪调节好的具体要求是什么？调节的原理是什么？怎样才能调节好？

【附录】关于读数盘双游标的说明

如图 3-36 所示，大圆为刻度盘，其圆心为 O，小圆圆心为 O'，为仪器转轴中心。设初始位置两角游标零刻度线分别指着刻度盘上的 A、B 两点，转过角后指着 A'、B' 两点(相应角坐标由 θ_1、θ_2 变为 $\theta_1{}'$、$\theta_2{}'$)。

由图 3-36 可见，$\angle AOA'=\theta'_1-\theta_1=\varphi_1$，$\angle BOB'=\theta'_2-\theta_2=\varphi_2$。

由于偏心导致 $\varphi\neq\varphi_1\neq\varphi_2$。

由图中可见，$\triangle AOB$ 和 $\triangle A'OB'$ 均为等腰三角形，其底角分别为 α_1 和 α_2，根据外角定理可知

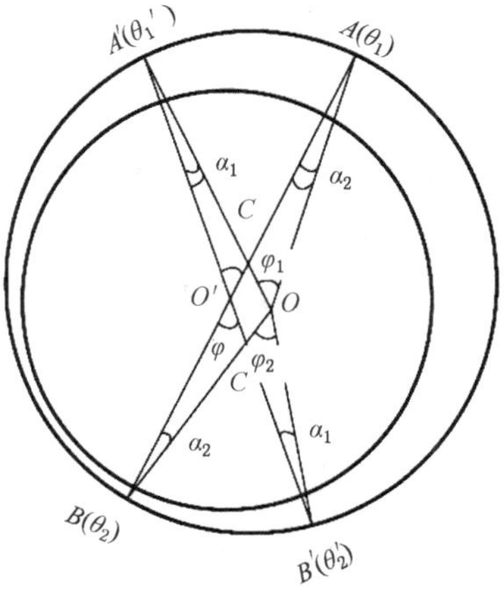

图 3-36　双游标消除偏心差

$$\varphi+\alpha_1=\angle ACA'=\varphi_1+\alpha_2$$
$$\varphi+\alpha_2=\angle BCB'=\varphi_2+\alpha_1$$

$$2\varphi=\varphi_1+\varphi_2$$

即

$$\varphi=\frac{\varphi_1+\varphi_2}{2}$$

故双游标读数消除了偏心差。

【注意事项】

1. 分光仪是较精密的仪器，实验前应先对照教材弄清楚各个螺钉的作用，不得乱动乱扭。

2. 光学元件（三棱镜、平面镜）易损易碎，必须轻拿轻放，严禁用手触摸光学面，以免弄脏。

实验 3.4.2 光栅衍射及钠光波长的测量

光栅是利用光的衍射原理使光波发生色散的光学元件。当光波遇到的障碍物足够小时，产生偏离直线传播的现象称为光的衍射现象。以衍射光栅为色散元件组成的摄谱仪和单色仪是物质光谱分析的基本仪器之一。研究光的衍射现象不仅有助于加深对光的本性的理解，也是近代光学技术的实验基础。

【实验目的】

1. 进一步熟悉分光仪的调整与使用。
2. 观察光栅衍射现象，加深对光栅衍射理论的理解。
3. 利用衍射光栅测定钠光波长。

【实验仪器】

分光仪、双面反射镜、光栅、钠光灯。

【实验原理】

1. 衍射光栅

衍射光栅简称光栅，是由一组数目很多的相互平行、等宽、等间距的狭缝（或刻痕）构成的，其示意图如图 3-37 所示。原制光栅是用金刚石刻刀在精制的平面光学玻璃上平行刻画而成的。光栅上的刻痕起到不透光的作用，两刻痕之间相当于透光狭缝。原制光栅价格昂贵，教学中常用的是复制光栅和全息光栅，它是用激光全息照相法拍摄于感光玻璃板上制成。此外，依照其结构的不同，光栅可分为透射光栅和反射光栅。本实验所使用的是平面透射光栅。平面透射光栅相当于一组数目极多、平行等距、紧密排列的等宽狭缝。实验室中通常使用的光栅，一般每毫米约 100～600 条线。如图 3-37 所示的衍射光栅，如果其缝宽为 a（透光部分），不透光部分的宽度为 b，则 $d=a+b$，叫作光栅常数，它是光栅的基本参数之一。

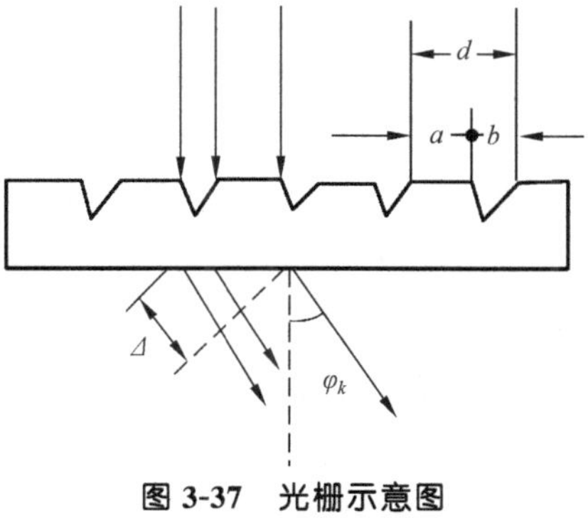

图 3-37 光栅示意图

2. 光栅方程

当一束波长为 λ 的平行单色光垂直入射到光栅平面上时，光波要发生衍射，所有缝的衍射又彼此发生干涉，而这种干涉条纹定义于无穷远处。根据夫琅和费衍射理论，若在光栅后面用一块会聚透镜，则射向会聚透镜的各方向上的衍射光都会聚在它的焦平面上，从而得到衍射光的干涉条纹，如图 3-38 所示相邻两缝对应点以衍射角 φ_k 出射的光束光程差为

$$\Delta=(a+b)\sin\varphi_k=d\sin\varphi_k \tag{3-47}$$

凡衍射角 φ_k 满足光栅方程

$$d\sin\varphi_k=k\lambda(k=0,\pm1,\pm2,\pm3,\cdots) \tag{3-48}$$

式中，d 为光栅常数；λ 为入射光波长；k 为衍射光谱的级数；φ_k 为 k 级谱线的衍射角。

则该方向上的光将会得到加强。至于其他方向的衍射光或者完全抵消，或者强度很小，几乎成为一片暗背景。衍射后的光经透镜会聚后，在焦平面上形成分隔得较远的一系列对称分布的明条纹，如图 3-38 所示。

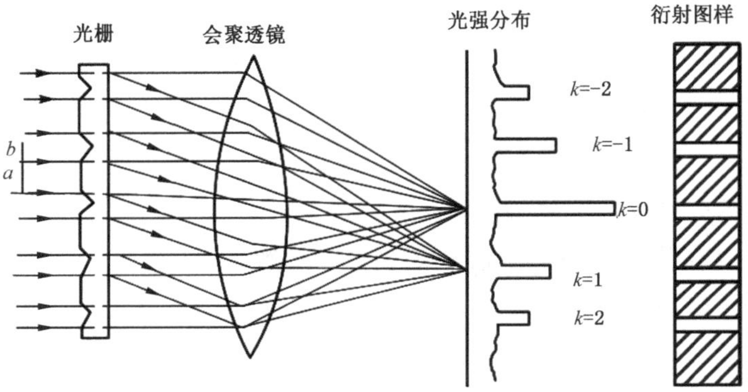

图 3-38　单色光垂直照在光栅平面上时的衍射

3. 光栅光谱

如果入射光波中包含有几种不同波长的复色光，除零级以外，同一级次中不同波长的明条纹将按一定次序排列，形成以中央明纹为中心的两边对称分布的彩色谱线，如图 3-39 所示。此谱线称为该入射光的衍射光谱。相同 k 级中的各不同波长明条纹组成的光谱称为 k 级光谱，在同一级光谱中，波长短的谱线靠内侧，波长长的靠外侧。当 k 取 ±1 时，称为一级光谱，k 取 ±2 时，称为二级光谱。

4. 衍射角 φ_k

衍射光的方向与零级衍射方向间的夹角称为衍射角。由光栅方程可知，若光垂直入射到光栅上，已知入射光某一条谱线的波长值，并测出该谱线在某一级时相应的衍射角 φ_k，就可算出光栅常数 d。反之，若光栅常数已知，则在实验中测定了某谱线的衍射角和对应的光谱级次，则可由光栅方程求出该谱线的波长 λ，进而得到光源各特征谱线的波长 λ。

衍射角与读数间的关系为

$$\varphi_k=\frac{\varphi}{2}=\frac{1}{2}\cdot\frac{1}{2}[|\theta_{-k}-\theta_{+k}|+|\theta'_{-k}-\theta'_{+k}|]\ (k\ 为正整数) \tag{3-49}$$

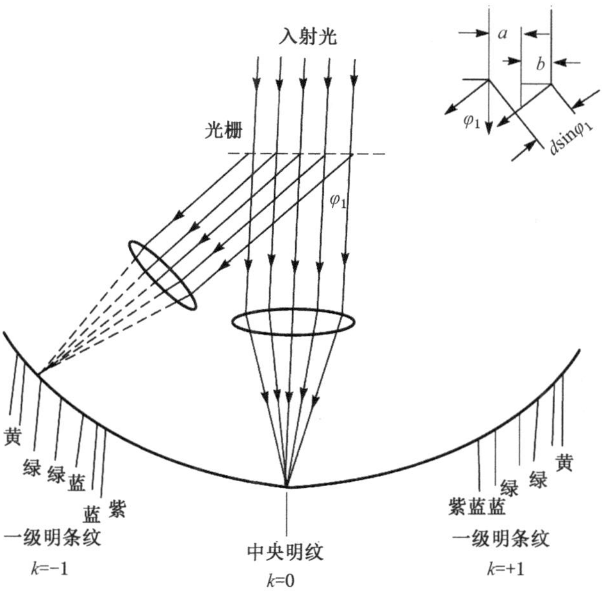

图 3-39 复色光垂直照在光栅面上时的衍射

【实验内容】

1. 调节分光仪

按实验 3.4.1“分光仪的调整及三棱镜顶角的测量”有关内容调整分光仪，使其达到正常工作状态。

2. 光栅的调整

(1) 调整光栅，使入射光垂直投射于光栅面且光栅面与仪器转轴平行。调整的方法是：对已用双面反射镜调节好的分光仪(使望远镜中分划板双“十”字叉丝竖线与绿“十”字像竖直线和狭缝三者重合)，从载物台上取下双面反射镜，照原位置放好光栅，如图 3-40 所示。微调光栅前后两侧载物台上的调节螺钉 b 和 c，使由光栅表面反射回来的绿“十”字像与分划板双“十”字叉丝的上“十”字线重合且无视差，把平台转过 180°，重复以上步骤。如在这两个位置上两组叉丝都重合，则入射光垂直投射于光栅面上。

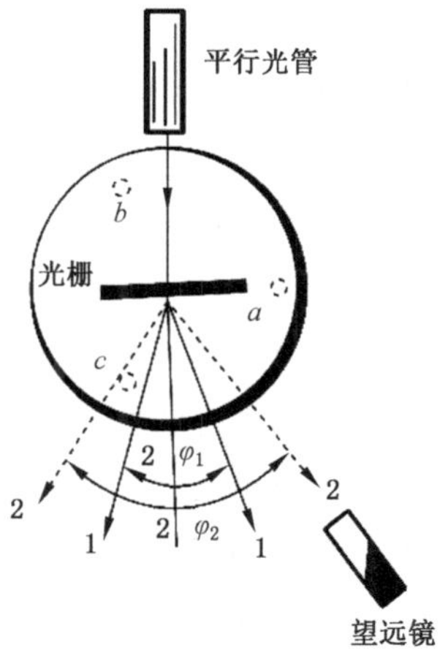

图 3-40 用分光仪测量衍射角示意图

(2) 调节光栅使其刻痕与仪器转轴平行。方法是：用钠灯做光源照亮平行光管的狭缝，转动望远镜观察光谱，一般就可看到一级和二级谱线，正负分别位于零级两侧。注意观察叉丝交点是否在各条谱线中央，如果不是，可调节图 3-40 中螺钉 a(注意不要再动 b 和 c)予以改正。调好后再检查光栅平面是否仍保持和转轴平行。如果有了改变，就要反复多次调节，直到两个要求都满足为止。

3. 测量钠光各级谱线的衍射角 φ_k，计算钠光波长

(1) 测定衍射角，其方法是：从光栅的法线(零级光谱亮条纹)起，转动望远镜到光栅的一侧，使叉丝的竖直线对准 k 级衍射谱线中心，记录下 k 级谱线对应两读数窗读数 θ_k 和 θ_k'。

再将望远镜转向光栅的另一侧，使叉丝的竖直线对准 $-k$ 级衍射谱线中心，记录下两读数窗读数 θ_{-k} 和 θ_{-k}'，则对应于第 k 级衍射条纹的衍射角为

$$\varphi_k = \frac{1}{4}(|\theta_k - \theta_{-k}| + |\theta_k' - \theta_{-k}'|) \tag{3-50}$$

测定 $k=1,2,3$ 时的衍射明纹位置，重复测量多次(表格自拟)，计算各级衍射角。

(2) 光栅常数 d 由实验室给出，由式(3-48)计算出钠光波长 λ，推导出误差计算公式并求出 λ 标准偏差，写出结果表达式。

【思考题】

1. 实验中如何测定光谱线衍射角 φ？如何测定光谱级次？
2. 用光栅观察衍射条纹的时候，光栅密度越大，衍射条纹将如何变化？
3. 结合实验，你能观察到几级衍射条纹？

【注意事项】

光学元件易损易碎，必须轻拿轻放，严禁用手触摸光栅，以免弄坏。

【拓展阅读】

燕山大学电气工程学院陈颖教授团队在河北省自然科学基金资助的项目中(项目名称：用于海洋生态监测的全电介质光学超材料 SEF 及光谱反演机理研究；项目编号：F2020203066) 设计了一种亚波长介质光栅/金属 Ag 薄膜/周期性光子晶体复合结构，详细阐述了该结构 Fano 共振的形成机理和传输特性，分析了结构参数与 Fano 共振光谱曲线之间的关系，优化了传感结构模型，为基于亚波长介质光栅的多层薄膜传感结构的研究提供理论指导。其次，基于亚波长波导光栅的共振特性和周期性光子晶体的光子局域特性，设计了一种基于角度调制的亚波长波导光栅全电介质多层薄膜复合结构，利用全电介质材料的光学特性在角度范围内获得了具有高反射率和高 FOM 值的 Fano 共振光谱曲线。接着，通过改变入射方式和结构参量来打破亚波长波导光栅传播约束条件的局限性，设计了一种基于波长调制的亚波长波导光栅全电介质多层薄膜复合结构，进一步在波长范围内实现对待测样本折射率的动态检测，扩充了检测分析方法。最后，设计了一种基于波长调制的变周期亚波长波导光栅全电介质多层薄膜复合结构，利用变周期亚波长波导光栅的结构特性，可在不同波长区间内形成导模共振(guided mode resonance，GMR)，提供双离散态缺陷峰，进而获得具有高反射率和高 FOM 值的双重 Fano 共振光谱曲线。根据亚波长波导光栅的弱调制条件设置双传感检测区域，建立基于双重 Fano 共振的传感模型，实现对不同待测样本折射率区间的多变量检测和扩宽了传感检测区间。

实验 3.4.3　用超声光栅测定液体中的声速

声光效应是指光通过某一受到超声波扰动的介质时发生的衍射现象，这种现象是光波与介质中声波相互作用的结果。早在 1921 年布里渊(L. Brillouin)就预言当可见光照射在有短波压缩波横向通过的液体时，会产生衍射现象。这一预言在十年后得到了验证：1935 年，拉曼(Raman)和奈斯(Nath)通过大量的实验研究后发现，在一定条件下，当可见光通过某一受到超声波作用的介质时，的确可以观察到很明显的衍射现象，并且衍射条纹的光强分

布类似于普通的光栅，所以也称该介质为超声光栅。拉曼和奈斯的这一项工作，为今后声光效应的实验研究与发展应用奠定了基础。本实验研究液体中的声光互作用。

【实验目的】

1. 了解产生超声光栅的原理。
2. 掌握用超声光栅测量液体中的声速的方法。

【实验仪器】

分光计、超声光栅测定仪、装有锆钛酸铅陶瓷片的玻璃液槽、汞灯、测微目镜。

【实验原理】

1. 超声光栅形成原理

超声波纵波在盛有液体的玻璃槽如图 3-41(a)中传播时，液体被周期性地压缩与膨胀，其密度会发生周期性变化，形成疏密波。稀疏作用会使液体密度减小，折射率减小，压缩作用会使液体密度增大、折射率增大，因此液体密度的周期变化，必然导致其折射率也周期性变化。

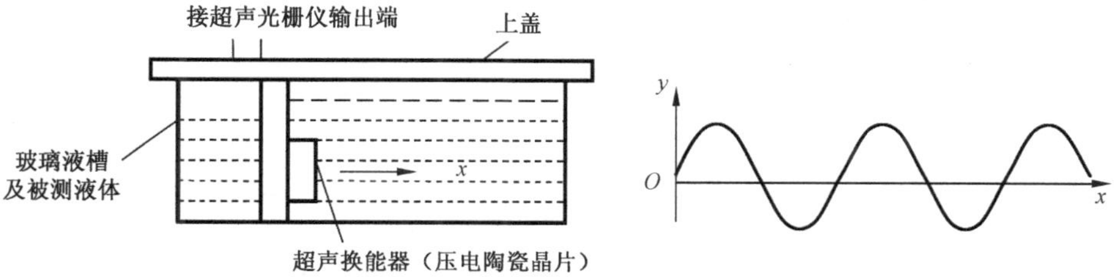

(a) 超声池的结构　　(b) 某一时刻传播的行波波形

图 3-41　超声光栅形成原理

若超声行波以平面波的形式沿 x 轴正方向传播时，波动方程可描述为

$$y=A_{\mathrm{m}}\cos 2\pi\left(\frac{t}{T_s}-\frac{x}{\lambda_s}\right) \tag{3-51}$$

式中，y 为各质点沿 x 轴方向偏离平衡位置的位移；A_{m} 为质点的最大位移量；T_s 为超声波的周期；λ_s 为超声波的波长。

如果超声波被液槽的一个垂直于轴的平面反射，又会反向传播，当反射平面距波源为波长 1/4 的奇数倍时，入射波与反射波方程分别为

$$y_1=A_{\mathrm{m}}\cos 2\pi\left(\frac{t}{T_s}-\frac{x}{\lambda_s}\right)$$

$$y_2=A_{\mathrm{m}}\cos 2\pi\left(\frac{t}{T_s}+\frac{x}{\lambda_s}\right)$$

两者叠加得

$$y=y_1+y_2=2A_{\mathrm{m}}\cos 2\pi\frac{x}{\lambda_s}\cos 2\pi\frac{t}{T_s} \tag{3-52}$$

该式说明叠加的结果形成驻波：沿 x 方向各点的振幅为 $2A_{\mathrm{m}}\cos 2\pi\dfrac{x}{\lambda_s}$，是 x 的函数，随 x 呈周期性的变化(波长为 λ_s)，但不随时间变化，位相$\dfrac{2\pi t}{T_s}$是时间 t 的函数，但不随空间变

化。某时刻，纵驻波的任意波节两边的质点都涌向这个节点，使该节点附近成为质点密集区，而相邻的波节处为波节的稀疏区，半个周期后，这个节点附近的质点又向两边散开变为稀疏区，相邻波节处变为密集区。

在图 3-41、图 3-42 中，液槽内距离等于波长 λ_s 的任何两点处，液体的密度相同，折射率 n 也相等。因此，有超声波传播的液体相当于一个位相光栅，称作超声光栅。

2. 用超声光栅衍射测量液体中的声速

当单色平行光沿着垂直于超声波传播方向通过上述液体时，由于光速远大于液体中的声速，可以认为光波的一波阵面通过液体的过程中，液体中的疏密及其折射率的周期变化情况没有明显改变，相对稳定。这时，因折射率的周期变化将使光波通过液体后在原先的波阵面上产生了相应的周期变化的位相差，在某特定方向上，出射光束会相干加强，产生衍射，经透镜聚焦，即可在焦平面上观察到衍射条纹如图 3-43 所示。一般来讲，不论液体中传播的超声波是行波还是驻波，对衍射角即衍射线位置都没影响；只是当液槽中传播的超声波被液槽的一个玻璃面反射，在一定条件下形成该超声频率的纵向振动驻波时，可加剧液体的疏密变化程度，使衍射现象加强，衍射光强度增加。

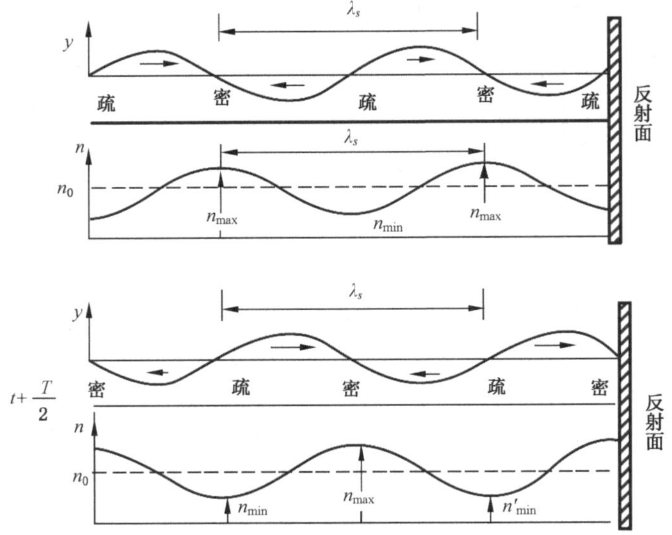

图 3-42　特殊时刻驻波波形、液体密度、折射率变化曲线

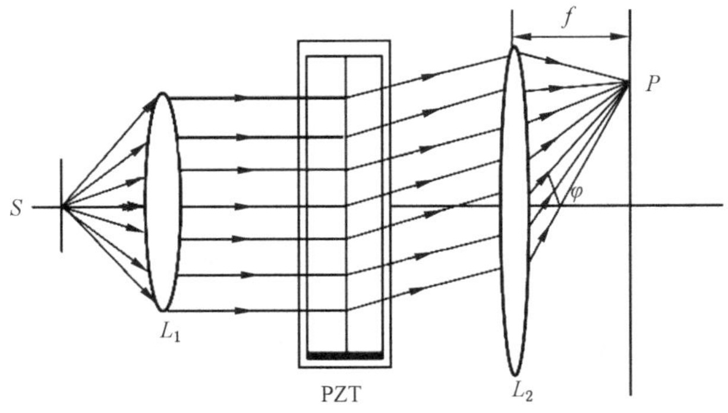

图 3-43　利用超声光栅衍射测量液体中的声速

由光学理论知道，一波长为 λ 的平行光通过光栅常数为 $a+b$ 的光栅时，其第 k 级亮条纹的衍射角 φ_k 满足关系

$$(a+b)\sin\varphi_k=k\lambda$$

对于超声光栅，由于其光栅常数等于超声波的波长 λ_s，因此可以写成

$$\lambda_s\sin\varphi_k=k\lambda\quad(k=0,\ \pm1,\ \pm2,\cdots)\tag{3-53}$$

当角 φ_k 很小时，可近似有 $\sin\varphi_k=d_k/f$(其中 d_k 为衍射光谱上零级至 k 级的距离，f 为透镜 L_2 的焦距)可以认为各级衍射线是等间距分布的，则超声波波长为

$$\lambda_s=k\lambda/\sin\varphi_k=k\lambda f/d_k\tag{3-54}$$

液槽中传播的超声波的频率 γ 可由超声光栅仪上的频率计读出，则超声波在液体中传播的速度为

$$v=\lambda_s\gamma=k\lambda\gamma f/d_k\tag{3-55}$$

3. 水中的理论声速

水中的声速随温度做抛物线式变化：

$$v_{水}=1\ 557-0.024\ 5(74-t)^2\tag{3-56}$$

式中，t 为水的温度，单位为℃；$v_{水}$ 为水中声速理论值，单位为 m/s。

【实验内容】

1. 调节分光仪至正常工作状态：

(1) 分光计望远镜适合于观察平行光，平行光管发出平行光，并使望远镜、平行光管光轴共轴并平行于载物台的台面。

(2) 目镜调焦使分划板刻线清晰并以平行光管出射的平行光为准，调节望远镜使观察到的狭缝清晰，狭缝应调至较小，实验过程中无须调节。采用低压汞灯作光源。

2. 将待测液体(如蒸馏水、乙醇或其他液体)注入液体槽内，液面高度以液体槽侧面的液体高度刻线为准。

3. 将液体槽座卡在分光仪载物台上，液体槽卡住载物台边的缺口对准锁紧螺钉的位置，放置平稳，并用载物台侧面的锁紧螺钉锁紧。

4. 将液体槽(可称其为超声池)平稳地放置在液体槽座中，放置时转动载物台，使超声池侧表面基本垂直于望远镜和平行光管的光轴。

5. 两根高频连接线的一端插入液体槽盖板上的接线柱，另一端接入超声光栅仪电源箱的高频输出端，然后将液体槽盖板盖在液体槽上。

6. 开启超声光栅仪电源箱电源，从目镜观察衍射条纹，仔细调节超声光栅仪电源箱上的频率调节旋钮，当电振荡频率与锆钛酸铅陶瓷片固有频率相同时振幅最大，此时，衍射光谱的级次会显著增多且更为明亮。

7. 左右转动超声池(可转动分光仪载物台或游标盘)，使射于超声池的平行光束完全垂直于超声束，同时观察视场内的衍射光谱左右级次亮度及对称性，直到从目镜中观察到稳定且清晰的左右各 3～4 级的衍射条纹为止。

【实验方法与步骤】

1. 用测微目镜测量汞蓝光、汞绿光、汞黄光各级衍射谱线位置(左右各三级)。数据记

录于表 3-11。

表 3-11 测微目镜中衍射条纹位置读数

mm

级 色	−3	−2	−1	0	1	2	3
蓝							
绿							
黄							

2. 记录共振频率 γ 及液体温度(粗略认为液体温度与室温相同),已知:JJY 分光计透镜 L_2 的焦距为 $f=170$ mm;汞灯波长分别为汞蓝光:435.8 nm,汞绿光:546.1 nm,汞黄光:578.0 nm(双黄线平均波长)。

3. 利用逐差法计算各色光衍射条纹平均间距 Δd,进而利用公式(3-55)求出液体中的声速,将三种不同波长测量的声速平均得 $\bar{v}$。

4. 利用公式(3-56)计算水中声速的理论值 $v_{水}$,并与 $\bar{v}$ 比较求相对误差。

【附录】

1. 仪器简介

仪器由超声信号源、超声池、高频信号连接线以及测微目镜等组成,并配置了具有 11 MHz 左右共振频率的锆钛酸铅陶瓷片。超声信号源面板如图 3-44 所示,超声池在分光仪上的放置位置如图 3-45 所示。

2. 注意事项

(1) 超声池置于载物台上必须稳定,在实验过程中应避免震动,锆钛酸铅陶瓷片表面与对应面的玻璃槽壁表面必须平行,此时才会形成较好的表面驻波。超声池的上盖盖平,而上盖与玻璃槽留有较小的空隙,实验时微微扭动一下上盖,有时也会使衍射效果有所改善。

(2) 共振频率在 11 MHz 左右,超声光栅仪给出 10~12 MHz 可调范围。在稳定共振时,数字频率计显示的源率值应是稳定的,最多只有最末尾有 1~2 个单位数的变动。

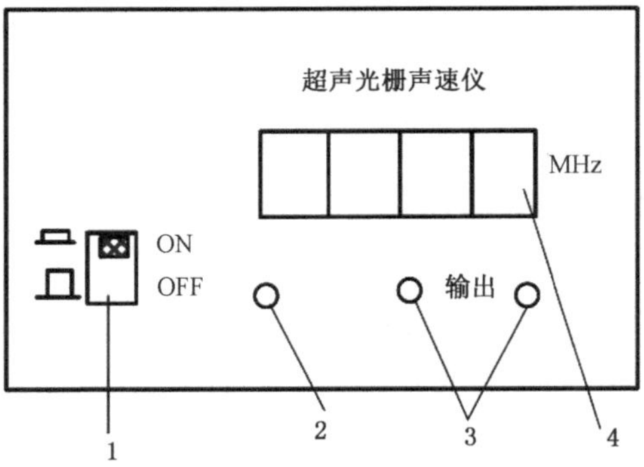

1—电源开关;2—频率微调钮;3—信号输出端;4—频率显示器

图 3-44 超声信号源面板示意图

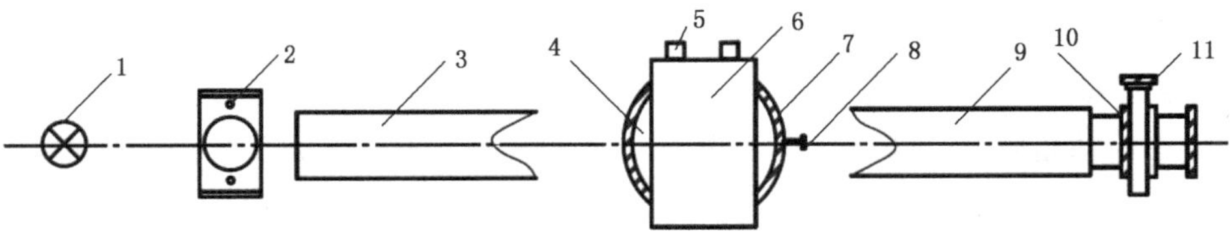

1—光源(汞);2—狭缝;3—平行光管;4—载物台;5—接线柱;6—液槽;7—液槽座;8—锁紧螺钉;9—望远镜光管;10—连接套;11—测微目镜

图 3-45 液槽放置示意图

(3) 实验时间不宜过长,其一,声波在液体中的传播与液体温度有关,时间过长,温度可能在小范围内有变动,从而会影响测量精度,一般测量可使待测液体温度同于室温,精密测量可在超声池内插入温度计测量;其二,频率计长时间处于工作状态,会对其性能有一定影响,尤其在高频条件下有可能会使电路过热而损坏,实验时,特别注意不要使频率长时间调在 12 MHz 以上,以免振荡线路过热。

(4) 注意液面下降太多以至锆钛酸铅陶瓷片外露时,应及时补充液体至正常液面线处。

◎ 第4章 综合及应用型实验

实验 4.1 用扭摆法测定刚体的转动惯量

转动惯量是表征刚体转动时惯性大小的物理量，转动惯量的大小除了与刚体的质量有关外，还与转轴的位置和质量分布(即形状、大小和密度分布)有关。如果刚体形状简单，且质量分布均匀，可以直接计算出它绕特定转轴的转动惯量；对于形状复杂、质量分布不均匀的刚体，计算极为复杂，通常采用实验方法来测定。

党的二十大报告指出，“加强基础研究，突出原创，鼓励自由探索”。不同形状物体的转动惯量是由理论公式计算得到的，通过扭摆法这个实验方法能够验证理论公式的正确性，这也是大学物理实验的基本思路之一。转动惯量的实验测量中，我们运用了把不容易测量的物理量转换为容易测量的物理量的方法，转动惯量的计算公式中，回转力矩和角加速度都是随时间改变的，这是很难测量的。扭摆法将涡卷弹簧和刚体组成一个整体，它们的回转力矩相等，从而推导出转动惯量的计算公式中只有转动周期一个变量，这样测量涡卷弹簧的周期就能得到刚体的转动惯量。刚体运动的研究是物理学的基础性研究，在工程中有着广泛的应用。刚体的运动规律可以用于机械工程、建筑工程、汽车工程和航天工程等领域，以实现各种工程系统的设计和控制。通过深入研究刚体的运动规律，可以不断推动工程技术的发展和创新。

【实验目的】

1. 用扭摆测定几种不同形状物体的转动惯量和涡卷弹簧的扭转弹性系数。
2. 验证转动惯量的平行轴定理。

【实验仪器】

扭摆、待测刚体(圆筒、圆柱、圆球、带可移动物块的金属杆)、光电计时计数器。

【实验原理】

刚体绕定轴转动时，具有以下特征：(1)轴上各点始终静止不动；(2)轴外的各个质点，即使转动半径和相同时间内转过的线位移都不同，但转过的角位移却相同。因此可以在刚体上任意选定一点，用该点绕定轴的角位移来描述刚体的定轴转动。

扭摆的构造如图 4-1 所示，在垂直轴 1 上装有一根薄片状的涡卷弹簧 2，用以产生恢复力矩；垂直轴与支座间装有轴承，使摩擦力矩尽可能降低；在轴的上方可以装上各种待测物体。设待测物体(载物圆盘)的转动惯量为 I，将物体在水平面内转过一角度 θ 后，在弹簧的恢复力矩作用下，物体就开始绕垂直轴做往返扭转运动。根据胡克定律，弹簧扭转而产生的恢复力矩 M 与所转过的角度 θ 成正比，即

$$M=-K\theta \tag{4-1}$$

式中，K 为弹簧的扭转弹性系数。

根据转动定律

$$M=I\beta \tag{4-2}$$

式中，I 为物体绕转轴的转动惯量；β 为角加速度。

令 $\omega^2=\dfrac{K}{I}$，且忽略轴承的摩擦阻力矩，由式(4-1)与式(4-2)得

$$\beta=\frac{d^2\theta}{dt^2}=-\frac{K}{I}\theta=-\omega^2\theta \tag{4-3}$$

上式表示扭摆运动具有角简谐振动的特性，即角加速度与角位移成正比，且方向相反，上式的解为

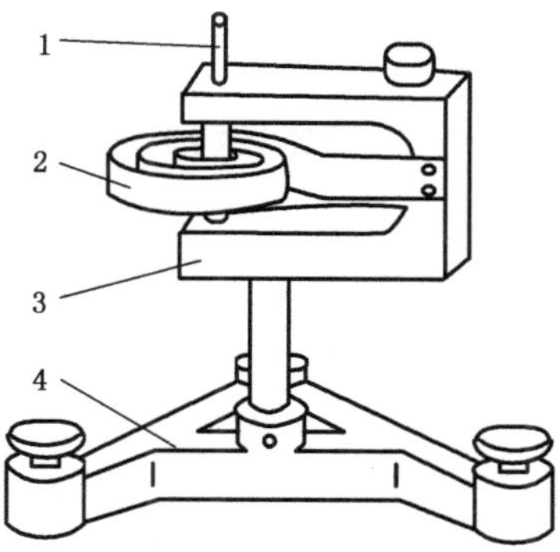

1—垂直轴；2—涡卷弹簧；
3—U 形架；4—底座
图 4-1 扭摆装置图

$$\theta=A\cos(\omega t+\varphi) \tag{4-4}$$

式中，A 为谐振动的角振幅；φ 为初相位角；ω 为角速度。

此谐振动的周期为

$$T=\frac{2\pi}{\omega}=2\pi\sqrt{\frac{I}{K}} \tag{4-5}$$

由上式可知，弹簧的扭转弹性系数 K 一定，扭摆振动周期的平方 T^2 与转动惯量 I 成正比。

1. 测量涡卷弹簧的扭转弹性系数

在转动惯量为 I 的载物圆盘上加上一个转动惯量为 I'_1 的物体，二者总的转动惯量为 $I+I'_1$。实验中载物圆盘上加上一个圆柱体，圆柱体的转动惯量由质量 m_1 和直径 D_1 算出，即 $I'_1=\dfrac{1}{8}m_1D_1^2$，分别测出载物圆盘加圆柱体前后的振动周期 T 和 T_1，由式(4-5)，此时振动周期为

$$T_1=2\pi\sqrt{\frac{I+I'_1}{K}} \tag{4-6}$$

由(4-5)、(4-6)两式相除可得

$$I=\frac{T^2}{T_1^2-T^2}\cdot I'_1 \tag{4-7}$$

将式(4-7)代入式(4-5)即可得出弹簧的扭转弹性系数

$$K=\frac{4\pi^2}{T^2}\cdot I=\frac{4\pi^2 I'_1}{T_1^2-T^2} \tag{4-8}$$

在 SI 制中 K 的单位为 $kg\cdot m^2\cdot s^{-2}$(或 $N\cdot m$)。

2. 测定不同形状物体的转动惯量

用扭摆测定不同形状物体的转动惯量时，需要将物体固定到载物圆盘或支座上来进行测量。利用式(4-9)得到总的转动惯量，然后减去载物圆盘或支座的转动惯量，从而得到不同形状物体的转动惯量。由式(4-5)可知

$$I=\frac{T^2}{4\pi^2}\cdot K \tag{4-9}$$

不同形状物体转动惯量的计算公式如表 4-1 所示。

表 4-1　不同形状物体转动惯量的计算公式

	载物圆盘	塑料圆柱	金属圆筒	塑料球
转动惯量理论值	—	$I_1'=\frac{1}{8}m_1D_1^2$	$I_2'=\frac{1}{8}m_2(D_{外}^2+D_{内}^2)$	$I_3'=\frac{1}{10}m_3D_3^2$
转动惯量实验值	$I=\frac{T^2}{4\pi^2}\cdot K$	—	$I_2=\frac{T_2^2}{4\pi^2}\cdot K-I$	$I_3=\frac{T_3^2}{4\pi^2}\cdot K$

注：球支架的质量和直径都很小，与圆球相比球支架的转动惯量可以忽略不计。

3. 验证平行轴定理

理论分析证明，若质量为 m 的物体绕通过质心轴的转动惯量为 I_c 时，当转轴平行移动距离 x，则此物体对新轴线的转动惯量变为 I_c+mx^2，这称为转动惯量的平行轴定理。

本实验中刚体由金属杆和质量为 m 的两滑块构成，对称地改变两滑块到刚体系质心轴的距离 x，则根据刚体转动惯量的平行轴定理，整个刚体系绕质心轴的转动惯量为

$$I=I_o+2(I_c+mx^2) \tag{4-10}$$

式中，I_o 为金属杆绕其质心轴的转动惯量。

若整个刚体系绕质心轴的振动周期为 T，将式(4-9)代入式(4-10)有

$$T^2=\frac{8m\pi^2}{K}x^2+\frac{4\pi^2(I_o+2I_c)}{K} \tag{4-11}$$

式(4-11)表明 T^2 与 x^2 是线性关系。在直角坐标系上作 T^2-x^2 图，如果是一条直线，则可以认为转动定律及平行轴定理是成立的。

【实验内容与步骤】

1. 用电子秤、游标卡尺测量待测物体的质量和必要的几何尺寸，记入表 4-2。

2. 测量涡卷弹簧的扭转弹性系数和圆盘的转动惯量。

(1) 调节扭摆支架底座螺丝，使 U 形架上的水准泡气泡居中；先将计数模式切换为“双次”计数再打开电源(开启电源后不能再切换计数模式)，将周期数设置成 10。

(2) 在转轴上安装载物圆盘，挡光杆应位于 U 形架的光电门缺口方向，调整光电门位置让挡光杆在光电探头间隙处挡住探头。

(3) 将载物圆盘转过偏离平衡位置约 90°释放，按“开始”按钮计时，待计时完成将转动周期 T 记入表 4-3；重复测量 5 次。

(4) 将塑料圆柱同轴加载到载物圆盘上，测量振动周期 T_1，重复测量 5 次。

(5) 根据圆柱质量 m_1 和直径 D_1 算出 I_1'，将 I_1'和 T、T_1 的平均值分别代入式(4-8)和式(4-9)计算弹簧的扭转弹性系数 K 和载物圆盘的转动惯量 I。将 T_1 的平均值代入表 4-1 中的公式得到塑料圆柱的转动惯量 I_1。

3. 测量圆筒和球的转动惯量。

(1) 将金属圆筒同轴加载到载物圆盘上，测量出振动周期 T_2，重复测量 5 次；将 T_2 的

平均值代入表 4-1 中的公式计算出圆筒的转动惯量 I_2 并与理论值比较，求出相对误差。

(2) 从扭摆转轴上卸下圆盘换上塑料圆球，调整光电门位置让挡光杆在光电探头间隙处挡住探头；测量塑料圆球的振动周期 T_3，重复测量 5 次；将 T_3 的平均值代入表 4-1 中的公式计算塑料圆球的转动惯量 I_3 并与理论值比较，求出相对误差。

4. 验证平行轴定理。将连接头固定在金属细杆的中间，安装到扭摆支架转轴上，调整光电门位置使细杆端头在光电探头间隙处挡住探头；对称滑动两金属物块，使其质心距细杆中点距离 x 分别为 5.00 cm、10.00 cm、15.00cm、20.00 cm、25.00 cm(让滑块上的限位销卡入细杆上的卡槽内，卡槽间距 5 cm)，测量金属细杆和滑块组合绕质心的振动周期；重复测量 3 次取平均值，将数据记入表 4-4 并作 T^2-x^2 图验证平行轴定理并给出结论。

表 4-2　不同物体的质量和直径数据记录表

仪器：　　　　精度：　　　　台号：

试样	质量 m/g		直径 D/mm	
圆柱	m_1		D_1	
圆筒	m_2		$D_内$	
			$D_外$	
圆球	m_3		D_3	

表 4-3　不同物体振动周期数据记录表

仪器：　　　　精度：　　　　台号：

试样名称	振动周期/s						平均值/s
载物圆盘	T						
盘+圆柱	T_1						
盘+圆筒	T_2						
圆球	T_3						

表 4-4　x 不同时，细杆振动周期数据记录表

仪器：　　　　精度：　　　　台号：

x /cm	5.00	10.00	15.00	20.00	25.00
振动周期/s					
平均值 T/s					

【注意事项】

1. 光电探头应放置在挡光杆的平衡位置处。
2. 转轴必须插入载物圆盘，并将螺丝旋紧，否则转动数次之后便会停下。
3. 弹簧有一定的使用寿命和强度，不可随意转弹簧，实验时初始振幅不要太大(约

±90°)。

4. 圆柱体和圆筒放在载物圆盘上时，必须放正且载物圆盘共轴。

【思考题】

1. 在弹簧的恢复力矩范围内，若物体在水平面内转过的角度大小不同，请问实验测得的扭摆摆动周期是否相同？

2. 如何用本装置来测定任意形状物体绕特定轴的转动惯量？

【附录】仪器简介

通用计时计数器前面板如图 4-2 所示，连接电源和光电门，通过切换开关设置光电门被遮挡单次或双次为一个周期，选择好计数模式后再开启电源(开启电源后不能再切换计数模式)，将光标移至“总周期”位置，按下“确定”，可通过上下按钮对测量的总周期数进行设置，设置完成后按下“确定”按钮进行保存。

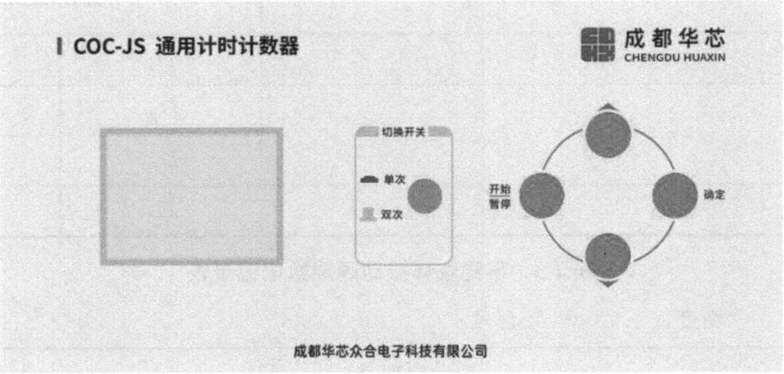

图 4-2　光电计时计数器

按下“开始/暂停”按钮后，仪器进入计时准备状态，当接收到光电门发来的第一个信号后开始计时，每接收一个信号为一个周期，当接收的信号数达到设定的总周期数后，计时自动停止。

移动光标至“第 周期”，按下“确定”后，可使用上下键对记录的各周期数的总时间进行回查。

查看结束后，按下“确定”按钮使光标回到上一级位置，此时按下“开始/暂停”按钮，上一次记录的数据清零，仪器进入计时准备状态。

实验 4.2　杨氏模量的测量

实验 4.2.1　弯曲法测量横梁的杨氏模量

杨氏弹性模量，就是表征在弹性限度内物质材料抗拉或抗压性能的物理量。它与材料的几何形状无关，只取决于材料本身的物理性质，因此，它对研究材料的力学性质有着重要的意义。本实验采用霍尔位置传感器测金属的杨氏模量，将长度的变化转换成电量改变从而测量微小位移。

【实验目的】

1. 掌握梁弯曲法测杨氏模量的原理及方法。

2. 学会对霍尔位置传感器定标，求得其灵敏度。

3. 学习利用霍尔位置传感器测量微小位移。

【实验仪器】

杨氏模量实验仪、米尺、游标卡尺、千分尺。

【实验原理】

1. 杨氏模量

物体在外力作用下都要或多或少地发生形变。当形变不超过某一限度时，撤走外力之后，形变能随之消失，这种形变称之为“弹性形变”。发生弹性形变时，物体内部产生恢复原状的内应力，杨氏模量就是反映材料形变与内应力关系的物理量。

如图 4-3 所示，在横梁发生微小弯曲时，梁中存在一个中性面，面的上部分发生压缩，面的下部分发生拉伸，所以整体说来，可以理解为横梁发生形变。

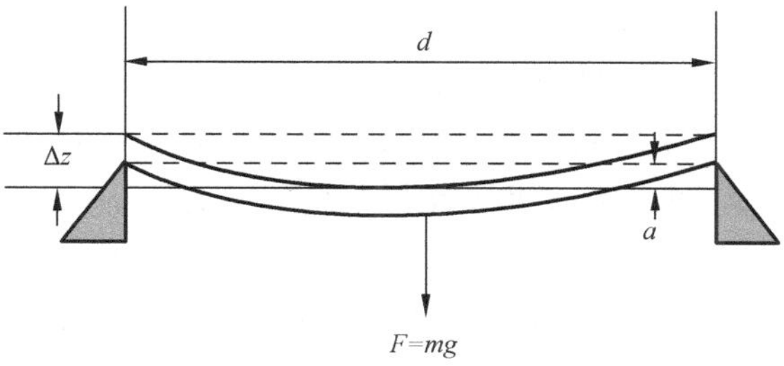

图 4-3 横梁受力形变示意图

图 4-4 为沿横梁方向的纵断面的一部分。在相距 $\mathrm{d}x$ 的 O_1、O_2 两点上的横断面，在横梁弯曲前互相平行，弯曲后则成一小角度 $\mathrm{d}\varphi$，在横梁的中间有一薄层虽然弯曲但长度不变，称为中间层。

设横梁的杨氏模量为 E，计算与中间层相距为 y、厚 $\mathrm{d}y$、形变前长为 $\mathrm{d}x$ 的一段，弯曲后伸长了 $y\mathrm{d}\varphi$，它受到的拉力为 $\mathrm{d}F$，形变层的横截面积为 $\mathrm{d}S=b\mathrm{d}y$，根据胡克定律有

$$\mathrm{d}F=Eb\frac{\mathrm{d}\varphi}{\mathrm{d}x}y\mathrm{d}y \tag{4-12}$$

此力对中间层的转矩为

$$\mathrm{d}M=Eb\frac{\mathrm{d}\varphi}{\mathrm{d}x}y^2\mathrm{d}y \tag{4-13}$$

积分，得到整个横断面的转矩 M

$$M=2Eb\frac{\mathrm{d}\varphi}{\mathrm{d}x}\int_0^{\frac{a}{2}}y^2\mathrm{d}y=\frac{1}{12}Ea^3b\frac{\mathrm{d}\varphi}{\mathrm{d}x} \tag{4-14}$$

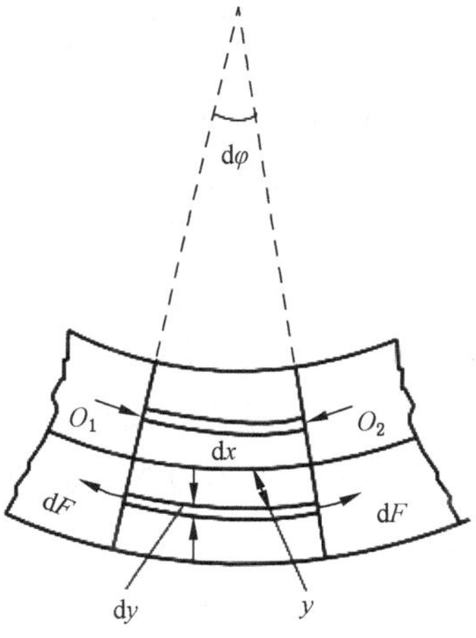

图 4-4 一段弯曲横梁的纵断面示意图

如果将横梁的中点 C 固定，在中点两侧各为 $\frac{d}{2}$ 处分别施以向上的力 $\frac{1}{2}mg$（见图 4-5），则横梁的弯曲情况和图 4-3 所示的完全相同。横梁上距中点为 x、长为 $\mathrm{d}x$ 的一段，由于弯曲产生的下降 $\mathrm{d}z$ 为

$$dz=\left(\frac{d}{2}-x\right)d\varphi \tag{4-15}$$

当横梁平衡时，由外力$\frac{1}{2}mg$对该处产生的力矩M应当等于$\frac{1}{2}mg\left(\frac{d}{2}-x\right)$，结合式(4-14)和(4-15)，可求出驰垂度$\Delta z$为

$$\Delta z=\frac{6mg}{Ea^3b}\int_0^{\frac{d}{2}}\left(\frac{d}{2}-x\right)^2dx=\frac{mgd^3}{4Ea^3b} \tag{4-16}$$

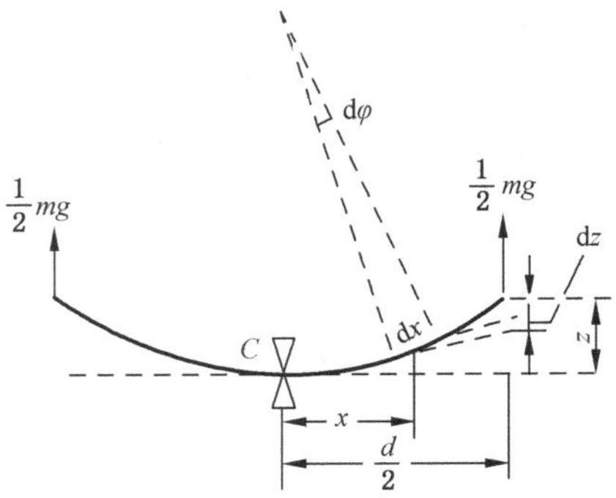

图 4-5　中点固定的弯曲横梁示意图

即

$$E=\frac{mgd^3}{4a^3b\Delta z} \tag{4-17}$$

式中，d为两刀口间横梁的距离；a为梁的厚度；b为梁的宽度；Δz为梁中心由于外力的作用而下降的距离；m为砝码的质量；g为重力加速度。

2. 霍尔位置传感器

将霍尔元件置于磁感应强度为B的磁场中，在垂直于磁场方向通以电流I，则与这二者相垂直的方向上将产生霍尔电势差为

$$U_H=KIB \tag{4-18}$$

式中，K为霍尔元件的灵敏度。如果保持电流不变，使霍尔元件在一个均匀梯度的磁场中移动时，输出的霍尔电势差变化量为

$$\Delta U_H=KI\frac{dB}{dz}\cdot\Delta z \tag{4-19}$$

此式说明若$\frac{dB}{dz}$为常数时，ΔU_H与Δz成正比。

为实现均匀梯度的磁场，可以如图 4-6 所示，将两块相同的磁铁(磁铁截面积及表面磁感应强度相同)相对放置，霍尔元件平行于磁铁放在该间隙的中轴上。间隙大小要根据测量范围和测量灵敏度要求而定，间隙越小，磁场梯度就越大，灵敏度就越高。磁铁截面要远大于霍尔元件，以尽可能减小边缘效应的影响，提高测量精确度。

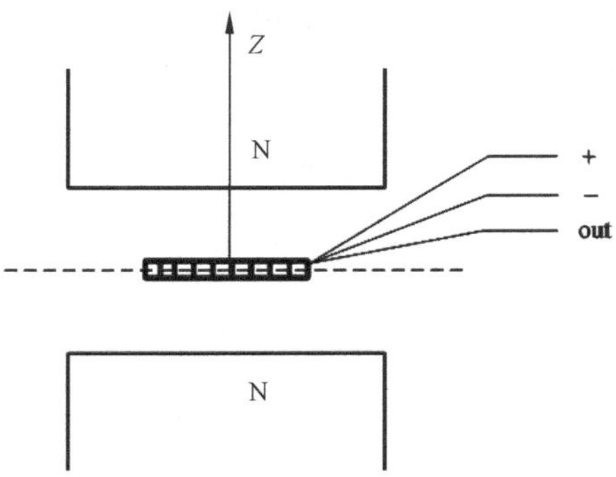

图 4-6　磁场中的霍尔元件

若磁铁间隙内中心截面处的磁感应强度B为零，霍尔元件处于该处时，输出的霍尔电势差也为零。当霍尔元件偏离中心沿z轴发生位移时，由于B不再为零，霍尔元件也就产生相应的电势差输出，其大小可以用数字电压表测量。因此，可以将霍尔电势差为零时元件所处的位置作为位移参考零点。

霍尔电势差与位移量之间存在一一对应关系，当位移量较小(＜2 mm)时，这一对应关

系具有良好的线性。如果令 $K'=KI\dfrac{\mathrm{d}B}{\mathrm{d}z}$，则式(4-19)变为

$$K'=\frac{\Delta U_{\mathrm{H}}}{\Delta z} \tag{4-20}$$

【实验内容】

1. 测量横梁的相关参数

用米尺测量横梁的有效长度 d(安放在此梁的两支柱上刀口间的距离)、千分尺测量不同位置横梁的厚度 a、游标卡尺测量横梁的宽度 b，每个量重复测量 6 次，表格自拟。

2. 仪器的安装与调节

(1) 将横梁穿在砝码铜刀口内，安放在两立柱刀口的正中央位置。接着将铜杠杆中间的铜刀口放在刀座上，有传感器一端应放置在两磁铁中间(传感器水平向上或向下)，圆柱形拖尖应在砝码刀口的小圆洞内。调节仪器，保证磁铁水平、杠杆水平、刀口垂直，且挂砝码的刀口处于梁中间。

(2) 接通电源，预热 10 min，调节磁铁高度与电压表调零旋钮，使无负载时电压表示值为零。

(3) 调节测微目镜，使镜内分划板上的十字叉丝和刻线清晰，并且能够清楚看到铜刀口上的基线，再转动测微目镜鼓轮，使测微目镜内十字刻线与铜刀口上的基线对齐。

3. 霍尔位置传感器的定标

挂上砝码钩(砝码钩质量为 10.0 g)，逐次增加砝码，每次增加 10.0 g，读出测微目镜中基线的相应位置 z 以及数字电压表相应的示值 U，把测得数据填入表 4-5 中，作 U-z 曲线图，由式(4-20)求出霍尔位置传感器灵敏度 K'。

4. 测量横梁的杨氏模量

(1) 利用测微目镜测微法计算杨氏模量

用逐差法处理表 4-5 中的数据 z，计算横梁在 40.0 g 砝码重力作用下所产生的位移量 Δz；将 Δz 以及实验内容 1 中测得量的平均值代入式(4-17)计算杨氏模量 E，与理论值 E_m ($E_m=10.55\times10^{10}\ \mathrm{N/m^2}$)比较求出相对误差。

表 4-5 横梁的杨氏模量测量数据表

主要仪器： 精度： 实验台号：

m/g	10.0	20.0	30.0	40.0	50.0	60.0	70.0	80.0
U/V								
z/mm								

(2) 利用霍尔位置传感器测微法计算杨氏模量

把 40.0 g 砝码一起加到砝码钩上，测出此时电压表的示值 $\Delta U'$。根据霍尔位置传感器定标曲线，计算出对应的 $\Delta z'$，代入式(4-17)计算杨氏模量 E'，与理论值 E_m 比较求出相对误差。

【注意事项】

1. 测量待测样品厚度必须取不同位置多点测量，因黄铜比钢软，当千分尺与金属接触

时，必须使用棘轮，听到嗒嗒声时，停止旋转棘轮。

2. 加砝码时，应该轻拿轻放，尽量减小砝码钩的晃动，这样可以使电压表示值在较短时间内稳定，节省实验时间。

3. 实验开始前必须检查横梁是否有弯曲，如有应矫正。

【思考题】

1. 实验中记录横梁有效长度是哪一段？为什么？

2. 用式(4-17)来测量杨氏模量，需要保证哪些实验条件？

3. 与测微目镜测微法比较，用霍尔位置传感器法测微小位移有什么优点？

【附录】仪器简介

杨氏模量实验仪结构如图 4-7 所示。

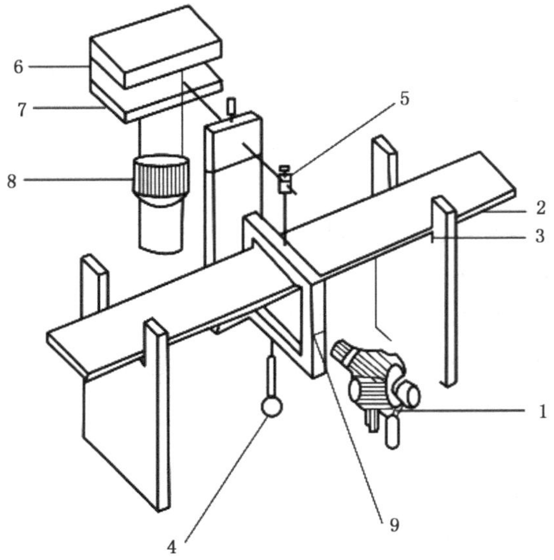

1—测微目镜；2—横梁；3—刀口；4—砝码钩；

5—铜杠杆(杠杆顶端贴有霍尔位置传感器，传感器连接电压表)；6—有机玻璃盒(内装磁铁)；

7—磁铁(两块)；8—磁铁支架套筒螺母；9—铜挂件(上有基线)

图 4-7 实验装置简图

实验 4.2.2 拉伸法测量金属丝的杨氏模量

力作用于物体所引起的效果之一是使受力物体发生形变，物体的形变可分为弹性形变和塑性形变。固体材料的弹性形变又可分为纵向、切变、扭转、弯曲，对于纵向弹性形变可以引入杨氏模量来描述材料抵抗形变的能力。杨氏模量是表征固体材料性质的一个重要的物理量，是工程设计上选用材料时常需涉及的重要参数之一，一般只与材料的性质和温度有关，与其几何形状无关。

实验测定杨氏模量的方法很多，如拉伸法、弯曲法和振动法(前两种属静态法，后一种属动态法)。本实验采用光杠杆法测量微小长度的变化，进而测定金属丝的杨氏模量。

【实验目的】

1. 学会用拉伸法测量金属丝的杨氏模量。
2. 掌握光杠杆法测量微小伸长量的原理。
3. 掌握各种测量工具的正确使用方法。
4. 学会用逐差法处理实验数据。

【实验仪器】

实验架、光杠杆组件、砝码、长度测量工具(包括卷尺、游标卡尺、螺旋测微器)等。

【实验原理】

1. 杨氏模量的定义

设金属丝的原长为 L,横截面积为 S,沿长度方向施力 F 后,其长度改变 ΔL,则金属丝单位面积上受到的垂直作用力 $\sigma=F/S$ 称为正应力,金属丝的相对伸长量 $\varepsilon=\Delta L/L$ 称为线应变。在弹性范围内,由胡克定律可知物体的正应力与线应变成正比,即

$$\sigma=E\cdot\varepsilon \tag{4-21}$$

或

$$\frac{F}{S}=E\cdot\frac{\Delta L}{L} \tag{4-22}$$

比例系数 E 即为金属丝的杨氏模量(单位:Pa 或 N/m^2),它表征材料本身的性质,E 越大的材料,要使它发生一定的相对形变所需要的单位横截面积上的作用力也越大。

由式(4-22)可知

$$E=\frac{F/S}{\Delta L/L} \tag{4-23}$$

对于直径为 d 的圆柱形金属丝,其杨氏模量为

$$E=\frac{F/S}{\Delta L/L}=\frac{mg/\left(\frac{1}{4}\pi d^2\right)}{\Delta L/L}=\frac{4mgL}{\pi d^2\Delta L} \tag{4-24}$$

式中,L(金属丝原长)可由卷尺测量;d(金属丝直径)可用螺旋测微器测量;F(外力)可由实验中砝码的质量 m 求出,即 $F=mg$(g 为重力加速度);而 ΔL 是一个微小长度变化(mm 级)。本实验采用光杠杆的光学放大法精确测量金属丝微小伸长量 ΔL。

2. 光杠杆法原理

光杠杆法主要是利用平面镜转动,将微小角位移放大成较大的线位移后进行测量。仪器利用光杠杆组件实现放大测量功能。光杠杆组件包括:反射镜、与反射镜连动的动足、标尺等。其放大原理如图 4-8 所示。

开始时,望远镜对齐反射镜中心位置,反射镜法线与水平方向成一夹角,在望远镜中恰能看到标尺刻度 x_1 的像。动足足尖放置在夹紧金属丝夹头的表面上,当金属丝受力后,产生微小伸长 ΔL,与反射镜连动的动足尖下降,从而带动反射镜转动相应的角度 θ。根据光的反射定律可知,在出射光线(即进入望远镜的光线)不变的情况下,入射光线转动了 2θ,此时望远镜中看到标尺刻度为 x_2。

实验中,$D\gg\Delta L$,所以 θ 甚至 2θ 会很小。从图 4-8 的几何关系中我们可以看出,2θ 很小时,有

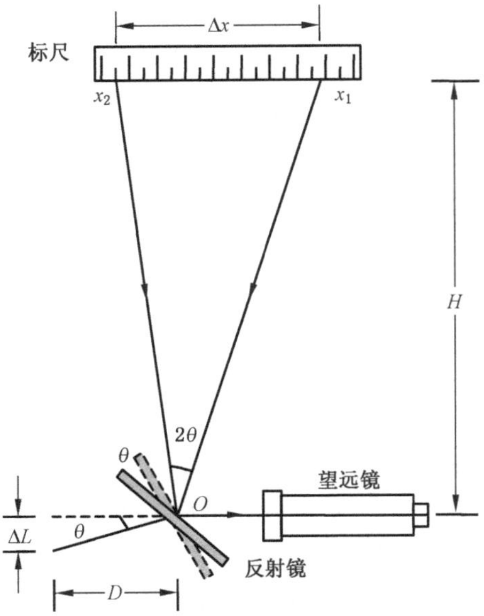

图 4-8　光杠杆放大原理图

$$\Delta L \approx D \cdot \theta, \Delta x \approx H \cdot 2\theta \tag{4-25}$$

故有

$$\Delta x = \frac{2H}{D} \cdot \Delta L \tag{4-26}$$

式中，$2H/D$ 称作光杠杆的放大倍数；H 是反射镜中心与标尺的垂直距离。仪器中的 $H \gg D$，这样便能把微小位移 ΔL 放大成较大的容易测量的位移 Δx。将式(4-26)代入式(4-24)，得到

$$E = \frac{8mgLH}{\pi d^2 D} \cdot \frac{1}{\Delta x} \tag{4-27}$$

通过测量式(4-27)右边的各参量得到被测金属丝的杨氏模量，式(4-27)中各物理量的单位取国际单位(SI 制)，E 的单位为 N/m^2。

【实验内容】

1. 调节实验架

实验前应保证上下夹头均夹紧金属丝，防止金属丝在受力过程中与夹头发生相对滑移。

(1) 将杨氏模量实验架放置于台面上，调节三角底座使光杠杆台面水平。将金属丝上端用上夹头固定并锁死，下端穿过光杠杆台的孔，与下夹头连接并锁死，保证下夹头顶部与光杠杆台平面在同一水平面。

(2) 将标尺背光源电源插上，使背光源发光，确保标尺刻度清晰可见。

2. 测量 D、L、H、d

(1) 旋松光杠杆动足上的锁紧螺钉，调节光杠杆动足至适当长度(以动足尖能尽量贴近但不贴靠到金属丝，同时两前足能置于台板上的同一凹槽中为宜)，用三足尖在平板纸上压三个浅浅的痕迹，通过画细线的方式画出两前足连线的高(即光杠杆常数)，然后用游标卡尺测量光杠杆常数的长度 D，将光杠杆置于台板上，并使动足尖贴近金属丝，且动足尖应在金

属丝正前方。

(2) 用钢卷尺测量金属丝的原长 L，钢卷尺的始端放在金属丝上夹头的下表面，另一端对齐下夹头的上表面。

(3) 用钢卷尺测量反射镜中心到标尺的垂直距离 H，钢卷尺的始端放在标尺板上表面，另一端对齐反射镜中心。

(4) 将以上实验数据记入表 4-6 中。

(5) 用螺旋测微器测量不同位置的金属丝直径 d_i，将实验数据记入表 4-7 中。

表 4-6 一次性测量数据

主要仪器： 精度： 台号：

L/ mm	H/ mm	D/ mm

表 4-7 金属丝直径测量数据

主要仪器： 精度： 零差： 台号：

序号 i	1	2	3	4	5	6	平均值
直径 d_i/ mm							

3. 调节望远镜

(1) 将望远镜移近并正对实验架台板(望远镜前沿与平台板边缘的距离在 0～30 cm 范围内均可)。调节望远镜使其正对反射镜中心，然后仔细调节反射镜的角度，直到从望远镜中能看到标尺背光源发出的明亮的光。

(2) 调节目镜视度调节手轮，使十字分划线清晰可见。调节调焦手轮，使视野中标尺的像清晰可见。转动望远镜镜身，使十字分划线横线与标尺刻度线平行后再次调节调焦手轮，使视野中标尺的像清晰可见。

(3) 再次仔细调节反射镜的角度，使十字分划线横线对齐≤2.0 cm 的刻度线(避免实验做到最后超出标尺量程)。水平移动支架，使十字分划线纵线对齐标尺中心。

4. 测量不同质量砝码时，标尺刻度 x_i

(1) 通过光杠杆观察记录此时对齐十字分划线横线的刻度值 x_1，取 1 kg 砝码，小心放到砝码盘上，读取并记录十字分划线的刻度值 x_i^+，继续放入砝码，每放上一个砝码记录一次刻度值，直至将第七块砝码放到砝码盘上。

(2) 将第七块砝码小心地从砝码盘上取下，读取并记录此时的十字分划线刻度 x_i^-，继续取下砝码，每取下一个砝码记录一次刻度值，至全部取下，将以上实验数据记入表 4-8 中。

(3) 实验完成后，取下砝码盘和金属丝，并妥善保存。

注意：上面步骤中不能再调整望远镜，并尽量保证实验桌不要有震动，以保证望远镜稳定。

5. 数据处理

(1) 采用逐差法，由式(4-27)求出杨氏模量 E。

(2) 作 x_i- m 图，计算杨氏模量 E。

表 4-8　加减力时标尺刻度与对应拉力数据

主要仪器：　　　　　　精度：　　　　　　台号：

序号 i	0	1	2	3	4	5	6	7
砝码质量 m_i/ kg								
加力时标尺刻度 x_i^+/mm								
减力时标尺刻度 x_i^-/mm								
平均标尺刻度/ mm $x_i=(x_i^+ + x_i^-)/2$								

【注意事项】

1. 严禁将手放到悬挂的砝码盘下方，以免出现意外。
2. 该实验是测量微小量，实验时应避免实验台震动。
3. 严禁改变限位螺母位置，避免最大拉力限制功能失效。
4. 光学零件表面应使用软毛刷、镜头纸擦拭，切勿用手指触摸。
5. 光学零件属易碎件，请勿用硬物触碰或从高处跌落。
6. 严禁使用望远镜观察强光源，如太阳等，避免人眼灼伤。

【附录】仪器简介

仪器如图 4-9 所示，主要由实验架、砝码、长度测量工具(包括卷尺、游标卡尺、螺旋测微器)等组成。

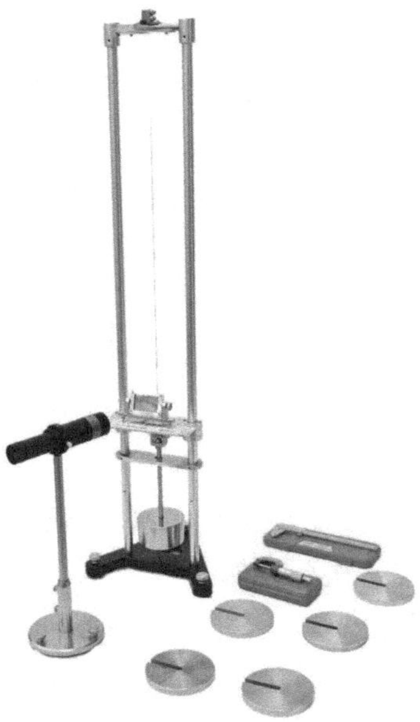

图 4-9　近距转镜杨氏模量仪

1. 实验架

实验架是待测金属丝杨氏模量测量的主要平台。金属丝一端穿过横梁被上夹头夹紧，另一端悬挂一个 3 kg 的砝码盘，可在砝码盘上放置 1～7 个 1 kg 砝码，加力简单、直观、稳定。

2. 光杠杆组件

光杠杆组件包括光杠杆、标尺、望远镜，光杠杆上有反射镜和与反射镜连动的动足等结构。光杠杆结构示意图如图 4-10 所示。

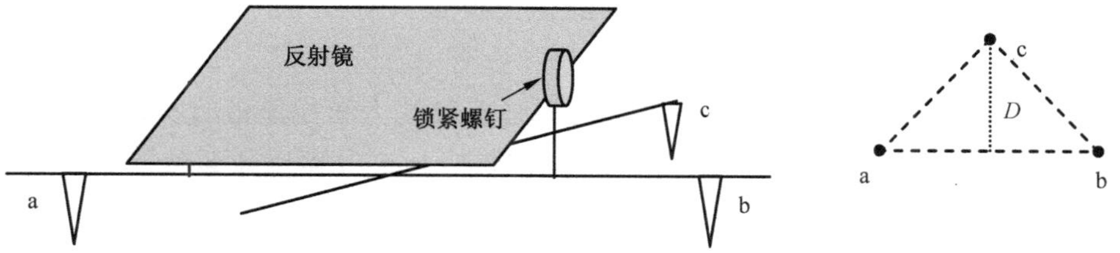

图 4-10 光杠杆结构示意图

图 4-10 中，a、b、c 分别为三个尖状足，a、b 为前足，c 为后足（或称动足），实验中 a、b 不动，c 随着金属丝伸长或缩短而向下或向上移动，锁紧螺钉用于固定反射镜的角度。三个足构成一个三角形，两前足连线的高 D 称为光杠杆常数，可根据需求改变 D 的大小。

望远镜放大倍数 12 倍，最近视距 0.3 m，含有目镜十字分划线（纵线和横线），镜身可 360°转动。通过望远镜架可调升降、水平转动及俯仰倾角。望远镜结构如图 4-11 所示。

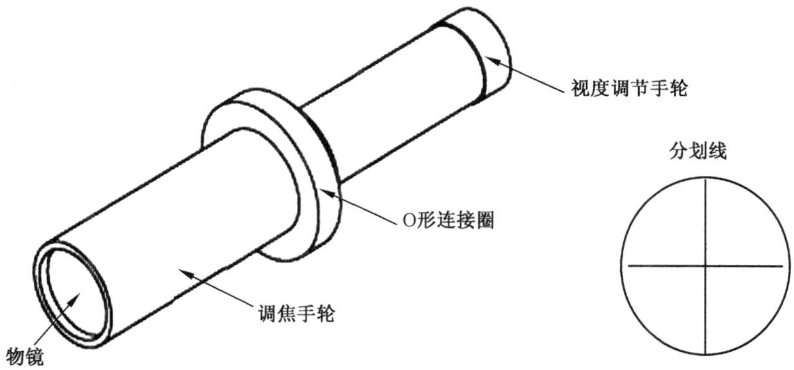

图 4-11 望远镜示意图

【拓展阅读】

石墨烯(graphene)是世界上最薄的 2D 材料，它由一层密集的、包裹在蜂巢晶体点阵上的碳原子组成，其厚度仅为 0.334 nm。

2004 年英国曼彻斯特大学物理学家安德烈·盖姆(Geim)和康斯坦丁·诺沃肖洛夫(Novoselov)使用胶带剥离技术，首次成功地制备出单层石墨烯。这一成就解决了困扰国际物理和材料界半个世纪的问题，即石墨烯到底是一种假设结构，还是可以通过实验获得。他们也因此共同获得 2010 年诺贝尔物理学奖。

石墨烯的基本结构单元是有机材料中最稳定的苯六元环，也是构建其他 sp2 杂化碳的同素异形体的基本组成部分，这种特殊结构蕴含了丰富而新奇的物理现象，使石墨烯表现出许多优异性质，如可以像拉橡胶一样被拉伸，但又比金刚石还坚硬，具有巨大的理论比表面积、超高的电导率和热导率、良好的热稳定性和优异的导电性、易于修饰及可大规模生产等一系列优点。石墨烯是一种既可用于改进现有技术，又可用于开发新技术的材料，已成为碳材料家族和材料科学领域迅速崛起的一颗新星。

石墨烯的“硬”，是指强度高，衡量强度的指标是“杨氏模量”，根据杨氏模量的高低可以把物质分为硬物质和软物质。石墨烯的杨氏模量非常高，可达1TPa，是材料里最高的，所以石墨烯是硬物质。不同材料的杨氏模量差异很大。例如，钢材的杨氏模量大约为200～210 GPa，水泥的杨氏模量为25～40 GPa，橡胶的杨氏模量只有0.01～0.1 GPa，橡胶就是软物质。

针对石墨烯的力学性能，对石墨烯进行拉伸是理解其力学性能最直接的研究方法。石墨烯的许多力学参数，如杨氏模量、失效应变、强度极限均可以在拉伸条件下的应力-应变曲线中获得。

现有的实验研究结果表明，石墨烯在拉伸载荷下表现出非线性弹性，因此计算石墨烯的杨氏模量时，需要在应力-应变曲线中选取一定的应变区域等效成线弹性阶段对其进行拟合。此外，研究人员发现石墨烯的杨氏模量对应变具有较强的依赖性，并且他们认为石墨烯的杨氏模量存在明显的尺寸效应。

2022年，燕山大学亚稳材料制备技术与科学国家重点实验室高压科学中心田永君院士、赵智胜教授与清华大学李晓雁教授、丹麦奥尔堡大学岳远征教授等国内外学者合作，通过调控玻璃碳在高温高压下的相变合成出超硬、超强、导电的非晶碳/纳米金刚石自生复合材料。研究成果以“Ultrastrong conductive in situ composite composed of nanodiamond incoherently embedded in disordered multilayer graphene”为题，发表于国际期刊 *Nature Materials* 上。

在该材料中，平均粒径为4.8 nm的超细纳米晶金刚石均匀嵌在无序弯曲的多层石墨烯基体中，两者之间的非共格界面主要由随机结合的sp2或sp3键构成。碳原子间的杂化作用使得纳米金刚石与无序多层石墨烯(ND/DMG)复合材料具有较高的弹性模量。他们对ND/DMG复合材料和纯DMG纳米柱的单轴压缩进行了分子动力学(MD)模拟，ND/DMG复合材料的弹性模量和抗压强度明显高于纯DMG。毫无疑问，复合材料的高模量是由于纳米金刚石在复合材料中的结合更强。

实验4.3　弦音振动的研究

【实验目的】

1. 掌握用共振法测量弦线的线密度。
2. 掌握测量弦线上横波波速的方法。
3. 掌握测量弦线张力的方法。

【实验仪器】

实验装置如图4-12所示。吉他上有四支钢质弦线，中间两支用来测定弦线的线密度，旁边两支用来测定弦线张力。实验时，弦线3与音频信号源接通，这样，通有正弦交变电流的弦线在磁场中就受到周期性的安培力的激励。根据需要，可以调节频率选择开关和频率微调旋钮，从显示器上读出频率，通过调节幅度调节旋钮来改变正弦波发射强度。移动劈尖的位置，可以改变弦线长度，并可适当移动磁钢的位置，使弦振动调整到最佳状态。

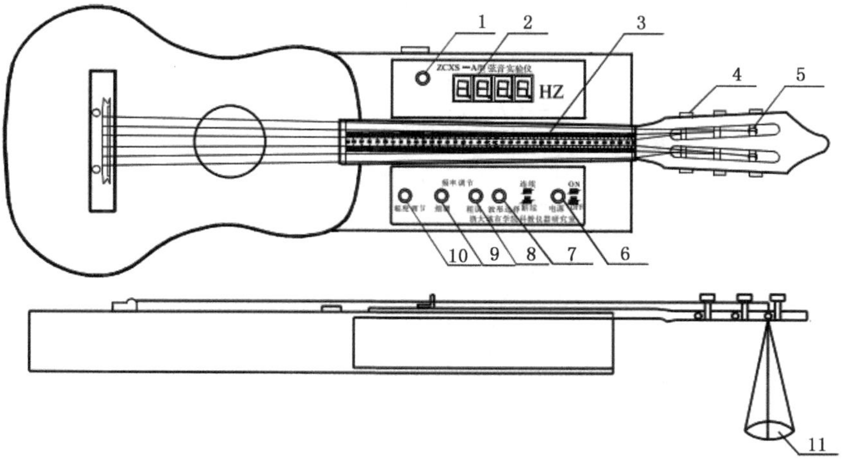

1—接线柱插孔；2—频率显示；3—钢质弦线；4—张力调节旋钮；5—弦线导轮；
6—电源开关；7—连续、断续波选择开关；8—频段选择开关；9—频率微调旋钮；
10—幅度调节旋钮；11—砝码盘

图 4-12 弦音实验仪结构示意图

根据实验要求：挂有砝码的弦线可用来间接测定弦线线密度或横波在弦线上的传播速度；利用安装在张力调节旋钮上的弦线，可间接测定弦线的张力。

【实验原理】

如图 4-12 所示，实验时，将弦线 3(钢丝)绕过弦线导轮 5 与砝码盘 11 连接，并通过接线柱 4 接通正弦信号源。在磁场中，通有电流的金属弦线会受到磁场力(称为安培力)的作用，若弦线上接通正弦交变电流时，则它在磁场中所受的与磁场方向和电流方向均为垂直的安培力，也随之发生正弦变化，移动劈尖改变弦长，当弦长是半波长的整倍数时，弦线上便会形成驻波。移动磁钢的位置，将弦线振动调整到最佳状态，使弦线形成明显的驻波。此时我们认为磁钢所在处对应的弦为振源，振动向两边传播，在劈尖与吉他骑码两处反射后又沿各自相反的方向传播，最终形成稳定的驻波。

考察与张力调节旋钮相连时的弦线 3 时，可调节张力调节旋钮改变张力，使驻波的长度产生变化。

为了研究问题的方便，当弦线上最终形成稳定的驻波时，我们可以认为波动是从骑码端发出的，沿弦线朝劈尖端方向传播，称为入射波，再由劈尖端反射沿弦线朝骑码端传播，称为反射波。入射波与反射波在同一条弦线上沿相反方向传播时将相互干涉，移动劈尖到适合位置，弦线上就会形成驻波。这时，弦线上的波被分成几段形成波节和波腹。如图 4-11 所示，设图中的两列波是沿 x 轴相向方向传播的振幅相等、频率相同、振动方向一致的简谐波。向右传播的用细实线表示，向左传播的用细虚线表示，当传至弦线上相应点时，位相差为恒定时，它们就合成驻波用粗实线表示。由图 4-13 可见，两个波腹或波节间的距离都是等于半个波长，这可从波动方程推导出来。

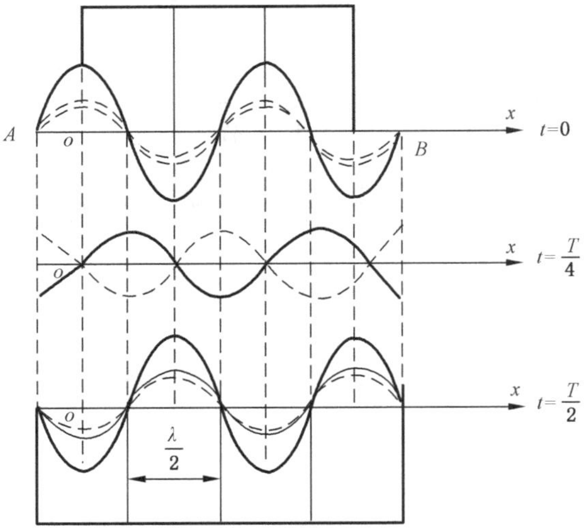

图 4-13　波形示意图

下面用简谐波表达式对驻波进行定量描述。设沿 x 轴正方向传播的波为入射波，沿 x 轴负方向传播的波为反射波，取它们振动相位始终相同的点为坐标原点 O，且在 $x=0$ 处，振动质点向上达最大位移时开始计时，则它们的波动方程分别为

$$Y_1=A\cos 2\pi(ft-x/\lambda)$$

$$Y_2=A\cos 2\pi(ft+x/\lambda)$$

式中，A 为简谐波的振幅；f 为频率；λ 为波长；x 为弦线上质点的坐标位置。

两波叠加后的合成波为驻波，其方程为

$$Y_1+Y_2=2A\cos 2\pi(x/\lambda)\cos 2\pi ft \tag{4-28}$$

由此可见，入射波与反射波合成后，弦上各点都在以同一频率作简谐振动，它们的振幅为 $|2A\cos 2\pi(x/\lambda)|$，只与质点的位置 x 有关，与时间无关。

由于波节处振幅为零，即 $|\cos 2\pi(x/\lambda)|=0$，则

$$2\pi x/\lambda=(2k+1)\pi/2 \quad (k=0,1,2,3,\cdots)$$

可得波节的位置为

$$x=(2k+1)\lambda/4 \tag{4-29}$$

而相邻两波节之间的距离为

$$x_{k+1}-x_k=[(2k+1)+1]\lambda/4-(2k+1)\lambda/4=\lambda/2 \tag{4-30}$$

又因为波腹处的质点振幅为最大，即 $|\cos 2\pi(x/\lambda)|=1$，则

$$2\pi x/\lambda=k\pi/2 \quad (k=0,1,2,3,\cdots)$$

可得波腹的位置为

$$x=k\lambda/2=2k\lambda/4 \tag{4-31}$$

这样相邻的波腹间的距离也是半个波长。因此，在驻波实验中，只要测得相邻两波节（或相邻两波腹）间的距离，就能确定该波的波长。

在本实验中，由于弦的两端是固定的，故两端点为波节，所以，只有当均匀弦线的两个固定端之间的距离（弦长）等于半波长的整数倍时才能形成驻波，其数学表达式为

$$L=n\lambda/2 \quad (n=1,2,3,\cdots)$$

由此可得沿弦线传播的横波波长为

$$\lambda=2L/n \tag{4-32}$$

式中，n 为弦线上驻波的段数，即半波数。

根据波动理论，弦线横波的传播速度为

$$v=(T/\rho)^{1/2} \tag{4-33}$$

即

$$T=\rho v^2$$

式中，T 为弦线中张力；ρ 弦线单位长度的质量，即线密度。

根据波速、上面频率及波长的普遍关系式 $v=f\lambda$，将式(4-33)代入可得

$$v=2Lf/n \tag{4-34}$$

再由式(4-33)、式(4-34)可得

$$\rho=T(n/2Lf)^2 \quad (n=1,2,3,\cdots) \tag{4-35}$$

即

$$T=\rho(2Lf/n)^2 \quad (n=1,2,3,\cdots)$$

由式(4-35)知，当给定 T、ρ、L，频率 f 只有满足该式关系才能在弦线上形成驻波。

当金属弦线在周期性的安培力激励下发生共振干涉形成驻波时，通过骑码的振动激励共鸣箱的薄板振动，薄板的振动引起吉他音箱的声振动，经过释音孔释放，我们能听到相应频率的声音，当用间歇脉冲激励时尤为明显。

【实验内容】

假设弦线由上到下分别为 a、a′、b、b′(弦线 a、b 为同一种规格，a′、b′为另一种规格)。

1. 张力 T 一定，测量弦线的线密度 ρ 和弦线上横波传播速度 v

在张力 T 一定的条件下，改变频率 f 分别为 220 Hz、240 Hz、260 Hz、280 Hz，移动劈尖，调节弦长 L，使弦线上分别出现 $n=2$ 和 $n=3$ 个稳定且明显的驻波段，记录相应的 f、n、L 的值(表格自拟)，由公式(4-34)可间接测量出弦线上横波的传播速度 v。

2. 频率一定，测量弦线张力 T

选择与张力调节旋钮 4 相连的弦线 a 或者 b′，与信号发生器输出插孔 1 连接，调节频率 $f=300$ Hz 左右，适当调节张力调节旋钮，同时移动劈尖改变弦线长 L，使弦线出现明显驻波。记录相应的 f、n、L 的值，由公式 $T=\rho(2Lf/n)^2$ 可间接测量这时弦的张力 T。

3. (选做)频率 f 一定，改变张力 T，测量弦线的线密度 ρ 和弦线上横波传播速度 v 测弦线 a′的线密度，波形选择开关 7 选择连续波位置，将信号发生器输出插孔 1 与弦线 a′接通；选取频率 $f=300$ Hz，张力 T 由挂在弦线一端的砝码及砝码钩产生，以 150 g 砝码为起点逐渐增加至 450 g 为止；在各张力的作用下调节弦长 L，使弦线上分别出现 $n=2$ 和 $n=3$ 个稳定且明显的驻波段，记录相应的 f、n、L 的值，由公式 $\rho=T(n/2Lf)^2$ 计算弦线的线密度 ρ，弦线上横波传播速度 $v=2Lf/n$。作 T-$\bar{v}^2$ 拟合直线，由直线的斜率亦可求得弦线的线密度 ρ。

【注意事项】

1. 在线柱与弦线连接时，应避免与相邻弦线短路。
2. 改变挂在弦线一端的砝码后，要使砝码稳定后再测量。
3. 磁钢不能处于波节下位置。要等波稳定后，再记录数据。

4. 不要用力调节张力调节旋钮，以免弦线断裂。

实验 4.4　波尔共振的研究

在机械制造和建筑工程等科技领域中，受迫振动所导致的共振现象常常引起工程技术人员的极大注意。这主要是由于它的破坏作用，但利用得当也有许多实用价值，众多电声器件就是运用共振原理来设计制作的。此外，在微观科学研究中"共振"也是一种重要研究手段，例如利用核磁共振和顺磁共振研究物质结构等。振动现象不仅在经典物理学中有着广泛的应用，在量子物理中也常以振动形式来模拟原子与基本粒子的运动。

表征受迫振动性质的是受迫振动的振幅频率特性和相位频率特性（简称幅频特性和相频特性）。本实验通过波尔共振实验仪来系统研究自由振动、阻尼振动和受迫振动。

【实验目的】

1. 利用波尔摆，定量观测自由振动、阻尼振动、受迫振动、磁阻尼、拍频等振动现象。
2. 研究波尔振动的幅频特性和相频特性以及共振现象。
3. 通过用数据采集器和转动传感器观测波尔振动现象，学习传感器的基本原理。
4. 观测波尔振动的频谱特性。
5. 观测波尔摆的相图，以及摆动过程中机械能的转换和守恒特性。

【实验仪器】

波尔振动仪、直流稳压稳流电源、秒表、转动传感器和数据采集器、安装了用 LabVIEW 编写的测控程序的计算机。

【实验原理】

本实验拟采用波尔共振实验仪（扭摆）定量研究多种与振动有关的物理量和规律。

1. 扭摆的阻尼振动和自由振动

在有阻力矩的情况下，将扭摆在某一摆角位置释放，使其开始摆动。此时扭摆受到两个力矩的作用：一是扭摆的弹性恢复力矩 M_E，它与扭摆的扭转角 θ 成正比，即 $M_E=-c\theta$（c 为扭转恢复力系数）；二是阻力矩 M_R，在摆角不太大的情况下可近似认为它与摆动的角速度成正比，即 $M_R=-r(\mathrm{d}\theta/\mathrm{d}t)$，其中 r 为阻力矩系数。若扭摆的转动惯量为 I，则根据转动定律可列出扭摆的运动方程：

$$I\frac{\mathrm{d}^2\theta}{\mathrm{d}t^2}=M_E+M_R=-c\theta-r\frac{\mathrm{d}\theta}{\mathrm{d}t} \tag{4-36}$$

即

$$\frac{\mathrm{d}^2\theta}{\mathrm{d}t^2}+\frac{r}{I}\frac{\mathrm{d}\theta}{\mathrm{d}t}+\frac{c}{I}\theta=0 \tag{4-37}$$

令 $r/I=2\beta$（β 称为阻尼系数），$c/I=\omega_0^2$（ω_0 称为固有圆频率），则式(4-37)变为

$$\frac{\mathrm{d}^2\theta}{\mathrm{d}t^2}+2\beta\frac{\mathrm{d}\theta}{\mathrm{d}t}+\omega_0^2\theta=0 \tag{4-38}$$

其解为

$$\theta = A_0 \exp(-\beta t)\cos \omega t = A_0 \exp(-\beta t)\cos(2\pi t/T) \tag{4-39}$$

式中，A_0 为扭摆的初始振幅；T 为扭摆做阻尼振动的周期；$\omega = 2\pi/T = \sqrt{{\omega_0}^2 - \beta^2}$。

由式(4-39)可见，扭摆的振幅随着时间按指数规律衰减。若测得初始振幅 A_0 及第 n 个周期时的振幅 A_n，并测得摆动 n 个周期所用的时间 $t = nT$，则有

$$\frac{A_0}{A_n} = \frac{A_0}{A_0 \exp(-\beta nT)} = \exp(\beta nT) \tag{4-40}$$

所以

$$\beta = \frac{1}{nT}\ln \frac{A_0}{A_n} \tag{4-41}$$

若扭摆在摆动过程中不受阻力矩的作用，即 $M_R = 0$，则式(4-38)左边第二项不存在，$\beta = 0$。由式(4-40)可知，不论摆动的次数如何，均有 $A_n = A_0$，振幅始终保持不变，扭摆处于自由振动状态。

2. 扭摆的受迫振动

当扭摆在有阻尼的情况下还受到简谐外力矩的作用，就会做受迫振动。设外加简谐力矩的频率是 ω，外力矩角幅度为 θ_0，则 $M_0 = c\theta_0$ 为外力矩幅度，因此外力矩可表示为 $M_{\text{ext}} = M_0 \cos \omega t$。扭摆的运动方程变为

$$\frac{d^2\theta}{dt^2} + \frac{r}{I}\frac{d\theta}{dt} + \frac{c}{I}\theta = \frac{M_{\text{ext}}}{I} = h\cos \omega t \tag{4-42}$$

式中，$h = M_0/I$。在稳态情况下，式(4-42)的解是

$$\theta = A\cos(\omega t + \varphi) \tag{4-43}$$

式中，A 为角振幅，由下式表示

$$A = \frac{h}{[(\omega_0^2 - \omega^2)^2 + 4\beta^2\omega^2]^{1/2}} \tag{4-44}$$

而角位移 θ 与简谐外力矩之间的位相差 φ 则可表示为

$$\varphi = \tan^{-1}\left(\frac{2\beta\omega}{\omega^2 - \omega_0^2}\right) \tag{4-45}$$

式(4-43)说明，不论扭摆初始的振动状态如何，在简谐外力矩作用下，扭摆的振动都会逐渐趋于简谐振动，振幅为 A，频率与外力矩的频率相同，但二者之间存在相位差 φ。

(1) 幅频特性

由式(4-44)可见，由于 $h = M_0/I = c\theta_0/I = {\omega_0}^2\theta_0$，当 $\omega \to 0$ 时，振幅 $A \to h/{\omega_0}^2$，接近外力矩角幅度 θ_0。随着 ω 逐渐增大，振幅 A 随之增加，当 $\omega = \sqrt{{\omega_0}^2 - 2\beta^2}$ 时，振幅 A 有最大值，此时称为共振，此频率称为共振频率 ω_{res}。当 $\omega > \omega_{\text{res}}$ 或 $\omega < \omega_{\text{res}}$ 时，振幅都将减小，当 ω 很大时，振幅趋于零。共振频率与阻尼的大小有关系，当 $\beta = 0$ 时，$\omega_{\text{res}} = \omega_0$ 即扭摆的固有振动频率，但根据式(4-44)，此时的振幅将趋于无穷大而损坏设备。故要建立稳定的受迫振动，必须存在阻尼。图 4-14 为不同阻尼状态下的幅频特性曲线示意图。

(2) 相频特性

由式(4-45)可见，当 $0 \leqslant \omega \leqslant \omega_0$ 时，有 $0 \geqslant \varphi \geqslant (-\pi/2)$，即受迫振动的相位落后于外加简谐力矩的相位；在共振情况下，相位落后接近于 $\pi/2$。在 $\omega = \omega_0$ 时(有阻尼时不是共振状

态)，相位正好落后 $\pi/2$。当 $\omega>\omega_0$ 时，有 $\tan\varphi>0$，此时应有 $\varphi<(-\pi/2)$，即相位落后得更多。当 $\omega\gg\omega_0$ 时，$\varphi\to(-\pi)$，接近反相。在已知 ω_0 及 β 的情况下，可由式(4-45)计算出各 ω 值所对应的 φ 值。图 4-15 为不同阻尼状态下的相频特性曲线示意图。

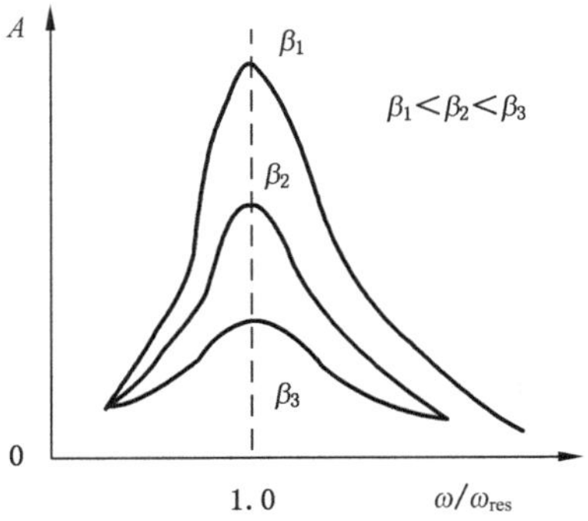

图 4-14　不同阻尼状态下的幅频特性曲线

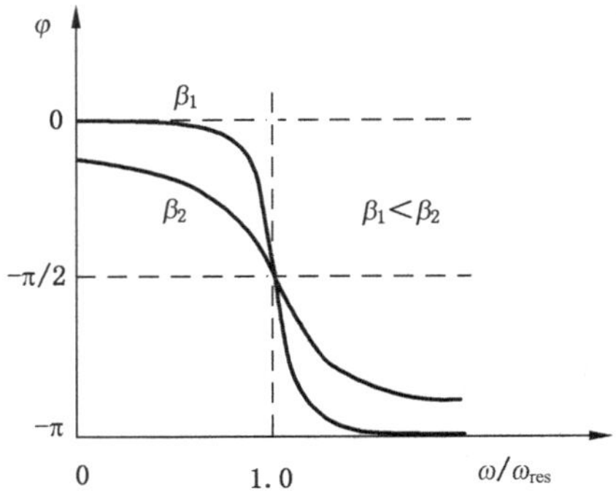

图 4-15　不同阻尼状态下的相频特性曲线

3. 振动的频谱

任何周期性的运动均可分解为简谐振动的线性叠加。用数据采集器和转动传感器采集一组如图 4-16 所示摆动角度随时间变化的数据之后，对其进行傅里叶变换，可以得到一组相对振幅随频率的变化数据。以频率为横坐标，相对振幅为纵坐标可作出一条如图 4-17 所示的波尔振动的频谱。在自由振动状态下，峰值对应的频率就是波尔振动仪的固有振动频率。

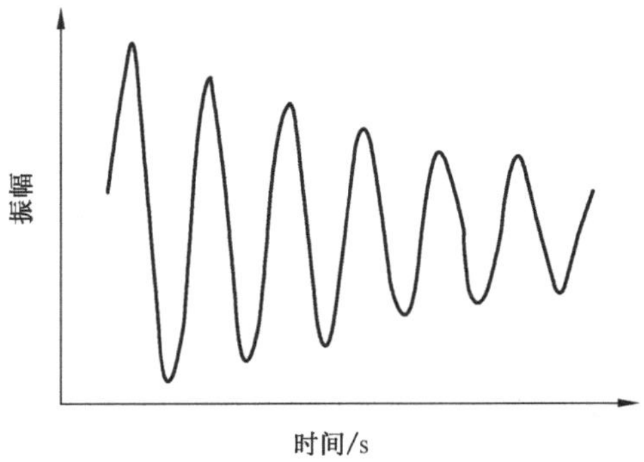

图 4-16　角度随时间变化关系

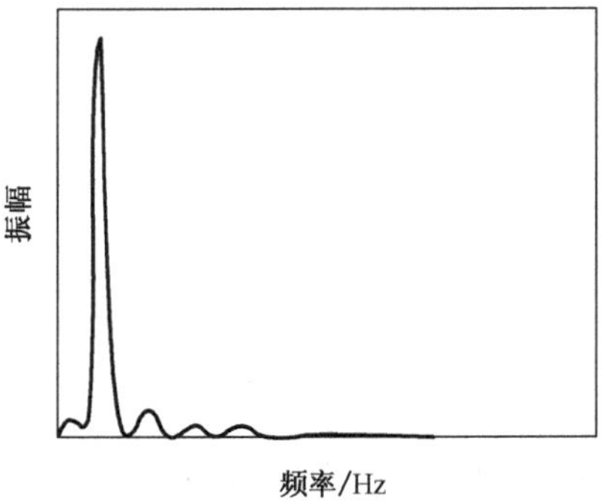

图 4-17　振动的频谱

4. 拍频

当扭摆做受迫振动时，由于驱动力频率与扭摆固有振动频率不相等，所以在扭摆上施加简谐驱动力后，扭摆从初始运动状态逐渐过渡到受迫振动的稳定状态过程中，其运动为阻尼振动和受迫振动两种振动过程的叠加。由于两种振动过程的频率接近，将会出现“拍”的现象。若阻尼振动的频率为 ω_1，驱动力的频率为 ω_2，则扭摆的摆动角度随时间变化的关系曲线的振幅将会起伏变化，如图 4-18 所示，其包络线的频率约为 $|\omega_1-\omega_2|$，即为拍频。在受迫振动状态下，频谱图会出现双峰，其中一个峰值对应的频率为波尔振动的固有振动频率，而另一个峰值对应的频率为驱动力矩的频率。在共振频率附近，双峰融合成单峰。

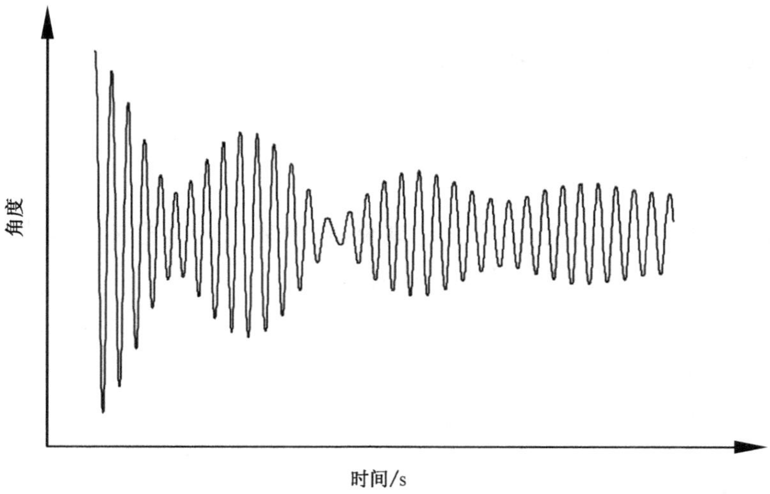

图 4-18 “拍”的现象示意图

5. 相图和机械能

扭摆的摆动过程存在势能和动能的转换，其势能和动能为

$$\begin{cases} \text{势能：} \quad E_p = \dfrac{1}{2}K\theta^2 \\ \text{动能：} \quad E_k = \dfrac{1}{2}I\dot{\theta}^2 \end{cases} \tag{4-46}$$

式中，I 为扭摆的转动惯量；K 为扭摆的恢复力矩；θ 为扭摆偏离平衡位置的角度；$\dot{\theta}$ 为角速度。

对特定的一台波尔振动仪来说，I 和 K 为恒定值，故势能与 θ 的平方成正比，动能与 $\dot{\theta}$ 的平方成正比。若以 θ 为横坐标，$\dot{\theta}$ 为纵坐标画出两者的关系曲线，称为系统的相图。通过相图可直观观测扭摆振动过程中势能与动能的变化关系。图 4-19 为阻尼振动的相图，机械能不断损耗，相图面积逐渐缩小至中心点。图 4-20 为理想的自由振动的相图，势能和动能相互转换，但总的机械能始终保持不变，相图为一个面积保持不变的椭圆。

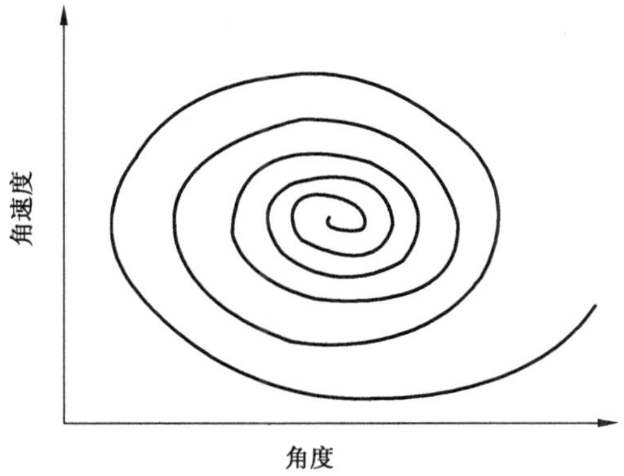

图 4-19 阻尼振动的相图

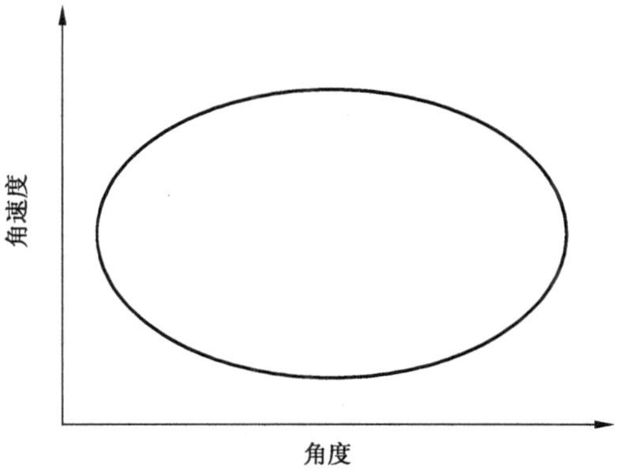

图 4-20 理想的自由振动的相图

【实验内容与步骤】

实验一　采用手动方式观测波尔振动

1. 测量扭摆在自由状态下的固有振动频率，并测量自由状态下的阻尼系数 β

(1) 阻尼线圈不加电流。用手将扭摆的摆轮转动到某一不太大的初始角度使其偏离平衡位置，记录初始偏转角度，如表 4-9 所示。

(2) 释放摆轮，让其自由摆动，观察摆动现象，用秒表记录摆轮来回摆动若干次后的时间和振幅，计算阻尼系数 β 和摆轮的固有振动频率 ω_0。

(3) 选取两种初始角度(小于 50°和大于 50°)释放摆轮，采取上述方法测量不同初始角度下的阻尼系数，讨论阻尼系数与初始释放角度之间的关系。

表 4-9　测量扭摆在自由状态下的固有振动频率和阻尼系数 β

主要仪器：　　　　精度：　　　　实验台号：

零点角度：			
初始偏转角 $A_0/(°)$	振动时间 t/s	周期数 n	结束时振幅 $A_n/(°)$

2. 观察阻尼振动现象，测量阻尼系数 β 与阻尼电压的变化关系

(1) 利用直流稳压电源给扭摆的阻尼线圈加上 7 V 的电压(电流限制为最大不超过 0.5 A)。

(2) 转动摆轮使其偏离平衡位置并释放，观察摆动现象，测量并计算阻尼系数。

(3) 在 0～10 V 间每隔 1 V 测量不同电压下的阻尼系数，同时记录阻尼电流。描绘阻尼系数随阻尼电压变化的关系曲线，如表 4-10 所示。

表 4-10　观察阻尼振动现象，测量阻尼系数 β 与阻尼电压的变化关系

主要仪器：　　　　精度：　　　　实验台号：

零点角度：					
电压 U_β/V	电流 I_β/A	初始偏转角 $A_0/(°)$	振动时间 t/s	周期数 n	结束时振幅 $A_n/(°)$
…	…	…	…	…	…

3. 测量调速旋钮位置与简谐驱动力矩频率之间的变化关系

(1) 调速旋钮为一个十圈精密可调电位器。先将旋钮逆时针调到底,用秒表记录驱动电机转动若干周期的时间,如表 4-11 所示,计算驱动电机转动频率,即为驱动力矩的频率。

(2) 顺时针转动驱动力矩调速旋钮,每隔半圈测量一次驱动力矩的频率,共需测量 20 个位置。作驱动力频率与调速旋钮位置的关系曲线。频率应覆盖扭摆的固有振动频率。

表 4-11 测量调速旋钮位置与简谐驱动力矩频率之间的变化关系

主要仪器: 精度: 实验台号:

零点角度: 阻尼电压: 驱动电压:			
旋转位置	时间 t/s	周期数 n	振幅 A_n/(°)
0.0			
0.5			
1.0			
1.5			
…	…	…	…
9.5			
10.0			

4. 观测共振现象

(1) 阻尼线圈驱动电压取 7 V。调速旋钮逆时针调到底,使电机开始转动,带动摆轮做受迫振动。耐心观察并等待,直至摆轮的振幅不再发生变化。记录振幅。

(2) 顺时针转动调速旋钮,每隔半圈观察并记录摆轮受迫振动的振幅,找出振幅最大值对应的频率,即为 7 V 阻尼下的共振频率。

(3) 根据式(4-45)计算不同频率下的相位差,并以 ω/ω_0 为横坐标,振幅和相位差为纵坐标,分别画出受迫振动的幅频特性曲线和相频特性曲线。由曲线找出共振频率,并与由内容 1 测得的固有振动频率对比。

实验二 采用数据采集器和转动传感器观测波尔振动

1. 学习数据采集器和转动传感器的使用方法

本实验采用转动传感器、数据采集器和安装了 LabVIEW 专用测控软件的计算机实现波尔振动仪摆轮转动角度、角速度的自动采集和处理功能。如图 4-21 所示,将一条细线的一端固定在摆轮的边缘上,另一端绕过传感器的转盘绑一个约 20 g 的砝码,使得摆轮转动时可以带动传感器转动,这样就可以通过传感器获得摆轮的转动角度、角速度和周期等一系列参数。

将转动传感器接入数据采集器的数据端口,采集器用 USB 线与计算机连接,双击计算机桌面的“波尔振动实验”图标运行测控软件。在参数设置里,y 轴选择转动角度(Angle),x 轴选择时间(Time),就可以显示摆轮的转动角度随时间的变化曲线图。将图和相应数据保存在指定目录中,并导出为.dat 或.txt 格式的文件,供其他更为专业的数据处理软件(如 Origin、MatLab 等)调用。

2. 观测波尔振动的频谱

(1) 记录一组波尔摆在 7 V 阻尼、无驱动力状态下摆动角度随时间的变化关系曲线。将该曲线作傅里叶变换，就可以得到振动的频谱，由频谱图确定波尔振动仪的固有振动频率。

(2) 用计算机分别记录和观测波尔振动仪自由振动、阻尼振动、受迫振动三种振动状态的频谱并分析异同。

(3) 测量不同驱动力矩频率下受迫振动的频谱，讨论其异同。调速旋钮每调节半圈测一组数据，不需等到振幅稳定。

3. 定量测量磁阻尼现象

(1) 测量磁阻尼与波尔摆初始释放角度之间的关系。阻尼电压设置为 4 V，初始释放角度 φ_0 分别取(10°，20°，30°，…)等数值，描绘阻尼系数 β 随 φ_0 变化的关系曲线。

(2) 测量磁阻尼与阻尼电流之间的关系。初始释放角度取上述实验线性区的一个角度，阻尼电压 U 分别取(1，2，3，…)V 等数值，描绘阻尼系数 β 随 U 变化的关系曲线。

4. 观测波尔振动的相图

(1) 取一组角度和角速度随时间变化的数据，以角度为横坐标，角速度为纵坐标，画出角速度随角度变化的关系曲线，即相图。讨论相图的物理意义。

(2) 作出自由振动、阻尼振动、受迫振动三种振动状态下的相图，讨论其异同。

(3) 测出不同驱动力矩频率下受迫振动的相图，讨论其异同。调速旋钮每调节一圈测一组数。

5. 观察并记录振动的"拍"

加上外力矩和阻尼(7 V)，转动摆轮并释放，在阻尼振动趋向受迫振动稳定状态的过程中记录摆轮的摆动角度随时间的变化关系，可由该曲线的包络线观察到"拍"的现象。自行确定若干组阻尼和驱动的组合，在不同组合下观察"拍"的现象并讨论。(参考：驱动力矩的频率取最快、最慢、中间值三个点)

【思考题】

1. 实验过程中如何设置实验设备，使波尔振动仪产生自由振动、阻尼振动和受迫振动？

2. 试讨论扭摆建立稳定的受迫振动过程的动力学过程。

3. 列举若干种测量扭摆转动角度和角速度的方法。

4. 任选一组阻尼振动的数据，以摆动角度的平方为横坐标，以角速度的平方为纵坐标画图，讨论与相图的异同。

【附录】波尔共振仪介绍

本实验的装置包括：(1)波尔振动仪；(2)直流稳压稳流电源；(3)秒表；(4)转动传感器和数据采集器；(5)安装了用 LabVIEW 编写的测控程序的计算机。其中，设备(4)和(5)一起构成波尔振动仪摆轮摆动角度和角速度的自动测量系统，用于替代原设备的光电门，其角度测量精度可以达到 0.1°。

1. 波尔振动仪

波尔振动仪结构如图4-21所示。圆形摆轮(7)安装在支撑架(3)上,蜗卷弹簧(5)的一端与摆轮的轴相连,另一端通过弹簧夹持螺钉(8)固定在摇杆(20)上。在弹簧弹性力的作用下,摆轮可绕轴自由往复摆动。在支撑架下方有一对带有铁芯的阻尼线圈(2),摆轮嵌在铁芯的空隙。当阻尼线圈中通过直流电流后,摆轮将受到一个电磁阻尼力的作用。改变电流的大小即可改变阻尼。为使摆轮做受迫振动,在驱动电机(16)的轴上装有偏心轮,通过连杆(18)和摇杆(20)带动摆轮。在电机转轴上装有带刻线的有机玻璃转盘(12),从其上的刻度可以读出摆轮与驱动力之间的相位差 φ。

棉线(10)同时环绕在摆轮的转轴和转动传感器的转盘(14)上,在重约20 g的砝码(15)的带动下,摆轮和转动传感器的转盘同时转动,可将摆轮的转动角度按一定比例转换成传感器转盘的转动角度,进而用数据采集器加以记录。转动传感器的角度分辨率可达到0.1°。

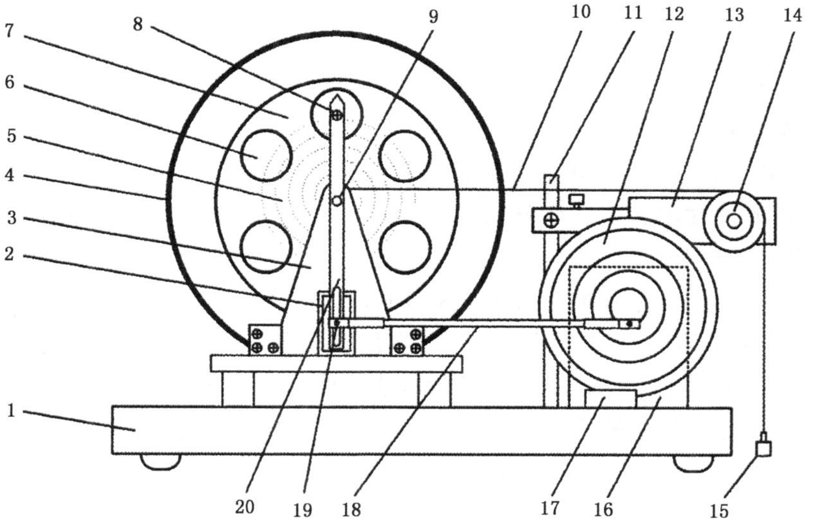

1—底座;2—阻尼线圈;3—支撑架;4—摆轮保护圈;5—蜗卷弹簧;
6—摆轮指拨孔;7—圆形摆轮;8—弹簧夹持螺钉;9—摆轮转轴;10—棉线;11—传感器支撑柱;
12—有机玻璃转盘;13—转动传感器;14—传感器转盘;15—砝码;16—驱动电机(在转盘后面);
17—驱动电机转速调节旋钮(后部);18—连杆;19—摇杆松紧调节螺丝;20—摇杆

图4-21 波尔摆前视图

2. 直流稳压稳流电源

直流稳压稳流电源为波尔振动仪的阻尼线圈和驱动电机提供电源。电压调节精度达到1 mV,可精确控制加于驱动电机上的电压,使电机的转速在30~45转/分间连续可调,即外加简谐驱动力的频率在0.5~0.75 Hz间连续可调。

实验4.5 液体表面张力系数的测量

液体分子之间的内聚力使得液体表面上存在着一种应力,即液体表面张力。液体表面张力使得液体表面犹如张紧的弹性膜,具有自发收缩的趋势,单位长度液膜上的表面张力的大小为液体的表面张力系数，它主要受温度和液体纯度的影响，随着温度的升高，液体表面张力系数降低，掺入不同的杂质可以升高或降低液体的表面张力系数，液体的表面张力是表征液体性质的一个重要参数，在工农业生产中具有广泛的意义。测量液体表面张力系数的方法通常有：拉脱法、毛细管升高法和液滴测重法等。本实验只介绍拉脱法测量液体表面张力系数。实验中利用力敏传感器进行测量，其优越性在于仪器能将作用在其上面的力转换成数字电压输出，提高了读数的准确性和测量的精确度。

【实验目的】

1. 了解硅压阻式力敏传感器的测量原理和测量方法。
2. 学习利用拉脱法测量纯净水的表面张力系数。

【实验仪器】

液体表面张力系数测定仪、游标卡尺、温度计、纯净水等。

【实验原理】

1. 液体表面张力

液体表面层内分子相互作用的结果使得液体表面自然收缩，犹如张紧的弹性薄膜。由于液面收缩而产生沿着切线方向的力称为表面张力。

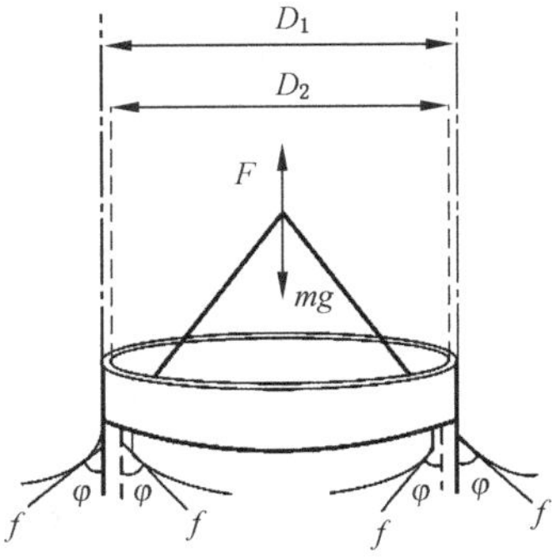

图 4-22　拉脱过程吊环受力分析

如图 4-22 所示，将一洁净的金属吊环悬挂在测力计上，然后将它垂直浸入液体中。调节容器下的升降台使液面下降，当吊环底面与液面平齐或略高时，由于液体表面张力的作用，吊环的内、外壁会带起一部分液体，此时吊环受三个力的作用：吊环重力 mg、向上拉力 F 和液体表面张力 f，拉脱平衡时

$$F = mg + f\cos\varphi \tag{4-47}$$

在吊环临界脱离液体时，$\varphi \approx 0$，即 $\cos\varphi \approx 1$，则平衡条件近似为

$$f = F - mg \tag{4-48}$$

因为金属片为环状吊片，考虑一级近似，可以认为液体表面张力为表面张力系数乘上脱离表面的周长，则有

$$f = F - mg = \alpha[\pi(D_1 + D_2)] \tag{4-49}$$

式中，D_1 为吊环外径；D_2 为吊环内径。

因此液体表面张力系数 α 为

$$\alpha = \frac{f}{\pi(D_1 + D_2)} \tag{4-50}$$

2. 力敏传感器测力原理

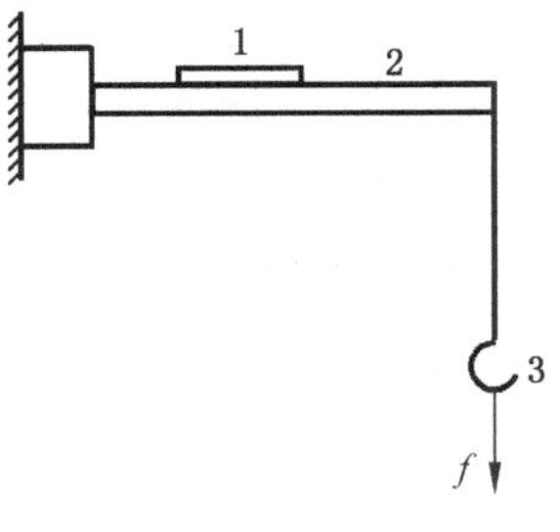

1—传感器芯片；2—金属梁；3—挂钩

图 4-23　力敏传感器结构示意图

硅压阻式力敏传感器就是利用半导体的压阻效应，将对外力的测量转换成对电压这个电信号的测量。如图 4-23 所示，硅压阻式力敏传感器由弹簧梁（金属薄片）和贴在梁上的传感器芯片组成，其中芯片由四个硅扩散电

阻集成一个非平衡电桥，当外界压力作用于金属梁上时，电桥失去平衡，此时将有电压信号输出，此信号经过放大电路和信号处理系统后输出电压的大小恰好与所加外力成正比，即

$$U=Bf \tag{4-51}$$

式中，B 为力敏传感器的灵敏度；f 为外力的大小；U 为输出电压的大小。

3. 利用力敏传感器测量液体表面张力系数

利用力敏传感器测力，首先对硅压阻式力敏传感器定标，求得传感器灵敏度 B，再测出吊环在即将拉脱液面时（$F=mg+f$）电压表读数 U_1，以及拉脱后（$F=mg$）数字电压表的读数 U_2，则

$$U_1-U_2=Bf \tag{4-52}$$

代入式(4-50)得

$$\alpha=\frac{U_1-U_2}{B\pi(D_1+D_2)} \tag{4-53}$$

【实验内容】

1. 硅压阻式力敏传感器的定标

(1) 打开仪器的电源开关，将仪器预热。

(2) 将砝码盘挂在传感器梁端头小钩上，调节仪器上的电压调节旋钮，使数字电压表显示为零。

(3) 在砝码盘上依次加上 0.5 g、1.0 g、1.5 g、2.0 g、2.5 g、3.0 g 等质量的砝码，分别记录相应砝码重力作用下数字电压表的相应读数值 U。

(4) 用逐差法处理实验数据，求出传感器的灵敏度 B。

2. 测量液体的表面张力系数

(1) 将金属吊环挂在传感器的小钩上，调节升降台，使液面升至靠近吊环的下沿，观察吊环下沿与待测液面是否平行。如果不平行，将金属吊环取下后，调节吊环上的细丝，使吊环下沿与待测液面平行。

(2) 调节升降台，使液面缓慢上升直到吊环的下沿部分全部浸没于待测液体中，然后反向调节升降台，使液面逐渐下降。这时，金属吊环和液面间形成一环形液膜，继续下降液面，记录环形液膜即将拉断前一瞬间数字电压表读数值 U_1 和液膜拉断后一瞬间数字电压表读数值 U_2。重复测量多次。

(3) 用游标卡尺测量金属吊环的外径 D_1 和内径 D_2。（为简化操作，D_1 和 D_2 值可由实验室给出）

(4) 将实验所测得数据代入公式(4-53)，求出室温下该液体的表面张力系数 α。写出结果表达式。

【注意事项】

1. 金属吊环须严格处理干净。实验前应将吊环在 NaOH 溶液中浸泡 20～30 s，然后用洁净水冲洗干净，并用热吹风烘干。

2. 硅压阻式力敏传感器受力量程很小（0～0.059 N），故不应在传感器端头加大的压力。

3. 实验过程中应避免风力影响，另外在旋转升降台时，动作应尽量轻缓，尽量减小液体的波动。

4. 保持纯净水的纯净度，在使用过程中防止灰尘和油污以及其他杂质污染。特别注意手指不要接触被测液体和金属吊环。

5. 实验中加砝码及吊环时应用镊子，且动作要轻缓。

【思考题】

空气中的灰尘若进入液体中，将对液体表面张力测量有何影响？实验过程中应如何防止此类影响？

【附录】仪器简介

液体表面张力系数测定仪结构示意图如图 4-24 所示。

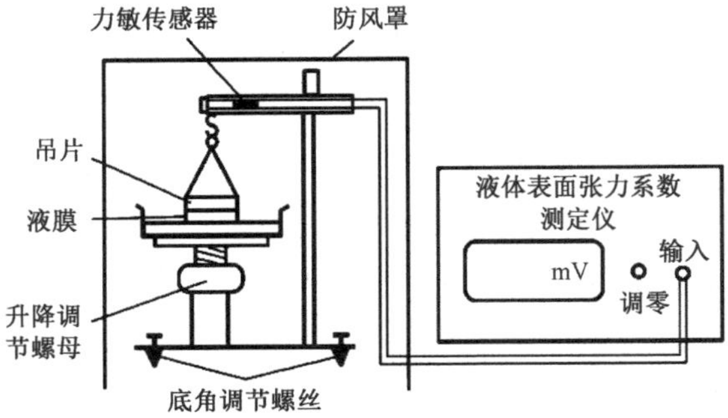

图 4-24 液体表面张力系数测定仪结构示意图

【拓展阅读】

液体表面张力是作用于液体表面，使液体表面积缩小的力。表面张力使得液体表面相当于存在一个类似“弹性薄膜”一样的东西，束缚着液体的运动。它的本质是液体跟气体接触的表面存在一个薄层，叫作表面层。表面层里的分子比液体内部稀疏，分子间的距离比液体内部大一些，分子间的相互作用表现为引力。液体表面所具有的表面张力能够让液体可以在两个固体表面间形成一段液桥。

由于表面张力很弱，所以在正常地面重力环境下形成的液桥尺寸很小(通常只有几毫米)，超过这个尺寸，液桥将无法平衡其重力而垮塌。而在太空中，由于失重作用，可以形成直径很大的液桥。2022 年我国航天员在国际空间站上在两个塑料板之间搭建了直径 50 毫米的液桥。地面上液桥的尺寸虽小，却在我们生活中发挥着重要的作用。沙滩上，干燥的细沙掺水后能捏出各种形状。这是由于水在细微的沙子颗粒之间形成了液桥，使得散沙能聚集在一起。光滑的桌面上，蘸水的白纸被黏住，这是因为纸和桌面之间形成了液桥。

我们熟知的毛细管效应也是由于液体表面张力和液体自重共同作用产生的。表面张力使得液体尽可能地保持面积最小，而液体自重使得液体尽可能地往下流。它们相互作用使得液体在毛细管内形成了一定高度的液柱。毛细管效应是由于毛细管内的径向压力梯度导致液体在毛细管内不断地流动，直到达到平衡状态。毛细管效应在二维微流体的微观世界中发挥着重要的作用。研究者们运用毛细管效应对电池隔膜进行改良，从而成功搭建出具备自组织特性的二维微流体设备。这项技术还具有自主组装能力，使得锂金属负极得到妥善保全，增强了电池性能和使用寿命。

实验 4.6 介质导热系数的测定

导热系数是表征物质热传导性质的物理量，研究材料的导热性质，在科学研究和工程应用中是一个重要课题。凡联系到新型材料的开发、设备及装置的热设计等，都离不开材料导热性质的研究。测量导热系数的方法一般分为稳态法和动态法两类。稳态法是利用热源在待测样品内部形成稳定的温度分布后进行测量的，而在动态法中，待测样品中的温度分布是随时间变化的。本实验采用稳态法测量导热系数。

【实验目的】

1. 理解导热系数的概念及意义。
2. 掌握用稳态法测量不良导体导热系数的原理和方法。

【实验仪器】

FD-TC-B 型导热系数测定仪，由电加热器、铜加热盘 C、样品圆盘 B、铜散热盘 P、支架及调节螺丝、温度传感器以及控温与测温器组成。

【实验原理】

1. 导热系数的概念

1882 年法国数学、物理学家傅里叶给出了一个热传导的基本公式——傅里叶导热方程式。该方程式指出，在物体内部取两个垂直于热传导方向的平行平面 S_1 和 S_2，彼此相距为 h，温度分别为 T_1、T_2（设 $T_1>T_2$），则在 Δt 时间内通过平面 S_2 的热量 ΔQ 满足下面的表达式：

$$\frac{\Delta Q}{\Delta t}=\lambda S\,\frac{T_1-T_2}{h} \tag{4-54}$$

式中，$\frac{\Delta Q}{\Delta t}$为热流量；$\lambda$ 为该物质的导热系数（又称导热率）。

λ 在数值上等于相距为单位长度的两平行平面，当温度相差为 1 K 时，在单位时间内通过单位面积的热量，其单位为 W/(m · K)（瓦特每米开尔文）。

2. 稳态法测导热系数原理

如图 4-25 所示，圆盘形不良导体样品 B，厚度为 h_B，半径为 R_B，上表面与高温铜盘 A 紧密接触，下表面与低温铜盘 P 紧密接触。于是将有热量从温度高的上表面垂直传入样品 B，再由下表面传给下铜盘 P。当系统达到热力学平衡时，单位时间内从样品 B 上传入的热量 $\frac{\Delta Q_B}{\Delta t}$等于从下表面传出的热量，又等于下铜盘单位时间散出的热量$\frac{\Delta Q_P}{\Delta t}$，即有

$$\left.\frac{\Delta Q_B}{\Delta t}\right|_{T=T_1}=\left.\frac{\Delta Q_P}{\Delta t}\right|_{T=T_2} \tag{4-55}$$

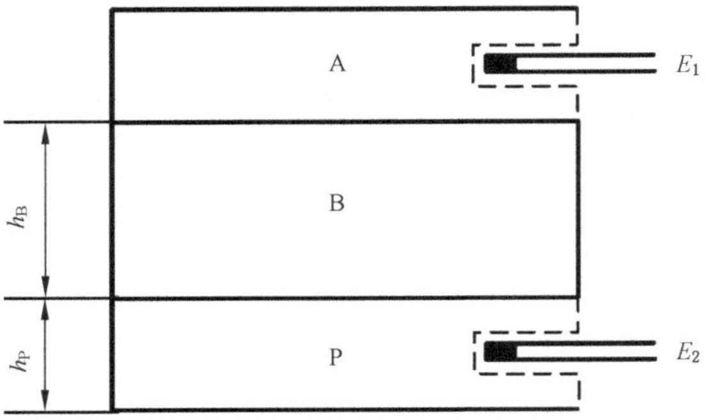

图 4-25　稳态法测导热系数示意图

T_1、T_2 分别是稳态时样品 B 上、下表面的温度。根据傅里叶导热方程式有

$$\frac{\Delta Q_B}{\Delta t}=\lambda\pi R_{B^2}\frac{T_1-T_2}{h_B} \tag{4-56}$$

可见，只要测出稳态时上、下铜盘的温度 T_1、T_2，再设法求出 $\frac{\Delta Q_B}{\Delta t}$ 的值，即可根据式(4-56)求出导热系数 λ。

3. 散热法测热流量$\left(\frac{\Delta Q_B}{\Delta t}\right)$

根据式(4-55)，可通过测量下铜盘 P 在稳定温度 T_2(即稳态)时的散热率 $\left.\frac{\Delta Q_P}{\Delta t}\right|_{T=T_2}$ 来求 $\frac{\Delta Q_B}{\Delta t}$ 之值，但是下铜盘的散热率不易测量，还需进一步做参量转换。我们知道，铜盘的散热率与其冷却速率 $\frac{\Delta T}{\Delta t}$ 有关，这样，铜盘散热率的测量可以转化为铜盘冷却速率的测量。

当系统达到稳态后，将样品盘 B 移去，使下铜盘 P 与上铜盘 A 直接接触。使下铜盘 P 的温度从 T_2 升高一定温度后再将其与上铜盘 A 脱离，使之自然冷却(下铜盘 P 将向周围环境散热，温度逐渐下降)。观测其温度 T 随时间 t 的变化情况，即可求出下铜盘 P 在温度 T_2 时的散热率 $\frac{\Delta Q_P'}{\Delta t}$，即

$$\left.\frac{\Delta Q_P'}{\Delta t}\right|_{T=T_2}=mc\frac{\Delta T}{\Delta t} \tag{4-57}$$

式中，m 为下铜盘 P 的质量；c 是铜的比热容。

由于此时下铜盘完全暴露于空气中，所以散热面积 S_P' 为下铜盘上、下底面及侧面面积之和，即 $S_P'=2\pi R_P^2+2\pi R_P h_P$，而在观测样品稳态传热时，下铜盘 P 的上表面是被样品盘 B 覆盖的，即散热面积 $S_P=\pi R_P^2+2\pi R_P h_P$($R_P$ 为下铜盘半径，h_P 为其厚度)。考虑到物体的散热率与散热面积成正比，有

$$\left.\frac{\Delta Q_P}{\Delta t}\right|_{T=T_2}=\left.\frac{\Delta Q_P'}{\Delta t}\right|_{T=T_2}\cdot\frac{S_P}{S_P'}=mc\frac{\Delta T}{\Delta t}\cdot\frac{\pi R_P^2+2\pi R_P h_P}{2\pi R_P^2+2\pi R_P h_P} \tag{4-58}$$

又由式(4-55)、(4-56)整理可得

$$\lambda = mc\frac{\Delta T}{\Delta t}\cdot\frac{(R_P+2h_p)}{(2R_P+2h_p)}\cdot\frac{h_B}{(T_1-T_2)}\cdot\frac{1}{\pi R_B^2} \tag{4-59}$$

【实验内容】

1. 取下固定螺丝，将样品放在加热盘与散热盘中间，样品要求与加热盘、散热盘完全对准，调节散热盘底下的三个微调螺丝，使样品与加热盘、散热盘接触良好，但注意不宜过紧或过松。

2. 插好加热盘的电源插头；再将两根连接线的一端与机壳相连，另一有传感器端插在加热盘和散热盘小孔中，要求传感器完全插入小孔中，并在传感器上抹一些导热硅脂，以确保传感器与加热盘和散热盘接触良好。在安放加热盘和散热盘时，还应注意使放置传感器的小孔上下对齐。（注意：加热盘和散热盘两个传感器要一一对应，不可互换。）

3. 设定加热器控制温度：按升温键，左边表显示由 B00.0 可上升到 B80.0。一般设定 75～80 ℃较为适宜。根据室温选择后，再按确定键，显示变为 A××.×之值，即表示加热盘此刻的温度值，加热指示灯闪亮，打开电扇开关，仪器开始加热。

4. 加热盘的温度上升到设定温度值时，开始记录散热盘的温度，可每隔 1 min 记录一次，待在 10 min 或更长的时间内加热盘和散热盘的温度值基本不变，可以认为已经达到稳定状态了。

5. 按复位键停止加热，取走样品，调节三个螺栓使加热盘和散热盘接触良好，再设定温度到 80 ℃，加快散热盘的温度上升，使散热盘温度上升到高于稳态时的温度（T_2）20 ℃左右即可。

6. 移去加热盘，让散热圆盘在风扇作用下冷却，每隔 10 s（或者稍长时间，如 20 s 或者 30 s）记录一次散热盘的温度示值，由临近 T_2 值的温度数据中计算冷却速率$\frac{\Delta T}{\Delta t}$。

7. 根据测量得到的稳态时的温度值 T_1 和 T_2，以及在温度 T_2 时的冷却速率，由公式(4-59)计算不良导体样品的导热系数。

【注意事项】

1. 为了准确测定加热盘和散热盘的温度，实验中应该在两个传感器上涂些导热硅脂或者硅油，以使传感器和加热盘、散热盘充分接触；另外，加热样品的时候，为达到稳定的传热，调节底部的三个微调螺丝，使样品与加热盘、散热盘紧密接触，注意不要中间有空气隙；也不要将螺丝旋太紧，以免影响样品的厚度。

2. 在测散热率移去样品盘 B 之前，应先断电，同时不能用手触摸上、下铜盘，以免烫伤。

3. 导热系数测定仪铜盘下方的风扇做强迫对流换热用，减小样品侧面与底面的放热比，增加样品内部的温度梯度，从而减小实验误差，所以实验过程中，风扇一定要打开。

【思考题】

1. $\frac{\Delta Q_B}{\Delta t}$ 与 $\frac{\Delta Q_P}{\Delta t}$ 的意义是什么？什么情况下两者相等？什么是 $\left.\frac{\Delta Q_B}{\Delta t}\right|_{T=T_1}$ 与 $\left.\frac{\Delta Q_P}{\Delta t}\right|_{T=T_2}$？

2. $\frac{\Delta Q'_P}{\Delta t}$ 的意义是什么？$\left.\frac{\Delta Q'_P}{\Delta t}\right|_{T=T_2}$ 的意义是什么？$\left.\frac{\Delta Q_P}{\Delta t}\right|_{T=T_2}$ 与 $\left.\frac{\Delta Q'_P}{\Delta t}\right|_{T=T_2}$ 的关系是什么？

实验 4.7　用冷却法测金属的比热容

根据牛顿冷却定律用冷却法测定金属或液体的比热容是量热学中常用的方法之一。若已知标准样品在不同温度的比热容，通过作冷却曲线可测得各种金属在不同温度时的比热容。本实验以铜样品为标准样品，而测定铁、铝样品在 100 ℃时的比热容。通过实验了解金属的冷却速率和它与环境之间温差的关系，以及进行测量的实验条件。热电偶数字显示测温技术是当前生产实际中常用的测试方法，它比一般的温度计测温方法有着测量范围广、计值精度高、可以自动补偿热电偶的非线性因素等优点；另外，它的电量数字化还可以对工业生产自动化中的温度量直接起着监控作用。

【实验目的】

1. 掌握用冷却法测量金属的比热容。
2. 了解热电偶测温仪器的测温原理，并掌握使用方法。
3. 熟练掌握物理天平的使用。

【实验仪器】

本实验装置由加热仪和测试仪组成，如图 4-26 所示。

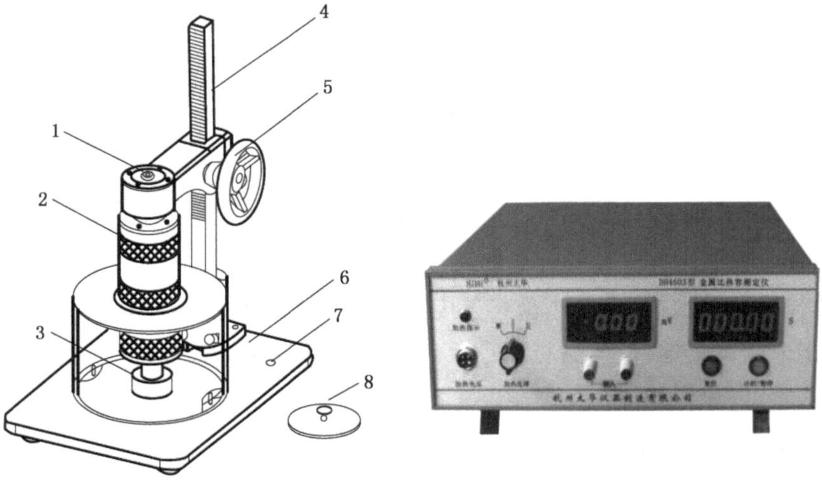

1—加热插座；2—防尘罩；3—底座；4—立柱；5—手轮；6—底板；7—热电偶插座；8—隔热盖

图 4-26　金属比热容测量仪示意图

加热仪的加热装置可通过调节手轮自由升降。被测样品安放在有较大容量的防风圆筒即样品室内的底座上，测温热电偶放置于被测样品内的小孔中。当加热装置向下移动到底后，对被测样品进行加热；样品需要降温时则将加热装置移上。仪器内设有自动控制限温装置，防止因长期不切断加热电源而引起温度不断升高。

测量试样温度采用常用的铜-康铜做成的热电偶（其热电势约为 0.041 0 mV/℃），将热电偶的冷端置于冰水混合物中，带有测量扁叉的一端接到测试仪的“输入”端。实验测试仪由高灵敏、高精度、低漂移的放大器放大加上满量程为 20 mV 的三位半数字电压表组成。这样当冷端为冰点时，由数字电压表显示的毫伏数查表即可换算成对应待测温度值。

【实验原理】

单位质量的物质，其温度升高 1 K(或 1 ℃)所需的热量称为该物质的比热容，其值随温度而变化。将质量为 M_1 的金属样品加热后，放到较低温度的介质(例如室温的空气)中，样品将会逐渐冷却。其单位时间的热量损失 $\Delta Q/\Delta t$ 与温度下降的速率成正比，于是得到下述关系式

$$\frac{\Delta Q}{\Delta t}=c_1 M_1 \frac{\Delta\theta}{\Delta t_1} \tag{4-60}$$

式中，c_1 为该金属样品在温度 θ_1 时的比热容；$\Delta\theta_1/\Delta t_1$ 为金属样品在 θ_1 的温度下降速率。

根据冷却定律有

$$\frac{\Delta Q}{\Delta t}=\alpha_1 S_1(\theta_1-\theta_0)^m \tag{4-61}$$

式中，α_1 为热交换系数；S_1 为该样品外表面的面积；m 为常数；θ_1 为金属样品的温度；θ_0 为周围介质的温度。

由式(4-60)和式(4-61)，可得

$$c_1 M_1=\frac{\Delta\theta_1}{\Delta t_1}=\alpha_1 S_1(\theta_1-\theta_0)^m \tag{4-62}$$

同理，对质量为 M_2，比热容为 c_2 的另一种金属样品，可有同样的表达式：

$$c_2 M_2=\frac{\Delta\theta_1}{\Delta t_2}=\alpha_2 S_2(\theta_1-\theta_0)^m \tag{4-63}$$

由式(4-62)和式(4-63)，可得

$$\frac{c_1 M_1=\dfrac{\Delta\theta_1}{\Delta t_1}}{c_2 M_2=\dfrac{\Delta\theta_1}{\Delta t_2}}=\frac{\alpha_2 S_2(\theta_1-\theta_0)^m}{\alpha_1 S_1(\theta_1-\theta_0)^m} \tag{4-64}$$

所以

$$c_2=c_1\frac{M_1\dfrac{\Delta\theta_1}{\Delta t_1}\alpha_2 S_2(\theta_1-\theta_0)^m}{M_2\dfrac{\Delta\theta_1}{\Delta t_2}\alpha_1 S_1(\theta_1-\theta_0)^m} \tag{4-65}$$

假设两样品的形状尺寸都相同(例如细小的圆柱体)，即 $S_1=S_2$；两样品的表面状况也相同(如涂层、色泽等)，而周围介质(空气)的性质当然也不变，则有 $\alpha_1=\alpha_2$。于是当周围介质温度不变(即室温 θ_0 恒定)，两样品又处于相同温度 $\theta_1=\theta_2=\theta$ 时，上式可以简化为

$$c_2=c_1\frac{M_1\left(\dfrac{\Delta\theta}{\Delta t}\right)_1}{M_2\left(\dfrac{\Delta\theta}{\Delta t}\right)_2} \tag{4-66}$$

如果已知标准金属样品的比热容 c_1、质量 M_1；待测样品的质量 M_2 及两样品在温度 θ 时冷却速率之比，就可以求出待测的金属材料的比热容 c_2。几种金属材料的比热容见表 4-12。

表 4-12　几种金属材料的比热容　　单位：cal/(g·℃)

比热容 温度	c_{Fe}	c_{Al}	c_{Cu}
100 ℃	0.110	0.230	0.094 0

【实验内容】

开机前先连接好加热仪和测试仪，共有加热四芯线和热电偶线两组线。在保温性良好的杯中加入适量冰块和水，将热电偶冷端导线插入杯中，以保证冷端在实验过程中始终处于 0 ℃。

1. 选取长度、直径、表面光洁度尽可能相同的三种金属样品（铜、铁、铝），用物理天平或电子天平称出它们的质量 M_0。再根据 $M_{Cu}>M_{Fe}>M_{Al}$ 这一特点，把它们区别开来。

2. 使热电偶端的铜导线与数字表的正端相连；冷端铜导线与数字表的负端相连。当样品加热到 140 ℃（此时热电势显示约为 6.1 mV）时，切断电源移去加热源，样品继续安放在与外界基本隔绝的有机玻璃圆筒内自然冷却（筒口须盖上盖子），记录样品的冷却速率 $\left(\dfrac{\Delta\theta}{\Delta t}\right)_{\theta=100\ ℃}$。具体做法是记录数字电压表上示值约从 $E_1=4.20$ mV 降到 $E_2=4.00$ mV 所需的时间 Δt（因为数字电压表上的值显示数字是跳跃性的，所以 E_1、E_2 只能取附近的值），从而计算 $\left(\dfrac{\Delta E}{\Delta t}\right)_{E=4.00\ \text{mV}}$。按铁、铜、铝的次序，分别测量其温度下降速率，每一样品应重复测量 6 次。因为热电偶的热电动势与温度的关系在同一小温差范围内可以看成线性关系，即 $\dfrac{\left(\dfrac{\Delta\theta}{\Delta t}\right)_1}{\left(\dfrac{\Delta\theta}{\Delta t}\right)_2}=\dfrac{\left(\dfrac{\Delta E}{\Delta t}\right)_1}{\left(\dfrac{\Delta E}{\Delta t}\right)_2}$，式(4-66)可以简化为

$$c_2=c_1\frac{M_1(\Delta t)_2}{M_2(\Delta t)_1} \tag{4-67}$$

3. 仪器的加热指示灯亮，表示正在加热；如果连接线未连好或加热温度过高（超过 200 ℃）导致自动保护时，指示灯不亮。升到指定温度后，应切断加热电源。

4. 注意：测量降温时间时，按“计时”或“暂停”按钮应迅速、准确，以减小人为计时误差。

5. 加热装置向下移动时，动作要慢，应注意要使被测样品垂直放置，以使加热装置能完全套入被测样品。

【数据处理与分析】

样品质量：$M_{cu}=$　　　g；　$M_{Fe}=$　　　g；　$M_{Al}=$　　　g。

热电偶冷端温度：　　　℃

表 4-13 样品由 4.20 mV 下降到 4.00 mV 所需时间

主要仪器： 精度： 实验台号：

次数 / Δt_i/s / 样品	1	2	3	4	5	6	平均值 Δt
Fe							
Cu							
Al							

以铜为标准：$c_1 = c_{Cu} = 0.094\ 0$ cal/(g·℃)

铁：$c_2 = c_1 \dfrac{M_1(\Delta t)_2}{M_2(\Delta t)_1} =$ cal/(g·℃)

铝：$c_3 = c_1 \dfrac{M_1(\Delta t)_3}{M_3(\Delta t)_1} =$ cal/(g·℃)

利用误差传递公式，计算标准偏差，写出结果表达式，并将计算结果与理论值进行比较。

【思考题】

1. 为什么实验应该在防风筒(即样品室)中进行？

2. 测量三种金属的冷却速率，并在图纸上绘出冷却曲线，如何求出它们在同一温度点的冷却速率？

【附录】铜-康铜热电偶分度表

表 4-14 铜-康铜热电偶分度表

温度/℃	热电势/mV									
	0	1	2	3	4	5	6	7	8	9
−10	−0.383	−0.421	−0.458	−0.496	−0.534	−0.571	−0.608	−0.646	−0.683	−0.720
−0	0.000	−0.039	−0.077	−0.116	−0.154	−0.193	−0.231	−0.269	−0.307	−0.345
0	0.000	0.039	0.078	0.117	0.156	0.195	0.234	0.273	0.312	0.351
10	0.391	0.430	0.470	0.510	0.549	0.589	0.629	0.669	0.709	0.749
20	0.789	0.830	0.870	0.911	0.951	0.992	1.032	1.073	1.114	1.155
30	1.196	1.237	1.279	1.320	1.361	1.403	1.444	1.486	1.528	1.569
40	1.611	1.653	1.695	1.738	1.780	1.882	1.865	1.907	1.950	1.992
50	2.035	2.078	2.121	2.164	2.207	2.250	2.294	2.337	2.380	2.424
60	2.467	2.511	2.555	2.599	2.643	2.687	2.731	2.775	2.819	2.864
70	2.908	2.953	2.997	3.042	3.087	3.131	3.176	3.221	3.266	3.312
80	3.357	3.402	3.447	3.493	3.538	3.584	3.630	3.676	3.721	3.767
90	3.813	3.859	3.906	3.952	3.998	4.044	4.091	4.137	4.184	4.231
100	4.277	4.324	4.371	4.418	4.465	4.512	4.559	4.607	4.654	4.701

（续表）

温度/℃	热电势/mV									
	0	1	2	3	4	5	6	7	8	9
110	4.749	4.796	4.844	4.891	4.939	4.987	5.035	5.083	5.131	5.179
120	5.227	5.275	5.324	5.372	5.420	5.469	5.517	5.566	5.615	5.663
130	5.712	5.761	5.810	5.859	5.908	5.957	6.007	6.056	6.105	6.155
140	6.204	6.254	6.303	6.353	6.403	6.452	6.502	6.552	6.602	6.652
150	6.702	6.753	6.803	6.853	6.903	6.954	7.004	7.055	7.106	7.156
160	7.207	7.258	7.309	7.360	7.411	7.462	7.513	7.564	7.615	7.666
170	7.718	7.769	7.821	7.872	7.924	7.975	8.027	8.079	8.131	8.183
180	8.235	8.287	8.339	8.391	8.443	8.495	8.548	8.600	8.652	8.705
190	8.757	8.810	8.863	8.915	8.968	9.024	9.074	9.127	9.180	9.233
200	9.286									

注：不同的热电偶的输出会有一定的偏差，所以以上表格的数据仅供参考。

【拓展阅读】

比热容是衡量材料热物理性能的重要参数，它反映了单位质量的材料在温度变化时吸收或释放热量的能力。比热容的测定在工程制造领域有广泛的应用，比如，对于建筑材料来说，比热容的测量就尤为重要，通过比热容测试，可以更准确地计算出建筑材料在特定条件下的温度变化，这对于热工计算和建筑节能设计具有很大的意义。例如，在夏季，我们可以通过选择比热容较小的材料来减少建筑物吸收的热量，从而降低空调负荷；相反，在冬季，我们可以选择比热容较大的材料来增加建筑物吸收的热量，从而提高室内温度。测量比热容在现代建筑中的作用是多方面的，它不仅可以预测和优化建筑的热性能，还可以指导节能设计和火灾预防，甚至可以用来评估建筑材料的质量。

国家自然科学基金项目“用热分析法测量高中子通量密度的方法研究”（项目编号：11775310）利用比热容法将含有中子吸收剂硼-10 的样品放置在微型中子源反应堆内按照不同时间段进行辐照，由热分析仪器测量各时间段辐照后样品的比热容变化，建立了辐照积分通量和比热容改变量的关系，从而解决了高中子通量密度测量的难题。所使用的热分析法相比于传统的活化箔测量方法具有测量范围广、不受探测器衰变的限制、可反复多次测量等优点，可以很好地解决高中子通量密度难以测量的问题。

燕山大学材料科学与工程学院田永君院士团队通过人工合成的方式获得了硬度超过金刚石两倍的纳米孪晶结构金刚石，其成功的重要基础就是从热力学的角度认识材料形成的基本规律并据此指导材料的设计与制备。在材料热力学研究过程中，一个重要的方法就是研究材料比热容。通过测量材料的比热容，可以得到材料的热力学性质，如材料与材料间的吉布斯自由能、熵和焓等参数，对材料科学的研究有重要意义。

实验 4.8 小型制冷装置制冷功率和制冷效率的测量

小型制冷装置通常指家用电冰箱、冷藏箱以及小型空调器等。利用半导体热电效应制冷的装置,因其制冷功率一般较小,也可看作是小型制冷装置。由于小型制冷装置与人们的日常生活及工作密切相关,已经形成需求量很大的产业。从节能的角度看,小型制冷装置制冷功率和效率的测量,对其制冷性能的检测及改进无疑是至关重要的。而从各国为执行《蒙特利尔议定书》而努力探索新的制冷原理及寻求新的制冷剂这一发展趋势看,各种新型制冷循环的设计与制冷剂的开发,最终都离不开对不同条件下制冷机制冷功率及制冷效率的检测。

【实验目的】

1. 利用加热补偿法测量不同温度下小型制冷机模拟系统的制冷功率。

2. 通过对制冷系统压缩机排气口和回气口温度及压力的测量估测制冷效率。

3. 通过以上测量学习和掌握对不同制冷剂及不同灌注量的制冷剂对制冷功率与效率的影响进行研究的原理与方法。

【实验仪器】

图 4-27 表示实验的制冷装置和测量示意图。

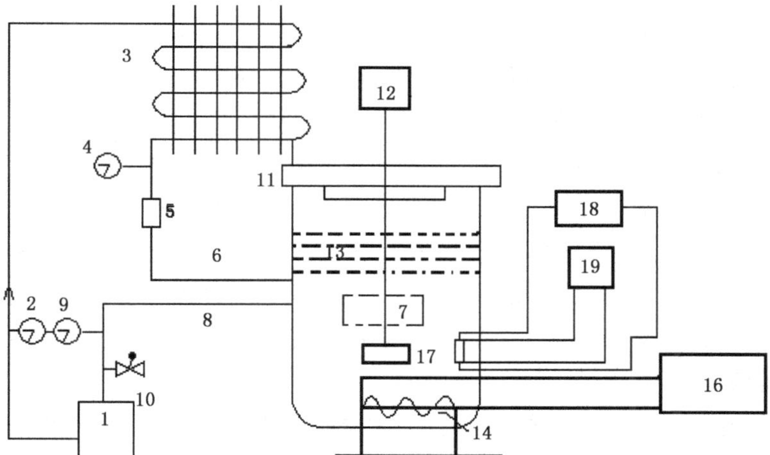

1—压缩机;2—排气压力表;3—冷凝器末端压力表;4—冷凝器末端压力表;5—过滤器;6—毛细管;7—蒸发器;8—进气管;9—进气压力表;10—抽空灌液阀;11—真空保温杯;12—电动搅拌器;13—乙二醇水溶液;14—加热器;15—数字电压表;16—大功率直流稳流电源;17—铂电阻传感器;18—恒流电源;19—数字电压表

图 4-27 制冷装置和测量示意图

其中压缩机、冷凝器、过滤器、毛细管和进气管直接采用电冰箱的部件。这里的毛细管起着节流阀的作用,它的最后一段与压缩机的进气管组合成热交换器,使毛细管中即将流入蒸发器的液态制冷剂被进气管中的低温气态制冷剂进一步冷却,以达到提高制冷效率的目的。过滤器内填充了干燥的分子筛颗粒,用以吸附制冷机内可能存在的水分,避免在毛细管内或出口处出现冰堵现象。蒸发器用直径 6.0 mm、壁厚 0.5 mm 的紫铜管模拟电冰箱蒸发器管道的参数制成直径约 60 mm 的盘管，放入绝热良好的真空杯内。真空杯内充灌适量的乙二醇、乙醇与水的三元溶液，以浸没蒸发器为宜。搅拌器是为了使乙二醇、乙醇与水的三元溶液在蒸发器内制冷液的吸热和加热器的放热之间迅速达到均匀的温度而设。压缩机的排气口、进气口以及冷凝器末端分别接有压力表以测量各相关点的压力。另外，三支铜-康铜热电偶分别接至排气口、进气口以及冷凝器末端测量这三点的温度。电加热器及其测量回路是为了产生焦耳热并通过电功率换算成单位时间馈送的热量，当此热量与制冷量相等时，杜瓦瓶内溶液维持温度不变。若电加热量大于制冷量，杜瓦瓶内升温，反之降温。监视和检测温度升降情况由插入真空杯内的铂电阻温度传感器及与之相连的测量电路完成。制冷机内充灌约 80 g 左右 R-12(视具体情况作适当调整)，它是目前电冰箱尚在使用的制冷剂，为无色无味透明的液体或气体，常温下无毒，高温下火焰呈蓝色并分解成有毒气体。

【实验原理】

1. 热力学第二定律

在自然界中，热量是可以互相传递的。把两个温度不同的物体放在一起，原来温度高的物体，温度将逐渐下降，而原来温度低的物体，温度将逐渐升高，最终两物体的温度趋于相等。这就是说，热量能从温度较高的物体传给温度较低的物体，但是不能自发地由低温物体流向高温物体而不引起其他变化，这即是热力学第二定律的克劳修斯说法。这里我们只是说热量不能自发地反向流动，也就是说，要使热量能从低温物体流向高温物体必须要对环境留下某些不能消除的影响，外界对系统做功。例如利用一台水泵可以把水从低处提升到高处。对于热量，道理也类似于水，消耗一定的能量，通过某种逆向热力学循环，就能使热量从低温的物体流向高温物体(见图 4-28)。随着对这种循环的应用目的不同，可以把这样的过程称为热泵或制冷。如果是对系统热端的利用，就称之为热泵；反之对系统冷端进行利用，称之为制冷。

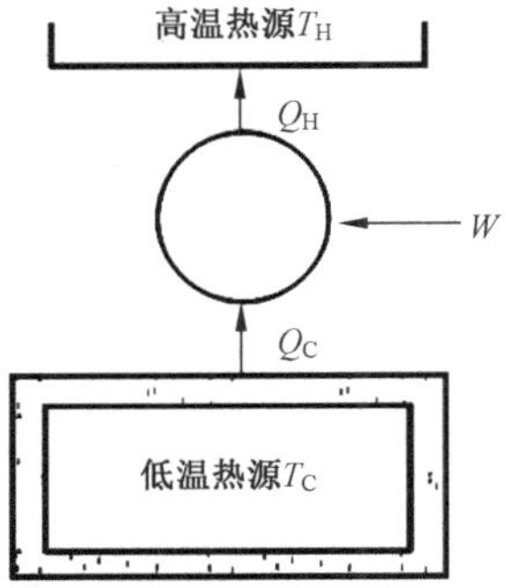

图 4-28　逆向热力学循环

2. 制冷原理

制冷的方法很多，常见的有液体汽化制冷、气体膨胀制冷、涡流管制冷和热电制冷等。其中液体汽化制冷的应用最为广泛，它是利用液体汽化时的吸热效应实现制冷的。蒸汽压缩式、吸收式、蒸汽喷射式和吸附式制冷都属于液体汽化制冷。其制冷循环的共同点是都由制冷剂汽化、蒸汽升压、高压蒸汽液化和高压液体降压四个过程组成。

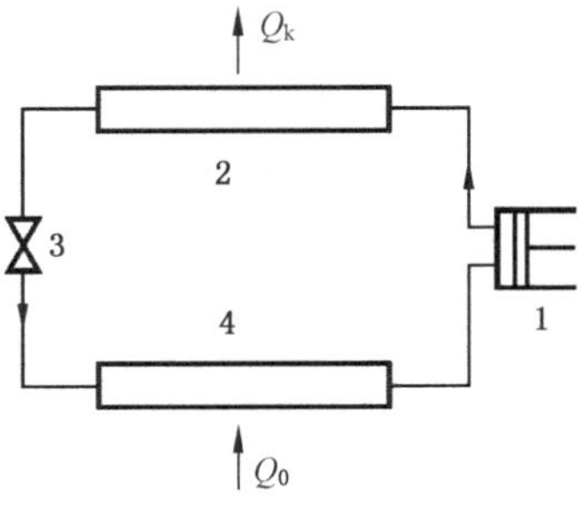

1—压缩机；2—冷凝器；
3—膨胀阀；4—蒸发器

图 4-29　单级蒸汽压缩式制冷

图 4-29 为单级蒸汽式压缩制冷系统。它由压缩机、冷凝器、膨胀阀和蒸发器组成。目前市售的电冰箱、空调器等小型制冷机大多采用这种制冷模式。其工作原理如下：制冷剂在压力 p_0、温度 t_0 下沸腾，t_0 低于被冷却物体的温度。压缩机不断地抽吸蒸发器中的制冷剂蒸汽，并将它压缩至冷凝压力 p_k，然后送往冷凝器，在压力 p_k 下等压冷凝成液体，制冷剂冷凝时放出热量 Q_k 传给冷却介质，与冷凝压力

p_k 相对应的冷凝温度 t_k 一定要高于冷却介质的温度，冷凝后的液体通过膨胀阀或节流元件进入蒸发器。当制冷剂通过膨胀阀时，压力从 p_k 降到 p_0，部分液体汽化，剩余液体的温度降至 t_0，于是离开膨胀阀的制冷剂变成温度为 t_0 的汽液两相混合物。混合物中的液体在蒸发器中蒸发，从被冷却的物体中吸取它所需要的蒸发热。混合物中的蒸汽通常称为闪发蒸汽，在它被压缩机重新吸入之前几乎不再起吸热作用。

3. 制冷功率

制冷功率 Q_τ 表示单位时间内制冷剂通过蒸发器吸收的被冷却物体的热量。为准确测量一定温度下的制冷功率，可以采用热补偿的原理。即利用电加热器馈送热量至被冷却物体，使得被冷却物体单位时间内从电加热器获得的热量 Q_τ 正好等于制冷剂吸收的热量 Q_C，在排除其他各种漏热途径的情况下，当被冷却物体维持温度不变时，$Q_\tau=Q_C$。Q_τ 为流过加热器的电流与加热器两端电压降的乘积。

4. 制冷系数

制冷机的制冷系数定义为

$$\varepsilon=\frac{Q_C}{W} \tag{4-68}$$

式中，W 为制冷机消耗的机械功；Q_C 为从被冷却物体吸收的热量。

制冷系数是衡量制冷循环经济性的指标。制冷系数愈大，循环愈经济。

如果把制冷机视作逆向的卡诺循环热机，并用 ε_C 表示其制冷系数，T_H 为冷凝器温度；T_C 为蒸发器升温至 -18 ℃和 -10 ℃附近并使温度保持不变时蒸发器所显示的温度，则

$$\varepsilon_C=\frac{T_C}{T_H-T_C}=\frac{1}{(T_H/T_C)-1} \tag{4-69}$$

该式表明，只要 T_H/T_C 的值小于 2，ε_C 即大于 1 而且随着 T_C 接近 T_H，ε_C 的数值迅速上升。实际制冷机的制冷系数 ε 低于 ε_C，但它们随 T_H、T_C 变化的趋势有一定的类似性。

【实验内容】

1. 制冷机蒸发室温度-时间响应特性。

(1) 检查仪器，将实验仪上加热功率调节旋钮按逆时针旋至最小。

(2) 接通实验仪电源(注意：电源开关及压缩机开关 ON 的方向为关闭!)，记录蒸发器内温度值同时观察并记录压缩机排气口、进气口及冷凝器末端的压力。(压力表的读数为相对于大气压的值。)

(3) 打开压缩机开关，压缩机启动。

(4) 观察并记录蒸发器温度下降情况，按分钟记录直至 -30 ℃附近，并作温度与时间响应特性曲线。

2. 蒸发室处于不同温度(-18 ℃和 -10 ℃)时，测量制冷机的实际制冷系数 ε 和 ε_C。

调节加热器输出功率，每次调节间隔 5 min 以上，使蒸发器分别升温至 -18 ℃和 -10 ℃附近，微调输出功率使加热功率和制冷量相当，温度保持不变，记录相应温度下的加热功率 W_{C1}、W_{C2}，以及压缩机功率 P。

利用式(4-68)和式(4-69)分别计算上述两温度点的实际制冷系数 ε 和 ε_C。

【注意事项】

1. 压缩机停机后不宜立即再启动，因为排气口端制冷剂短时间内仍处于高压状态，对电机的启动有较大阻力，容易造成压缩机或保护电路故障。通常停机后 5 min 内不要启动，以免启动电流太大。

2. 经常观察搅拌电机是否正常工作。

3. 测量制冷功率时，一定要使混合液的温度充分稳定以后再记录数据，这是测量准确可靠的关键。

4. 试验机内的热电偶很细，不要用手牵拉，以免损坏。

实验 4.9　声速测量

声波是在弹性介质中传播的机械波，它能在气体、液体和固体中传播。但在各种媒质中传播速度是不同的。由于其振动方向与传播方向一致，故声波是纵波。频率低于 20 Hz～20 kHz 的声波为可闻声波，频率低于 20 Hz 的称为次声波，频率高于 20 kHz 称为超声波，在同一媒质中，超声波的传播速度等于声波的传播速度，而超声波具有波长短、易于定向发射和会聚等优点，因此在超声波段进行声速的测量比较方便。声波特性的测量是声学技术中的重要内容，特别是声速的测量，在定位、探伤、测距等应用中都具有重要的意义。

声速实验所采用的声波频率一般都在 20～60 kHz 之间。在此频率范围内，采用压电陶瓷换能器作为声波的发射器、接收器效果最佳。本实验主要介绍了两种测量超声波在空气中传播速度的方法。

【实验目的】

1. 进一步熟悉示波器及信号发生器的调整与使用。

2. 通过实验了解压电陶瓷超声换能器的功能。

3. 掌握用驻波法和相位比较法测量超声波在空气中的传播速度。

【实验仪器】

声速测量仪、示波器、信号发生器、温度计。

【实验原理】

声波是一种在弹性媒质中运动的机械纵波，其波长 λ、波速 v 及频率 f 之间的关系为

$$v=\lambda \cdot f \tag{4-70}$$

根据公式(4-70)，测出频率 f 和波长 λ，就可算出声速 v。声波的频率 f 与电信号频率相等，可由信号发生器直接读出，波长 λ 通常采用驻波法和相位比较法测量。

1. 驻波法测声速

实验装置如图 4-30 所示，图中 S_1 和 S_2 为压电陶瓷换能器，S_1 作为声波发射器，信号源输出的正弦电压信号接到 S_1 上，使 S_1 发出声波；S_2 为接收器，把接收到的声压转变成电信号后输入示波器观察。两者之间的距离为 L。S_1 受低频信号发生器输出的电信号激励后，因逆压电效应产生同频率的受迫振动使周围空气分子振动，即发出定向平面声波。

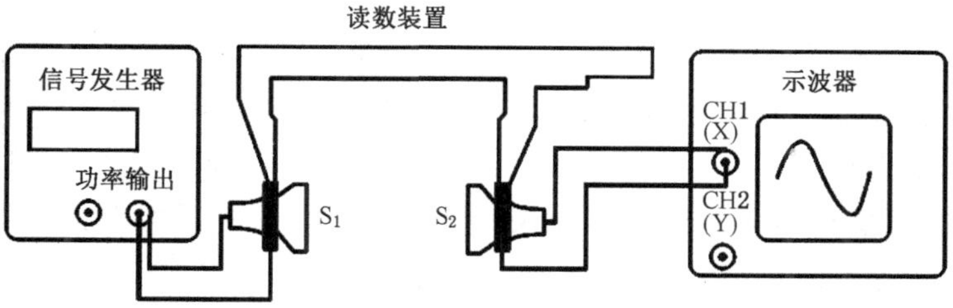

图 4-30 驻波法测量声速实验连线示意图

声波传至 S_2 的接收面上时，将被 S_2 垂直反射回去，根据波的干涉理论可知，这两列波将发生干涉，形成驻波。驻波相邻两个波峰(或波节)之间的距离为半个波长。在测量过程中，保持声源频率不变，在改变接收器 S_2 的位置即改变 L 时，在一系列特定的位置上，接收面 S_2 接收到的声压达到极大值(或极小值)，相邻两极大值(或极小值)之间的距离为半波长，此时在示波器屏上所显示的波形幅值发生周期性变化，即由一个极大值变到极小，再变到极大，而幅值每一次周期性变化，就相当于 L 改变了半个波长。若 S_2 从第 n 个极大值位置到第 $n+1$ 个极大值位置移动的距离为 ΔL，则 $\Delta L=(n+1)\dfrac{\lambda}{2}-n\dfrac{\lambda}{2}=\dfrac{\lambda}{2}$，即 $\lambda=2\Delta L$，从而

$$v=2f\Delta L \tag{4-71}$$

由于声波在传播过程中有能量损失，因而随着接收端面 S_2 逐渐远离发射面 S_1，所接收到的信号不断衰减，波的振幅也逐渐衰减，如图 4-31 所示。

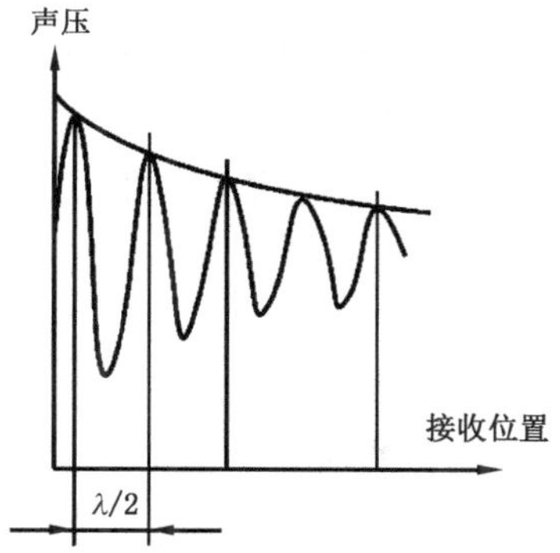

图 4-31 声压与接收器位置关系

2. 相位法测声速

实验装置如图 4-32 所示，由声源发出的具有固定频率的声波在空间形成一个声场，声场中任意一点的振动相位与声源振动相位之差为

$$\Delta\varphi=\omega t=2\pi f\frac{L}{v}=2\pi\frac{L}{\lambda} \tag{4-72}$$

式中，f 为频率；L 为该点至声源的距离；v 为声速；λ 为波长。

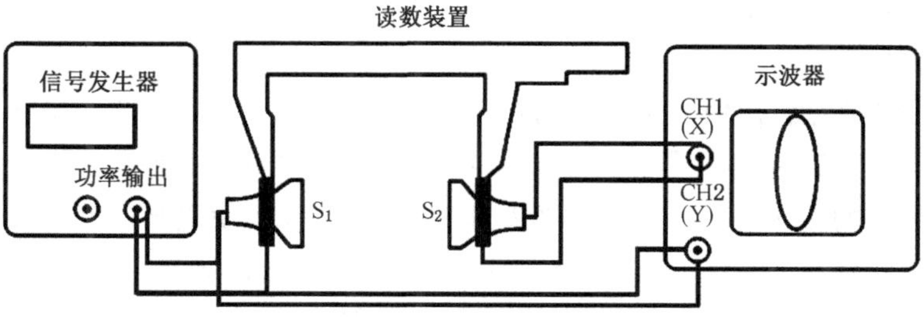

图 4-32 相位法测量声速实验连线示意图

若在距声源为 L_1 处的某点振动与声源反相，即 $\Delta\varphi=(2k-1)\pi$(k 为正整数)，与之相邻

的同相点，距声源为 L_2 的相差为 $\Delta\varphi=2k\pi$，则有 $2\pi\dfrac{L_2}{\lambda}-2\pi\dfrac{L_1}{\lambda}=\pi$，即 $L_2-L_1=\dfrac{\lambda}{2}$。通过观察相位 $\Delta\varphi$ 的变化，便可测出波长 λ。$\Delta\varphi$ 的测定可用示波器观察李萨如图形的方法来进行。将发射器和接收器的信号分别输入示波器的 x 轴和 y 轴，通过观察如图 4-33 所示的李萨如图形（两个相互垂直的简谐振动的合成所得），在同相位和反相各点看到的则是直线。由于直线位置比较容易确定，我们可探测出一系列与声源反相或同相的点，由此可求得 λ。

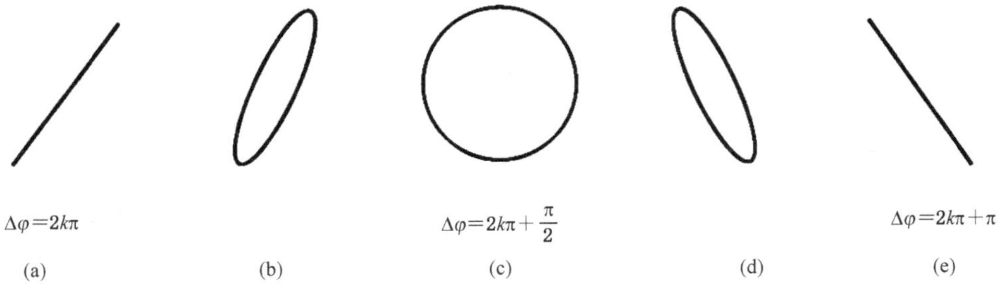

图 4-33　同频率垂直振动合成的李萨如图形

3. 声速的理论值

声波在理想气体中的传播，可以认为是绝热过程。因此传播速度可以表示为

$$v=\sqrt{\frac{\gamma RT}{\mu}} \tag{4-73}$$

式中，R 为气体普适常数（$R=8.314\ \mathrm{J/(mol\cdot K)}$）；$\gamma$ 为比热容之比（气体定压比热容与定容比热容之比）；μ 为气体的摩尔质量；T 为气体的开氏温度。

考虑到开氏温度与摄氏温度的换算关系 $T=T_0+t$，则有

$$v=\sqrt{\frac{\gamma RT}{\mu}}=\sqrt{\frac{\gamma R(T_0+t)}{\mu}}=\sqrt{\frac{\gamma RT_0\left(1+\frac{t}{T_0}\right)}{\mu}}=v_0\sqrt{1+\frac{t}{T_0}}$$

在标准大气压下，$t=0$ ℃时的声速 $v_0=331.45$ m/s，则式(4-73)可化为

$$v=331.45\sqrt{1+\frac{t}{T_0}} \tag{4-74}$$

【实验内容】

1. 用驻波法测量声速

(1) 调整仪器工作状态

按图 4-30 接好线路，声波发射器 S_1 接入信号发生器功率输出，接收器 S_2 接入示波器，调节 S_1 和 S_2 之间距离达到适当值。打开信号源电源，输出波形选择正弦波，调节示波器，使屏幕上出现稳定的正弦波。调节信号发生器的输出频率 f 使之与声速测量仪中声波发射器所固有的谐振频率 f_0 相等（f_0 的参考值由实验室给出），微调信号发生器输出信号频率，直至信号幅值达到极大，记录此时信号发生器的输出频率值 f。

(2) 驻波法测声速

保持信号发生器输出频率不变，转动鼓轮，逐渐增大（或减小）S_1、S_2 两端面间的距离，观察示波器上信号幅度的变化，相继记录示波器上信号幅值为极大值时的位置 l_i（$i=1,2,\cdots,$

12)，此过程中鼓轮转动方向应保持不变，以避免回程误差。

(3) 用逐差法处理数据，求出波长 λ，进一步求出 v，写出实验结果表达式。

2. 相位法测声速

(1) 调整仪器工作状态

按图 4-32 接好线路，S_1、S_2 分别接入示波器的两个通道，适当调节 S_1 和 S_2 之间距离，调节示波器为"X-Y"模式，使屏幕上出现稳定的、大小适中的李萨如图形。

(2) 相位法测声速

转动鼓轮，逐渐增大 S_1、S_2 两端面间的距离，使示波器屏幕上相继出现"/"，"\"……即出现一系列同相和反相点，连续记录出现上述图形时的位置 $l_i(i=1,2,\cdots,12)$。同样，此过程中鼓轮转动的方向也应当保持不变，避免回程误差。

(3) 用逐差法处理数据，求出波长 λ，进一步求出 v，并写出实验结果表达式。

3. 计算声速理论值

记录实验时温度，根据公式(4-74)计算声速理论值 $v_{理}$，并与上述两种方法所得测量值 v 比较，求出相对误差。

【注意事项】

1. 各仪器使用前应先仔细阅读使用操作规程，严格按操作规程进行实验。
2. 声速测量仪两端面要平行正对。

【思考题】

1. 在本实验中驻波是怎样形成的？
2. 为什么要在系统共振状态下测定声波波长？
3. 本实验产生误差的主要原因是什么？

【附录】仪器简介

声速测量仪装置主要是由压电陶瓷超声换能器和读数装置组成。压电陶瓷超声换能器是在压电陶瓷片的前后两表面胶粘上两种金属组成的夹心型振子。头部用轻金属做成喇叭状，尾部用重金属做成锥形，中部为压电陶瓷圆环，环中间通过螺钉固定。其结构如图 4-34 所示。

当在它的两个电极上接以单一频率的正弦电压信号时，压电片将产生同频率的机械伸缩，从而形成单一频率的声振动源。振动物体都有自身的固有频率，它取决于振动体材料的性质和几何尺寸。当加于压电片的信号频率等于压电片的固有频率 f_{θ} 时，就会产生机械共振。共振时振幅将达到最大值，此时发射的声波也就最强，因此，在使用时应将电信号的频率调到该压电片的谐振频率处。两只超声压电换能器的位置分别与读数装置的主尺和游标相对固定，所以两只超声压电换能器相对位置距离变化量可由读数装置直接读出。

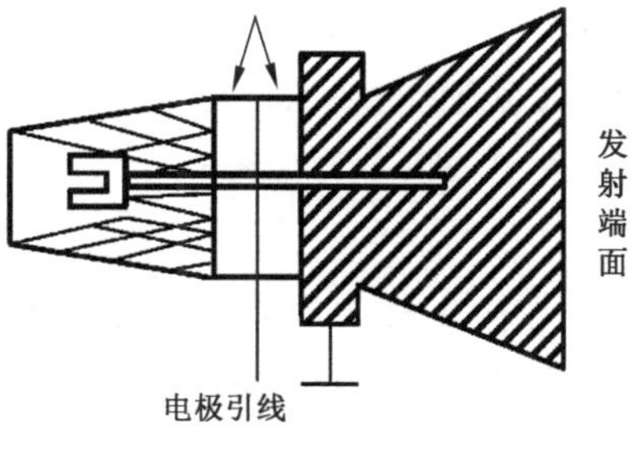

图 4-34 压电换能器结构示意图

支架的结构采取了减振措施，能有效地隔离两换能器间通过支架而产生的机械振动耦合，从而避免了由于声波在支架中传播而引起的干扰。

实验4.10 热电偶定标与金属冷却过程的测量

温度的电测量法是借助测温电阻、半导体热敏电阻、热电偶等感温元件把温度转化为电学量进行测量的。使用热电偶和电位差计构成的测温系统，结构简单，使用方便，灵敏度较高，测温范围较宽。因此，在冶金、化工生产、科研及自动控温等领域应用非常广泛。

【实验目的】

1. 了解热电偶的构造及测温原理。
2. 学习热电偶的定标方法。
3. 观察金属的熔解和凝固过程，测定金属凝固过程的冷却曲线。

【实验仪器】

热电偶、电炉、坩埚、电位差计、纯锡、冰块、水、量筒等。

【实验原理】

1. 热电偶

热电偶是一种感温元件，它可以把温度信号转换成温差电动势，用于温度测量。热电偶是由两种不同成分金属或合金组成的闭合回路，其结构如图4-35所示，若两个接点的温度分别为 T_1 和 T_2，当两端存在温差时，即 $T_2>T_1$ 时，回路中就会有电流产生，这种现象称为温差电现象，产生的电势差叫温差电动势，这两种金属或合金构成的闭合回路称为温差电偶或热电偶，把 T_2 称为热端或测温端，T_1 称为冷端或参考端。

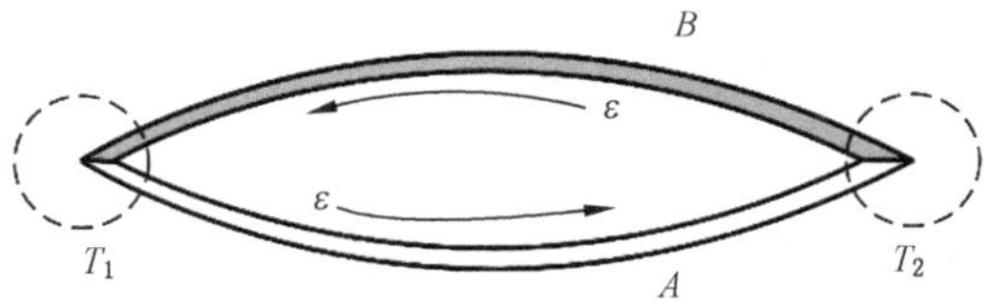

图4-35 热电偶闭合回路示意图

热电偶两端的温差电动势产生有两方面原因：(1)由于不同金属中自由电子的密度不同，在两种金属的接点处，将出现密度大处的电子向密度小处扩散，产生接触电势差(又称珀尔贴电动势)，其大小与接点处材料成分及温度有关；(2)同一金属的两端温度不同，金属中电子将从高温端向低温端扩散，在金属两端产生电位差，称汤姆逊电动势。热电偶所产生的总电动势 ε 是上述两种电动势之和。

实验证明，在两接点处的温度差 T_2-T_1 较小时，可近似认为 ε 与两接触点的温度差成线性关系，即

$$\varepsilon=\alpha(T_2-T_1) \tag{4-75}$$

式中，α 称为温差系数或热电偶常数，其大小与热电偶材料的组分有很大关系。因此，温差电动势 ε 取决于热电偶的材料和两端的温度差。由于材料的不同以及制作工艺的不同，热电偶在使用之前都需要定标，即通过实验的方法找出 ε 和 T_2-T_1 的对应关系。经过定标后的热电偶，就是一支能测量温度的热电偶温度计。

2. 热电偶定标

热电偶定标的方法有两种：一是固定点法；二是比较法。

固定点法就是利用一些纯物质在标准大气压下的熔点或沸点作为已知温度(将热电偶热端依次插入不同的热源中,如沸水或处于熔点的纯锡中等),然后以此为热端温度,电偶冷端置于冰水混合物中,用电位差计测出相应的温差电动势,从而得到温差电动势与温度的对应关系。做出 ε 与 T 的关系曲线,即为热电偶的定标曲线(其中温差电动势 ε 为纵轴,热端温度 T 为横轴)。有了定标曲线,就可以利用该热电偶测温度了,测量时仍将冷端保持在冰水混合物中,即冷端温度为 0 ℃,将热端插入待测物中,测出此时的温差电动势值,再根据热电偶的定标曲线(ε-T 曲线),查出待测温度。

比较法则是利用标准测温仪器,如水银温度计或已校准过的热电偶与未知热电偶测量同一温度,从而找出温差电动势与温度的关系,完成对未知热电偶的定标工作。

3. 熔融金属的冷却过程

图 4-36 是某种液态金属在室温下冷却时的温度与时间的关系曲线,称为“冷却曲线”。图中 $A\rightarrow B$ 段表示液态金属随时间不断冷却。温度降到 T_B(凝固点)就不再下降,液态金属开始放出一定的热量,凝固为固态($B\rightarrow C$ 段),直到液态金属全部凝固为固态后,金属才继续冷却,温度又开始下降($C\rightarrow D$ 段)。曲线上任意点(E 点)的斜率为

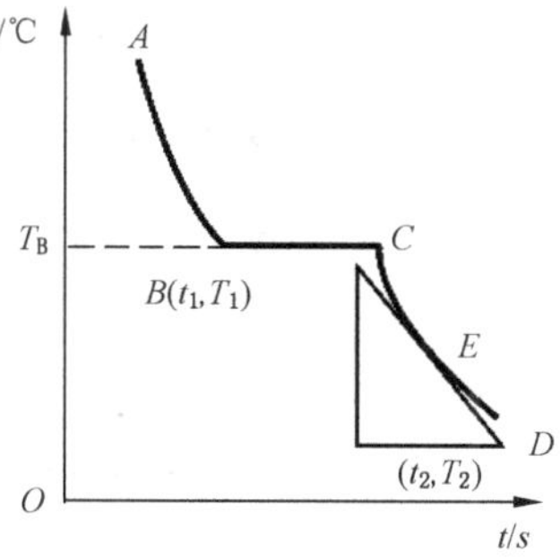

图 4-36 冷却图线

$$k=\frac{T_1-T_2}{t_2-t_1}=\frac{\Delta T}{\Delta t} \tag{4-76}$$

即为 E 点的冷却速度,显然,不同温度下冷却速度是不同的。

【实验内容】

1. 照图 4-37 连接电路,调节电位差计,先将旋钮打至“调零”挡,使用微调旋钮将数字电位差计调零,然后再将旋钮打至“测量”挡,选择合适的测量范围(50 mV)。

2. 量杯中制作冰水混合物,并将热电偶的冷端置于其中。

3. 确认热电偶的热端已插入电炉内坩埚中的纯锡中,打开加热电源,待温差电动势升高至 16 mV 左右,切断加热电源。此时电炉余温可使纯锡温度继续升高,观察温差电动势的变化情况,当温差电动势开始减小至大约 18 mV 时,开始记录数据,每隔 30 s 记下温差电动势的值,记录到纯锡凝固为止,此时的电动势大约为 12 mV。此过程中温差电动势降到一定值时,会有几分钟的时间内基本保持不变,此过程为液态锡的凝固过程,所对应的温度即为纯锡的熔点。

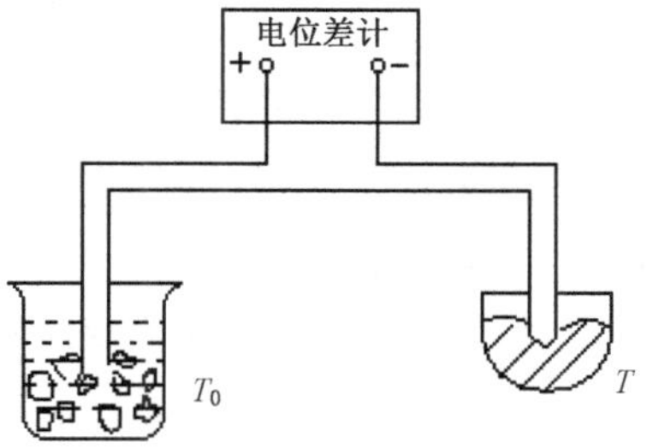

图 4-37 线路图

4. 根据测得的实验数据,作出纯锡冷却过程中热电偶温差电动势随时间变化曲线 ε-t 曲线。

5. 从 ε-t 曲线中读出纯锡熔点对应的温差电动势,并结合 0 ℃时温差电动势为零,作出被测热电偶的定标曲线(ε-T 曲线)。其中,标准大气压下纯锡熔点 $T=231.91$ ℃。

6. 由以上两个曲线作纯锡的冷却曲线(T-t 曲线)。

【注意事项】

1. 测量时,保证热电偶冷端温度恒定,热电偶热端要置于熔化的金属中。

2. 实验结束后,应及时将电源关闭。

【思考题】

1. 如果在实验中,热电偶的"冷端"不是放在冰水混合物中,而是直接处于室温中,对于实验结果会有什么影响?

2. 当热电偶回路中接入第三种金属导体时,对测量结果有无影响?

【附录】仪器简介

以上采用的数字式直流电位差计是集测量和输出毫伏信号于一体的智能型数字化仪器(见图 4-38)。可用于校准和检定多种工业仪表,如动圈式温控仪、数显温控仪、工业热电偶、磁化系毫伏表及 0.1 级以下的酸度计等。

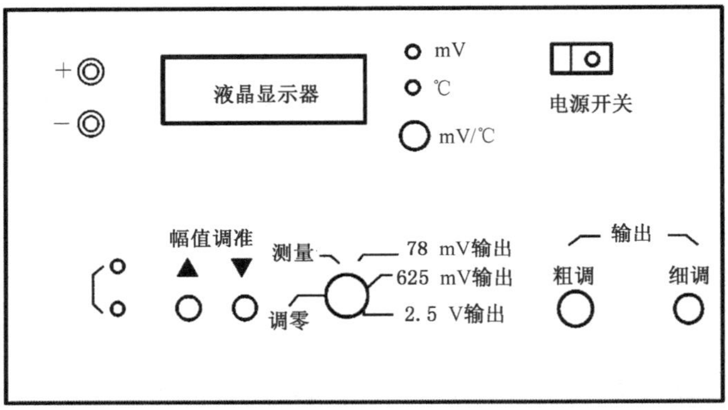

图 4-38　数字式直流电位差计示意图

仪器采用了高性能的 Δ-Σ 型模数转换器和单片微型计算机,具有以下优点:高精度、宽量程和高分辨率;液晶数字显示,可选择显示毫伏值或 5 种热电偶所对应的温度值;输入测量量程自动转换;输出信号的调节细度、稳定性及输入输出阴抗完全满足校验工业仪表的要求;仪器还具有零点和幅值校准功能,保证了仪器出厂后的长期精度。仪器采用市电和电池两种供电方式,方便了实验室和现场使用的需要。

实验 4.11　通电圆线圈和亥姆霍兹线圈磁场的测量

一个世纪之前德国科学家发明了亥姆霍兹线圈(Helmholtz coil)系统,一般用来产生指定体积和均匀度的磁场,用户可以利用这个磁场来完成各种实验,亥姆霍兹线圈可根据不同的应用产生静态直流或交流磁场。其主要应用有:地球磁场的补偿、判定磁屏蔽效应、电子设备的磁化系数、各种磁测量器具的标定和校准、生物磁场的研究及与磁通计配合使用检测永磁体特性等。典型的单轴亥姆霍兹线圈是具有相同线圈匝数、相同线圈绕制方式、线圈半径等于线圈间距的两个线圈组成的。无论通入直流或交流电流,线圈中间都会产生一定体积的均匀磁场。所产生磁场强度的大小与线圈绕制的匝数、通入电流的大小、线圈的物理尺寸及两线圈之间的距离是成比例的。

本实验系统由高灵敏度的毫特计、数字电流表、直流稳压电源和线圈等组成。该系统采用集成霍尔传感器作探测器，可以直接探测磁感应强度大小。利用本系统可以学习和掌握弱磁场测量方法，证明磁场叠加原理，根据教学要求描绘磁场分布等。此外，将组成亥姆霍兹线圈系统的单一线圈通电，可以研究通电圆线圈在其附近产生的磁场情况。

【实验目的】

1. 研究载流圆线圈轴线上磁场的分布，加深对毕奥-萨伐尔定律的理解。
2. 测量亥姆霍兹线圈所产生的磁场，并验证磁感应强度的矢量叠加原理。

【实验仪器】

亥姆霍兹线圈磁场测定仪。

【实验原理】

1. 通电圆线圈轴线上的磁场

根据毕奥-萨伐尔定律，通电圆线圈在其轴线（通过线圈中点并与线圈平面垂直的直线）上某 P 点处的磁感应强度为

$$B=\frac{\mu_0}{2}\cdot\frac{NR^2I}{(R^2+r_0^2)^{3/2}} \tag{4-77}$$

式中，μ_0 为真空磁导率，其值为 $4\pi\times10^{-7}\ \mathrm{N\cdot A^{-2}}$；$N$ 为线圈匝数；R 为圆线圈半径；I 为通过线圈的电流强度；r_0 为轴线上 P 点到线圈圆心的距离。

当 $r_0=0$ 时，即通电圆线圈圆心处的磁感应强度为

$$B=\frac{\mu_0 N}{2R}I \tag{4-78}$$

2. 两共轴圆线圈通以相同电流时轴线上的磁场

把两个半径均为 R 的相同的圆形线圈彼此平行且共轴放置，并在两线圈中均通以电流 I，让电流在两线圈中绕行方向一致，如图 4-39 所示，若两线圈相距为 a，取两线圈间轴线中点 O 为坐标原点，轴线上任意一点 P 沿轴线的坐标为 x，则 P 点到两线圈中心 O_1、O_2 的距离分别为 $x+a/2$，$x-a/2$。根据公式(4-77)可得线圈 1、线圈 2 在 P 点所产生的磁感应强度分别为

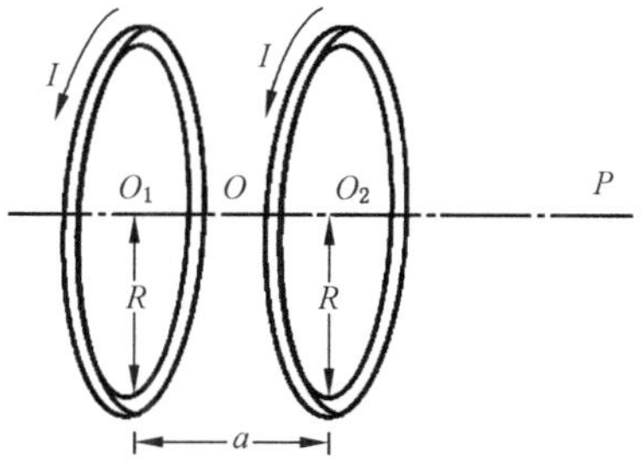

图 4-39 亥姆霍兹线圈组成示意图

$$B_{1P}=\frac{\mu_0 NR^2I}{2\left[R^2+\left(x+\frac{a}{2}\right)^2\right]^{3/2}},B_{2P}=\frac{\mu_0 NR^2I}{2\left[R^2+\left(x+\frac{a}{2}\right)^2\right]^{3/2}} \tag{4-79}$$

由于 B_{1P}、B_{2P} 方向一致，根据矢量叠加原理，P 点的总磁感应强度为

$$B=B_{1P}+B_{2P}=\frac{\mu_0 NR^2I}{2\left[R^2+\left(x+\frac{a}{2}\right)^2\right]^{3/2}}+\frac{\mu_0 NR^2I}{2\left[R^2+\left(x+\frac{a}{2}\right)^2\right]^{3/2}} \tag{4-80}$$

(1) 当 $a>R$ 时，两线圈在 O 点处产生的磁感应强度都比较弱，故 B 在 O 点处有较小

值，即 $x=0$ 时，$\frac{d^2B}{dx^2}>0$，如图 4-40(a)所示。图中虚线是按公式(4-77)算出的每个线圈在轴线上所产生的磁感应强度的分布曲线，实线代表两线圈所产生的磁感应强度的叠加。

(2) 当 $a<R$ 时，两线圈在 O 点处产生的磁场都较强，故 B 在 O 点处有极大值，即 $x=0$ 时，$\frac{d^2B}{dx^2}<0$，如图 4-40(b)所示。

(3) 当 $a=R$ 时，$x=0$ 处有 $\frac{d^2B}{dx^2}=0$，这时在 O 点附近的磁场是相当均匀的，如图 4-40(c)所示。我们常把这种间距等于半径的一对共轴圆线圈叫作亥姆霍兹线圈。亥姆霍兹线圈的主要优点是可以在较大的空间产生很均匀的磁场。根据公式(4-80)可得亥姆霍兹线圈在中点 O 的磁感应强度为

$$B_0=\frac{\mu_0 NI}{R}\cdot\left(\frac{8}{5^{3/2}}\right) \tag{4-81}$$

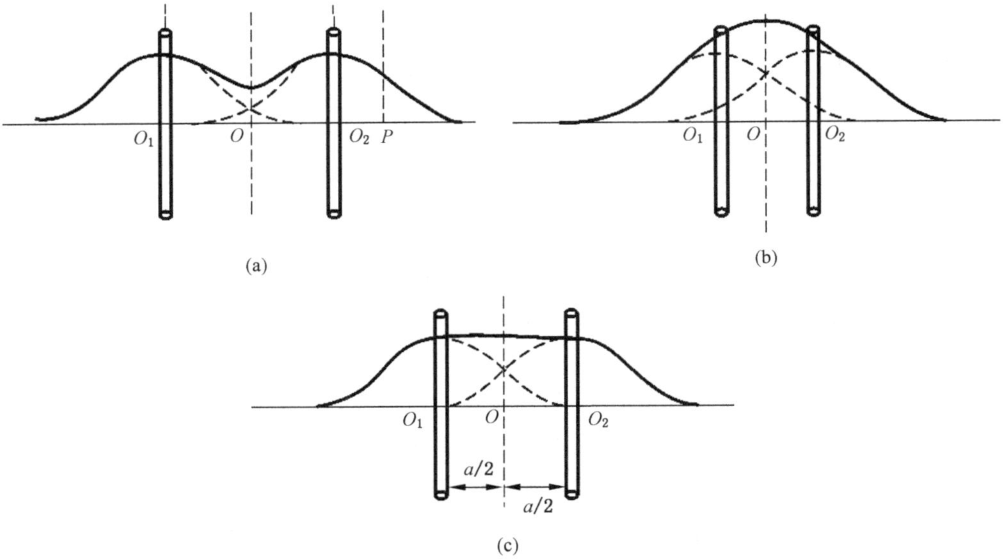

图 4-40　轴线上磁场的分布与两线圈间的距离的关系

【实验内容】

1. 准备工作

(1) 开机后预热 10 min，再进行测量。

(2) 毫特计调零。将探头盒底部的霍尔传感器对准台面上的被测量点，调节调零旋钮，使毫特计显示为 0。

2. 测量单个通电圆线圈轴线上各点的磁感应强度

(1) 任选一线圈为研究对象，将该线圈与亥姆霍兹线圈磁场测定仪相连。线圈边上红色接线柱表示电流流入，黑色接线柱表示电流流出。

(2) 调节电流调节旋钮，给线圈通电流 $I=150$ mA，线圈匝数 $N=500$ 匝。

(3) 取线圈中心为坐标原点，从 -7.00 cm～$+7.00$ cm 每隔 1.00 cm 探测线圈轴线上

不同位置处的磁感应强度 B，记录数据，并将测得的坐标原点处的 B_0 值与理论值比较，计算相对误差。

3. 测量亥姆霍兹线圈所产生的磁场并验证磁感应强度 B 的矢量叠加

(1) 通过调节，使两线圈间距 $a=\overline{R}=10.00\ \text{cm}$，组成亥姆霍兹线圈，取两线圈轴线上中点 O 点为坐标原点，轴线为 x 轴。

(2) 线圈通电流 $I=150\ \text{mA}$。分别测出单接线圈 1、线圈 2 时在轴线上的 $x=-7.00\ \text{cm}$，$-6.00\ \text{cm}$，…，$+6.00\ \text{cm}$，$+7.00\ \text{cm}$ 等处的磁感应强度值 $B(x)_{(1)}$、$B(x)_{(2)}$。

(3) 将线圈 1、线圈 2 串联，并通以电流 $I=150\ \text{mA}$，测出对应上述各点处的磁感应强度 $B(x)_{(1+2)}$，并将测得的坐标原点处的磁感应强度与理论值比较，计算相对误差。

(4) 在同一坐标系下画出线圈 1、线圈 2 和亥姆霍兹线圈轴线上磁场分布曲线。

(5) 比较 $B(x)_{(1)}+B(x)_{(2)}$ 与 $B(x)_{(1+2)}$ 的值，验证磁场叠加原理。

【注意事项】

1. 每次测量不同位置的磁感应强度时，均需将线圈断电，将毫特计调零，以消除地磁场和其他杂散信号影响。

2. 实验结束，应将电流调至最小，然后再关亥姆霍兹线圈磁场测定仪电源。

3. 注意理解在不同的实验内容中的坐标系的建立方法的不同。

【思考题】

1. 圆电流轴线上的磁场分布有什么特点？实验中如何测定磁场的大小和方向？

2. 亥姆霍兹线圈能产生强磁场吗？为什么？

实验 4.12 几何光学的应用与研究

【实验目的】

1. 了解简单光路的分析和调整方法。

2. 掌握测量凸透镜焦距的两种方法。

3. 掌握用测量物像放大率来求目镜焦距的原理及方法。

【实验仪器】

光源、导轨、滑座、凸透镜、平面反射镜、读数显微镜、分划板、测微目镜等。

【实验原理】

几何光学和波动光学用数学和科学描述了光。几何光学是光学发展史上的转折点，建立起来的反射定律和折射定律奠定了几何光学的基础。其中最重要的是光的折射定律，利用折射定律可以解释生活中很多的科学问题和应用问题。我们在科研实验中诞生的大的光学仪器也离不开折射原理的应用，照相机、望远镜等接连出现。随着透镜的发展，更进一步促进了几何光学的发展。透镜与物体之间的距离改变时成像会有不同，透镜的组合还会增加放大倍率，从而实现了显微镜放大成像，人们可以看清楚微小的物体，这些对人类社会发展的影响非常大。几何光学本来就是为设计各种光学仪器发展起来的专门学科。

党的二十大报告提出，要加快实施创新驱动发展战略，其中特别提到要加强基础研究，突出原创，鼓励自由探索。随着我国光学工业的不断发展，特别是新型的光电结合的仪器越来越多，这些都离不开光学器件的研究、开发和设计。

几何光学是以下列三个实验定律为基础建立起来的，它是各种光学仪器设计的理论基础。

直线传播定律：在点光源的照射下，在不透明的物体背后出现清晰的影子。影子的形状与光源为中心发出的直线所构成的几何投影形状一致，这个例子说明光线沿直线传播的基本事实。在各向同性的均匀透明介质中，光是沿着直线传播的。这就是光的直线传播定律。这个定律可以解释很多自然现象，例如日食、月食、小孔成像等，很多仪器的设计原理也是以此定律为基础的。

独立传播定律：从不同发光体发出的互相独立的光线，以不同方向相交于空间介质中的某一点时，彼此互不影响，各光线独立传播。这就是光的独立传播定律。

反射定律和折射定律：若一束光投射到两种介质的分界面上，其中一部分光线在分界面上反射到原来的介质，成为反射光线；另一部分光线透过分界面进入第二种介质，并改变原来的方向，称为折射光线。反射和折射光线的传播规律就是反射和折射定律。

反射定律的内容是反射光线位于入射面内，反射角等于入射角。折射定律的内容是折射光线位于入射面外，入射角和折射角正弦之比等于折射光线所在介质折射率 n' 和入射光线所在介质折射率 n 之比：

$$\frac{\sin\theta}{\sin\theta'}=\frac{n'}{n}$$

式中，n、n' 为介质的绝对折射率，指真空中光速与介质中光速之比。

1. 测量透镜焦距的方法

测量透镜距的方法有自准直法(见图 4-41)和位移法(见图 4-42)。以下为位移法测薄凸透镜焦距的过程。

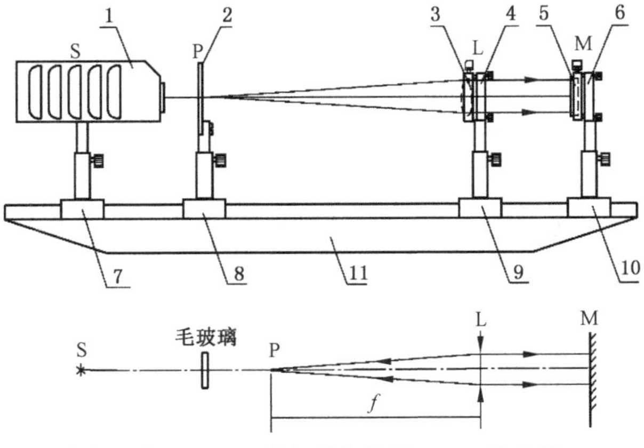

1—带有毛玻璃的白炽灯光源 S；2—品字形物像屏 P；3—凸透镜 L；4—二维调整架；5—平面反射镜 M；6—二维调整架；7—滑座；8—滑座；9—滑座；10—滑座；11—导轨

图 4-41 自准直法测薄凸透镜焦距实验装置图

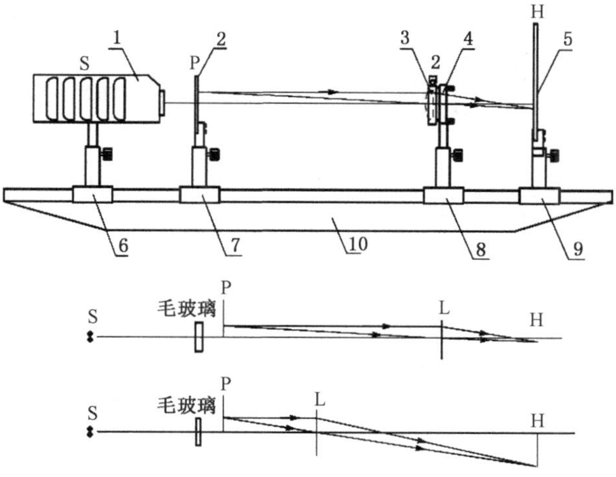

1—带有毛玻璃的白炽灯光源 S;2—品字形物像屏 P;3—凸透镜 L;
4—二维调整架;5—白屏 H;6—滑座;7—滑座;8—滑座;9—滑座;10—导轨

图 4-42　位移法测薄凸透镜焦距实验装置图

当发光点(物)处在凸透镜的焦平面时,它发出的光线通过透镜后将成为一束平行光。若用与主光轴垂直的平面镜将此平行光反射回去,反射光再次通过透镜后仍会聚于通过狭缝透镜的焦平面上,其会聚点将在发光点相对于光轴的对称位置上。

对凸透镜而言,当物和像屏间的距离大于 4 倍焦距时,在它们之间移动透镜,则在屏上会出现两次清晰的像,如图 4-42 所示。一个为放大的像,一个为缩小的像,分别记下两次成像时透镜距物的距离 O_1、O_2($e=O_2-O_1$),距屏的距离 O_1'、O_2'。根据光线的可逆性原理,这两个位置是“对称”的,即

$$O_1=O_2',O_2=O_1'$$

则有

$$l-e=O_1+O_2'=2O_1=2O_2'$$
$$O_1=O_2'=(l-e)/2$$
$$O_1'=l-O_1=l-(l-e)/2=(l+e)/2$$

把结果代入透镜的高斯公式:

$$\frac{1}{u}+\frac{1}{v}=\frac{1}{f}$$

得到透镜的焦距为

$$f=\frac{l^2-e^2}{4l}$$

由此便可算得透镜的焦距,这个方法是位移法测焦距,其优点是,把焦距的测量归结为对于可以精确测定的量 l 和 e 的测量,避免了在测量 u 和 v 时,由于估计透镜中心位置不准确所带来的误差。

2. 目镜焦距的测量

目视观察仪器中,目镜的作用都是相当于放大镜。它把物镜所成的像放大后成像在人眼的远点,以便进行观察。这里主要来测量给定目镜的焦距,如图 4-43 所示。

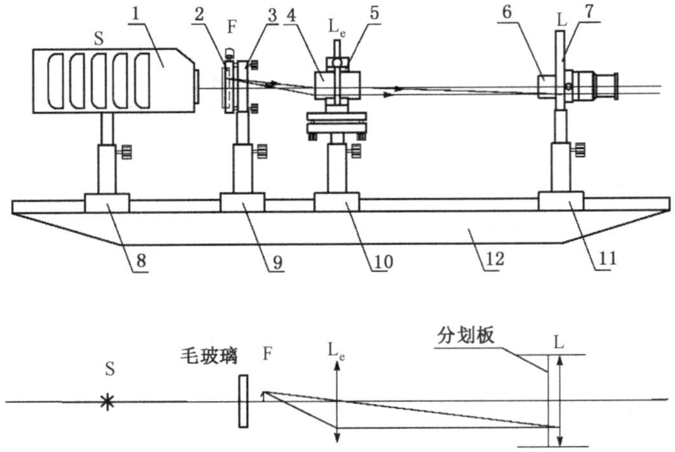

1—带有毛玻璃的白炽灯光源 S；2—1/10 mm 分划板 F；3—二维调整架；
4—被测目镜 L_e；5—可变口径二维架；6—测微目镜 L；7—读数显微镜架；
8—滑座；9—滑座；10—滑座；11—滑座；12—导轨

图 4-43　目镜焦距的测量实验装置图

焦距的测量可以归结为测量焦点到光学系统的某一指定点的距离。

测量焦距时，常用到牛顿公式：

$$x \cdot x' = f \cdot f'$$

若物空间和像空间的光学介质相同，则

$$x \cdot x' = f^2$$

线放大率：

$$m = y'/y = -f/x = -x'/f'$$

测量放大率：

$$m = 像宽/实宽$$

前后移动 L_e，直至在测微目镜 L 中看到清晰的 1/10 的刻线，并使之与测微目镜中的标尺(mm 刻线)无视差，测出像宽，求出线放大率 m_1。L 和 L_e 的位置分别记为 a_1、b_1。把测微目镜 L 向后移动一定距离，再慢慢向前移动 L_e，直至在测微目镜 L 中又看到清晰且与毫米标尺刻线无视差的 1/10 的刻线像，测出像宽，求出线放大率 m_2，此时 L 和 L_e 的位置分别记为 a_2、b_2。

则可求出像距改变量　　$S = |(a_2 - a_1) + (b_1 - b_2)|$

被测目镜焦距　　$f_e = \dfrac{S}{m_2 - m_1}$

3. 显微镜原理

借助放大镜可以观察不易为肉眼看清的微小物体，但如果是更微小的观察对象，则需依赖显微镜才能观察。

显微镜的主光学系统由物镜和目镜两部分组成，图 4-44 即为显微镜的成像原理图。

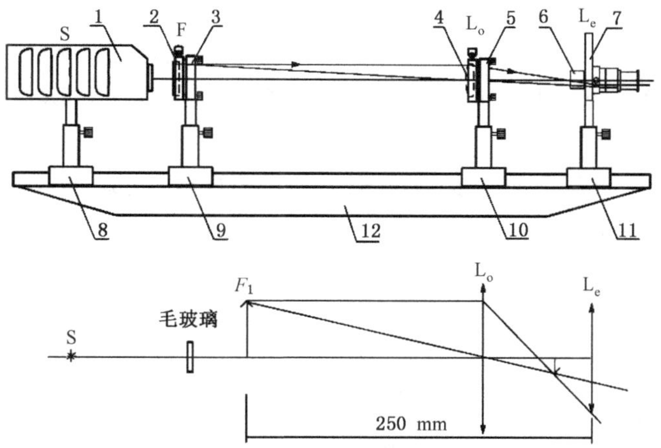

1—带有毛玻璃的白炽灯光源 S;2—1/10 mm 分划板 F;3—二维调节架;
4—物镜 L_o;5—二维调节架;6—测微目镜 L_e;7—读数显微镜架;8—滑座;
9—滑座;10—滑座;11—滑座;12—导轨

图 4-44 自组显微镜实验装置图

位于物镜物方焦点以外与之靠近处的物体,先被物镜成一放大、倒立的实像于目镜的物方焦平面上或之后很靠近处,然后此中间像再被目镜成一放大虚像于无穷远或明视距离处,供眼睛观察。目镜的作用与放大镜一样,但它的成像光束是被限制了的。相应的眼睛就不能如使用放大镜那样自由,而必须有一个固定的观察位置。显然,显微镜的总放大率应该是物镜放大率 M_o 和目镜放大率 M_e 的乘积。这里

$$M_o=\beta=-\frac{\Delta}{f_o'},M_e=\frac{250}{f_e'}$$

即

$$M=M_oM_e=-\frac{250\Delta}{f_o'f_e'}$$

式中,Δ 称为光学筒长。

【实验内容】

1. 自准直法测薄凸透镜焦距

(1) 将实验元件按图 4-41 所示顺序摆放在平台上,调至共轴。

(2) 前后移动凸透镜 L,使在物像屏 P 上成一清晰的品字像。

(3) 调 M 的倾角,使 P 屏上的像与物重合。

(4) 前后微动透镜 L,使 P 屏上的像既清晰又与物同大小。

(5) 分别记下屏和透镜 L 的位置 a_1、a_2。

(6) 把透镜 L 旋转 180°,重复前四步。

(7) 记下 P 和 L 的新位置 b_1、b_2。

(8) 根据 $f_a=a_2-a_1$,$f_b=b_2-b_1$ 计算被测透镜焦距 $f=(f_a+f_b)/2$。

2. 用位移法测薄凸透镜焦距

(1) 将实验元件按图 4-42 所示的顺序摆放在平台上,调至共轴,使物屏和像屏之间的距

离 l 大于 4 倍焦距。

(2) 沿标尺前后移动 L，使品字形物在像屏 H 上成一清晰的放大像，记下 L 的位置 a_1。

(3) 保持物屏 P 和像屏 H 之间距离 l 不变，再沿标尺向后移动 L，使物再在像屏 H 上成一缩小像，记下 L 的位置 a_2。

(4) 将 L 转 180°，重复做前三步，又得到 L 的两个位置 b_1、b_2。

(5) 根据 $e_a=a_1-a_2$，$e_b=b_1-b_2$

$$f_a=(l^2-e_a^2)/4l, f_b=(l^2-e_b^2)/4l$$

计算被测透镜焦距：

$$f=(f_a+f_b)/2$$

3. 目镜焦距的测量

(1) 将实验元件按图 4-43 所示顺序摆放在平台上，调至共轴。

(2) 在 F、L_e、L 的底座距离很小的情况下，前后移动 L_e，直至在测微目镜 L 中看到清晰的 1/10 mm 的刻线，并使之与测微目镜中的标尺(mm 刻线)无视差。

(3) 测出 1/10 mm 刻线的宽度，求出其放大倍率 m_1，并分别记下 L 和 L_e 的位置 a_1、b_1。

(4) 把测微目镜 L 向后移动一定距离，再慢慢向前移动 L_e，直至在测微目镜 L 中又看到清晰且与毫米标尺刻线无视差的 1/10 mm 的刻线像。

(5) 测出像宽，求出 m_2，记下 L 和 L_e 的位置 a_2、b_2。

(6) 代入公式求出像距改变量 S 和被测目镜焦距 f_e。

4. 自组显微镜

(1) 把全部器件按图 4-44 所示顺序摆放在平台上，靠拢后目测调至共轴。

(2) 固定透镜 L_o、L_e 的间距。

(3) 沿标尺导轨前后移动 F_1(F_1 紧挨毛玻璃装置，使 F_1 置于略大于 f_o 的位置)，直至在显微镜系统中看清分划板 F_1 的刻线。

(4) 计算显微镜的放大率：

$$M=M_oM_e=-\frac{250\Delta}{f_o'f_e'}$$

式中，f_o'为物镜的物方焦距；f_e'为物镜的像方焦距；本实验中 $f_o'=f_o$，$f_e'=f_o$，$\Delta=F_o-F_e$ 为显微镜的光学间隔，等于物镜的像方焦点与目镜的物方焦点之间的距离。

实验 4.13 等厚干涉的研究与应用

以光的波动性质为基础研究光的传播问题的光学称为物理光学。利用光波的干涉现象可测量微小厚度、微小角度、微小位移、光波波长、气体和固体的折射率、透镜的曲率半径等。例如，铜镜在中国传统文化和历史长河中扮演着非常重要的角色，其悠久的历史和高超的技艺举世瞩目。透光铜镜的研究和复制项目在第一次全国科学技术大会上获奖并引起强烈反响。牛顿环实验精确测量透光铜镜镜面细微结构，在解释铜镜神奇透光现象过程中突显干涉技术在文物研究中的重要价值。习近平总书记在党的二十大报告中强调，必须坚持科技是第一生产力、人才是第一资源、创新是第一动力，深入实施科教兴国战略、人才强国战略、创新驱动发展战略，开辟发展新领域新赛道，不断塑造发展新动能新优势。透光铜镜是中国古代劳动人民智慧的结晶，干涉技术是现代科技的产物，两者的结合最终产生真理的火花，这正是科学、人才、创新的典范。在本节实验中，我们将研究等厚干涉，光的干涉现象表明了光的波动性质，干涉现象在科学研究与计量技术中有着广泛的应用。在干涉现象中，不论是何种干涉，相邻干涉条纹的光程差的改变都等于相干光的波长，可见光的波长虽然很小，但干涉条纹间的距离或干涉条纹的数目却是可以计量的。因此，通过对干涉条纹数目或条纹移动数目的计量，可得到以光的波长为单位的光程差。

【实验目的】

1. 观察光的等厚干涉现象，熟悉光的等厚干涉的特点。
2. 掌握用牛顿环测量平凸透镜曲率半径的原理和方法。
3. 掌握用劈尖干涉法测微小长度的原理和方法。
4. 学会读数显微镜的调节和使用，学习用逐差法处理实验数据。

【实验仪器】

读数显微镜、牛顿环装置、劈尖装置、钠光灯等。

【实验原理】

1. 用牛顿环测量透镜的曲率半径

1675 年，牛顿在制作天文望远镜时，偶然将望远镜的物镜放在平板玻璃上，发现了许多同心圆环花样——后人称为“牛顿环”。由于牛顿主张光的微粒学说，因而未能对此现象作出正确的解释。直到 19 世纪初，英国科学家托马斯·杨才用光的波动说完满地解释了牛顿环实验。

产生牛顿环的装置是由一个曲率半径 R 很大的平凸透镜的凸面与一个平面玻璃接触在一起构成的(见图 4-45)。它们之间形成空气薄膜层，其厚度从中心接触点到边缘逐渐增加。设有单色平行光垂直照射到这一装置上，则一部分光线在平凸透镜的凸面反射，一部分光线在平面玻璃的上表面反射，这两部分光有光程差，它们在平凸透镜的凸面附近相遇而发生干涉。当我们用显微镜来观察时，便可清楚地看到以接触点为中心的一系列明暗相间、间隔逐渐减小的同心环(见图 4-46)，称为牛顿环。牛顿环中心为暗圆斑。由于同一干涉环上各处的空气层厚度是相同的，因此牛顿环属于等厚干涉。

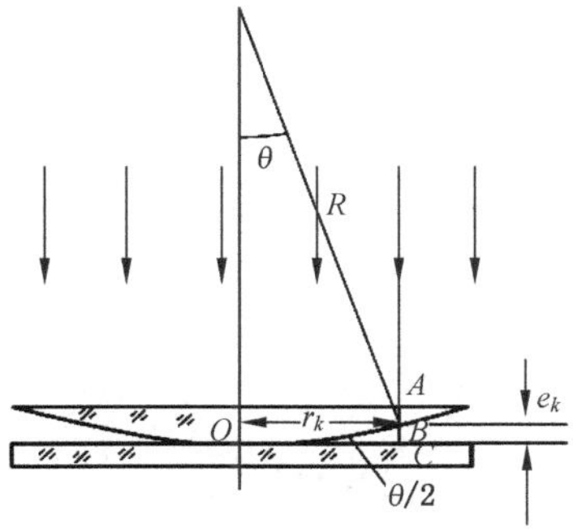

图 4-45　牛顿环干涉原理示意图

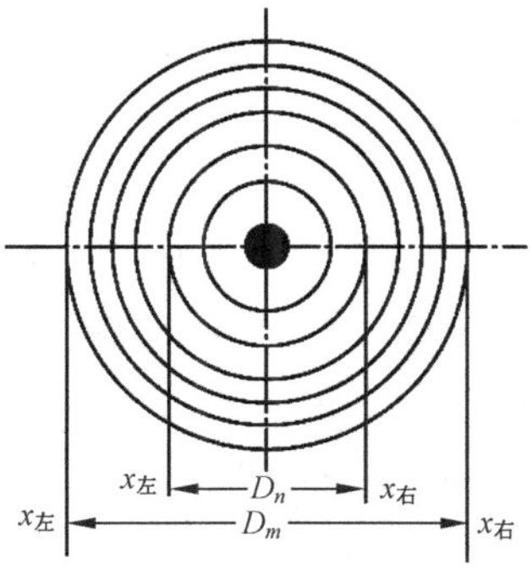

图 4-46　等厚干涉条纹——牛顿环

由图 4-45 中的光路图可以看到，设第 k 环处空气薄膜厚度为 e_k，两相干光的光程差为

$$\delta_k = 2e_k + \frac{\lambda}{2} \tag{4-82}$$

式中，$\lambda/2$ 为光从光疏媒质入射到光密媒质发生反射时引起的附加光程差(半波损失)。

在图 4-50 中，R 为透镜的曲率半径，r_k 为第 k 级干涉环的半径，由几何关系可得

$$R^2 = r_k^2 + (R - e_k)^2 \tag{4-83}$$

去括号整理得

$$r_k^2 = 2e_kR - e_k{}^2 \tag{4-84}$$

因 $R \gg e_k$，上式中的 e_k^2 可略去，即得

$$e_k = \frac{r_k^2}{2R} \tag{4-85}$$

将 e_k 值代入式(4-82)，得

$$\delta_k = \frac{r_k^2}{R} + \frac{\lambda}{2} \tag{4-86}$$

当光程差 δ 为半波长的奇数倍时，干涉条纹为暗条纹，即

$$\delta_k = \frac{r_k^2}{R} + \frac{\lambda}{2} = (2k+1)\frac{\lambda}{2} \quad (k = 0, 1, \cdots) \tag{4-87}$$

整理得

$$r_k^2 = kR\lambda \quad (k = 0, 1, \cdots) \tag{4-88}$$

式(4-88)表明，如果已知入射光的波长 λ，并测得第 k 级暗条纹的半径 r_k，则可算出透镜的曲率半径 R。当 R 已知，则可求出 λ 值。但是，由于两镜面的接触点之间难免存在细微的尘粒，再者接触点压力引起的玻璃的形变，使中央暗纹看起来不是一个点，而是一个不甚清晰的暗斑，甚至有可能是一个亮斑。这就给实际测量带来了困难。第一，干涉圆环的圆心位置不能确定，测 r_k 无起点；第二，不能确定暗环的级次 k 是多少。为此，首先取暗环直径 D_k 来替代半径 r_k，$D_k = 2r_k$，所以式(4-88)可写成

$$D_k^2 = 4kR\lambda \tag{4-89}$$

或

$$R = \frac{D_k^2}{4k\lambda} \tag{4-90}$$

采用逐差法以消除附加光程带来的误差，若 m 与 n 级暗环直径分别为 D_m 与 D_n，则

$$D_m^2 = 4mR\lambda \tag{4-91}$$

$$D_n^2 = 4nR\lambda \tag{4-92}$$

两式相减整理得

$$R = \frac{D_m^2 - D_n^2}{4(m-n)\lambda} \tag{4-93}$$

由式(4-93)可见，平凸透镜凸面的曲率半径 R 仅与暗环的干涉级数 m 和 n 的差值 $m-n$ 有关，而与 m、n 本身无关，也与附加厚度无关。故当入射光波波长 λ 为已知时，只要测得任意两个干涉暗环的直径以及它们的级数差，便可计算出平凸透镜曲率半径 R，而不必去确定某一暗环的级数，从而免除了在实验过程中所遇到的干涉

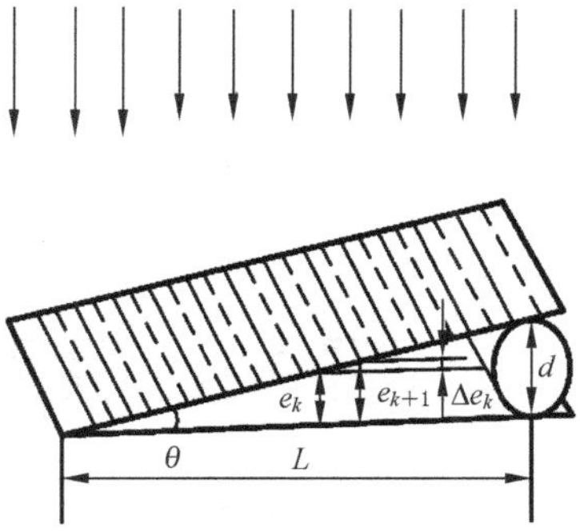

图 4-47　劈尖干涉示意图

级数和环心无法确定的困难，消除了实验过程的系统误差，使测量结果比较准确。

2. 劈尖的等厚干涉测细丝直径

将两块光学平板玻璃叠在一起，在一端插入一细丝(或薄片等)，则在两玻璃板之间就形成了一个空气劈尖。如图 4-47 所示，当用单色光垂直照射时，在劈尖薄膜上下两表面反射的两束光发生干涉，用显微镜观察其干涉图样为明暗相间、互相平行且都平行于两块平板玻璃交线的干涉条纹。

如果 e_k 是光线入射处劈尖的厚度，λ 为单色光波长，其干涉情况为

$$\delta=2e_k+\frac{\lambda}{2}=k\lambda \quad 明纹(k=1,2,\cdots)$$

$$\delta=2e_k+\frac{\lambda}{2}=(2k+1)\frac{\lambda}{2} \quad 暗纹(k=0,1,\cdots)$$

由上式可以看出，任何两条相邻的暗条纹对应的空气厚度差为

$$\Delta e_k=\frac{\lambda}{2} \tag{4-94}$$

我们可以先测出 n 条暗纹的间距 x_n，细丝到劈尖交棱的距离 L，而 θ 很小($\tan\theta=\frac{d}{L}=\frac{e_k}{x_n}$)，因此所测细丝直径为

$$d=\frac{nL\lambda}{2x_n} \tag{4-95}$$

【实验内容】

1. 用牛顿环测透镜的曲率半径

(1) 调整牛顿环装置，用手托住牛顿环，调节该装置的三个螺钉，使平凸透镜与平板玻璃的交点处于中心处，使干涉圆环位于中央区域。

(2) 打开钠光灯，预热 10 min。把牛顿环装置放在显微镜的载物台上，并使它在物镜镜筒的正下方。

(3) 将显微镜置于钠光灯前，调节显微镜的半反射镜成 45°角对准钠光灯，使整个显微镜视场中充满均匀明亮的钠黄光。

(4) 调整读数显微镜。首先调节显微镜目镜，直到能清晰地看到十字叉丝。然后调节显微镜物镜的调焦手轮，直到能清晰看到牛顿环干涉图样。最后将显微镜目镜分划板上的叉丝交点落在牛顿环中心处。

(5) 开始测量。旋动显微镜鼓轮将视场中牛顿环向左运动。使叉丝与第 23 环相切(中央暗斑 $m=0$ 其余暗斑依次为 $m=1,2,\cdots$)反向旋动鼓轮使牛顿环向右运动，使叉丝与第 21 环相切，再使叉丝与第 20 环相切，记下此时读数，再依次测出第 19 环至第 11 环与叉丝相切时的位置读数。越过中心从右边第 11 环开始测量至第 20 环。这样，测出了中心两侧对应环纹的读数，进而可求出各对应环纹的直径 D，再根据式(4-93)得出透镜曲率半径 R。

2. 用劈尖测细丝的直径

(1) 将牛顿环装置换成劈尖装置，适当挪动劈尖装置，使其干涉条纹与叉丝的竖直线平行。

(2) 自劈尖一端任取一条暗条纹作为起始条纹(计数为第 0 条)，每间隔 10 条条纹读数

一次，至第 70 条纹止(共读 8 个读数)。最后测量细丝到劈尖交棱的距离 L(或用实验室给定 L 值)，再根据式(4-95)得出细丝直径。

【注意事项】

1. 为避免回程差，在测量过程中要求鼓轮只能向同一方向旋转。

2. 在读数显微镜的调焦过程中，要求显微镜物镜镜筒只能自下而上移动，以防止物镜或待测物的损坏。

3. 钠光灯打开后，直到测试结束再关闭，中途不应随意开关，以免发光不稳定，甚至降低钠光灯的使用寿命。

【思考题】

1. 若牛顿环下部平板玻璃上有微小凸起，此处条纹将如何变化？

2. 如果被测透镜是平凹透镜，试推出应用本实验方法测量曲率半径的公式。

3. 如果读数显微镜的叉丝不是准确地通过环心，测得的读数就不是直径，而是弦长，计算结果将会怎样？

【附录】仪器简介

牛顿环仪是由待测平凸透镜 L 和磨光的平玻璃板 P 叠合装在金属框架 F 中构成(见图 4-48)。框架边上有三个螺旋 H，用以调节 L 和 P 之间的接触，以改变干涉环纹的形状和位置。调节 H 时，螺旋不可旋得过紧，以免接触压力过大引起透镜弹性形变，甚至损坏透镜。

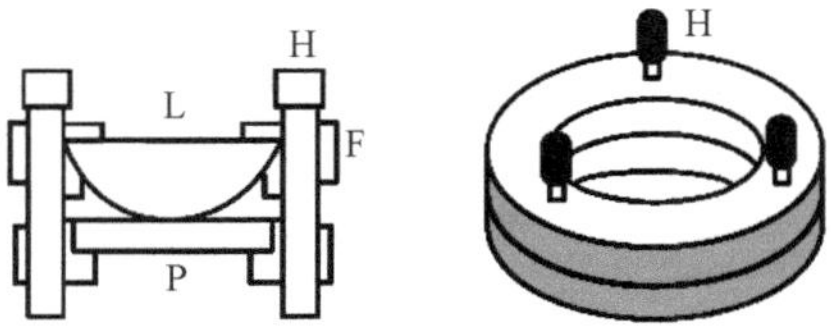

图 4-48　牛顿环仪示意图

牛顿环实验装置如图 4-49 所示。用钠灯 S 作为单色光源，它发出的光照射到读数显微镜镜筒上的 45°半反镜 G 上，使一部分反射光接近垂直地入射到牛顿环仪 N 上，用读数显微镜 M 测量牛顿环的直径。

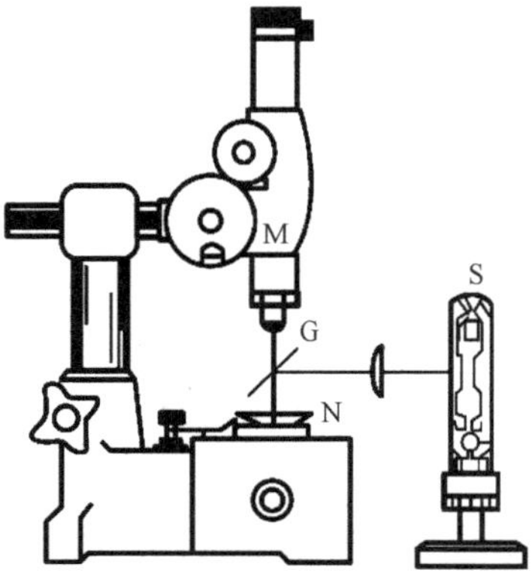

图 4-49　牛顿环实验装置

钠光灯是一种实验室常用的光源，其灯泡内充有钠蒸气，通过气体放电来发光。钠灯在可见光区有两条黄色的谱线，波长分别为 589.0 nm 和 589.6 nm。通常在对光源的单色性要求不太高时，可将钠灯作为单色光源来使用，波长值取为 589.3 nm。

读数显微镜结构和使用方法见本教材常用仪器介绍部分。

实验 4.14 单缝衍射的研究

光的衍射现象说明了光的波动性。在光谱分析、晶体分析、全息技术、光信息处理等精密测量和近代光学技术中，光的衍射已成为一种有力的技术手段和方法。

【实验目的】

1. 观察单缝夫琅禾费衍射现象，了解其特点。
2. 掌握单缝衍射相对光强的测量方法，并计算激光波长。

【实验仪器】

半导体激光器、组合光栅、CCD 光强分布测量仪、计算机、导轨、光具座等。

【实验原理】

光在传播过程中遇到障碍物，会偏离直线而进入几何阴影区，并在几何阴影区附近出现光强不均匀分布的现象叫作光的衍射。观察衍射现象的实验装置一般由光源、衍射屏和接收屏三部分组成。如果入射光和衍射光都是平行光，即光源距衍射屏和衍射屏距接收屏的距离都是无穷远，这类衍射称为夫琅禾费衍射，本实验仅研究夫琅禾费单缝衍射。在实验中，夫琅禾费衍射用两个会聚透镜就可以实现。

如图 4-50 所示，从光源 S 发出经透镜 L_1 形成的平行光束垂直照射到单缝 AB，根据惠更斯-菲涅尔原理，位于单缝的波阵面上的每一点都可以看成一个新的子波源，它们向各个方向发射球面子波，这些子波在透镜 L_2 的后焦面叠加形成明暗相间的衍射条纹。与单缝平面垂直的衍射光束会聚于屏上 P_0 处，是中央亮纹的中心，其光强度设为 I_0，与光轴 OP_0 成 θ 角的衍射光束会聚于屏上 P_θ 处，计算得出 P_θ 处的光强为

$$I_\theta = I_0 \frac{\sin^2 u}{u^2}, u = \frac{\pi a \sin\theta}{\lambda} \tag{4-96}$$

式中，a 为单缝宽度；λ 为入射激光波长。

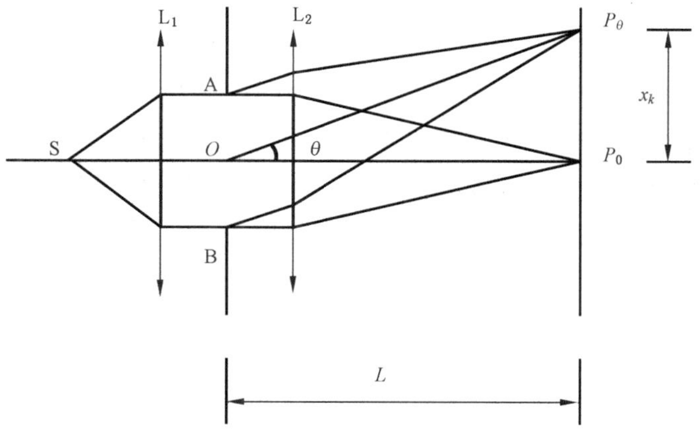

图 4-50 单缝衍射示意图

当 $\theta=0$ 时，$I_\theta=I_0$，这就是中央明条纹中心点的光强，是衍射图像中光强的极大值，称

为中央主极大；当 $a\sin\theta=k\lambda(k=\pm1,\pm2,\cdots)$ 时，光强为极小值，即出现暗条纹；当 $a\sin\theta=(2k+1)\lambda/2(k=\pm1,\pm2,\cdots)$ 时，光强为次极大值，即出现次级明条纹。夫琅禾费单缝衍射的相对光强分布如图 4-51 所示。

由于实际上衍射角 θ 很小，因此可以近似地认为

$$\theta\approx\sin\theta=k\frac{\lambda}{a} \tag{4-97}$$

由图 4-50 看出 k 级暗条纹对应的衍射角

$$\theta\approx\tan\theta=\frac{x_k}{L} \tag{4-98}$$

式中，x_k 为第 k 级暗条纹距中央主极大的中心距离；L 为单缝到接收屏的距离。

比较式(4-97)和式(4-98)，得到

$$k\frac{\lambda}{a}=\frac{x_k}{L}$$

即

$$\frac{\lambda}{a}=\frac{\Delta x}{L} \tag{4-99}$$

式中，Δx 为相邻暗条纹之间的距离。

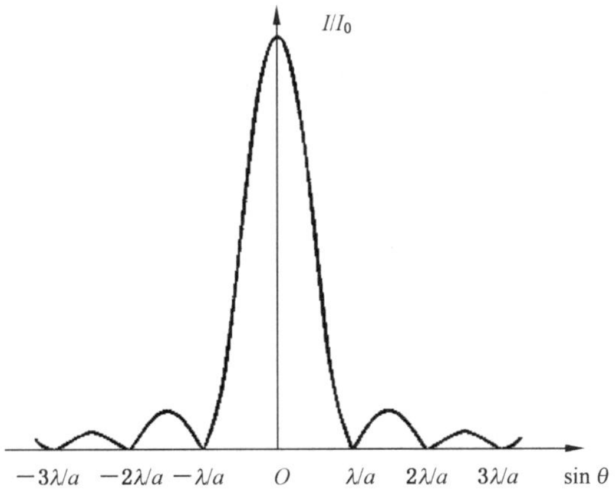

图 4-51　单缝夫琅禾费衍射相对光强分布曲线

实际应用中，常将图 4-50 中的透镜 L_1、L_2 省去，这是因为从激光器发出的激光的发散角很小，当光源距单缝不是很远时，直接照射到单缝上的激光可近似认为是平行光；又因为单缝与接收屏的距离远大于单缝的宽度，所以照射到接收屏上的衍射光也可近似为平行光。因此，省去透镜 L_1、L_2 后，也基本满足了夫琅禾费衍射条件。

实验中，如果已知单缝宽度，由式(4-99)可求得激光波长为

$$\lambda=\frac{a\Delta x}{L} \tag{4-100}$$

【实验内容】

1. 调整光路，使激光器、组合光栅、CCD 调整为等高共轴，并使激光打在光栅片上部中间三条缝的任一条上(不要用强激光照射 CCD 光敏面)。

2. 打开 CCD 电源，用电脑采集数据，观察衍射条纹的变化，调出最佳待测衍射图像，至少采集出 3 级暗纹即可停止采集。

3. 移动鼠标，在局部放大区域内读取衍射曲线上 $k=\pm1,\pm2,\pm3$ 时暗纹的 x(ch)值。

4. 测量组合光栅光具座与光强仪光具座两相邻面间的位置读数，计算二者间距 S，则单缝与光敏面间距 $L=S-N$(N 由实验室给出，为 0.70 cm)。

采用逐差法求出相邻暗纹间距 Δx(ch)，而实际间距 $\Delta x=\Delta x(\text{ch})\times 11\ \mu\text{m}$。把数据代入式(4-100)，求出激光波长，并写出实验结果表达式。

【注意事项】

1. 勿用眼睛直视激光，防止损伤眼睛。

2. 不要用手触摸光栅片，不要把光栅片夹得太紧，以免碎裂。

3. 不要用强激光照射光强仪采光窗口，室内开灯或光强仪使用完毕用暗盒遮住光强仪采光窗口。

4. 关灯操作，光敏面长期受外界光照射会减损寿命。

【思考题】

1. 夫琅禾费衍射的条件是什么？实验中采取了什么措施保证这一条件？

2. 激光输出光强如有变动，对单缝衍射光斑和光强分布有无影响？

3. 推导双缝、三缝衍射光强表达式，可在组合光栅的基础上完成实验测量，与理论值比较。

【附录】

1. 仪器简介

单缝衍射实验装置，如图 4-52 所示。

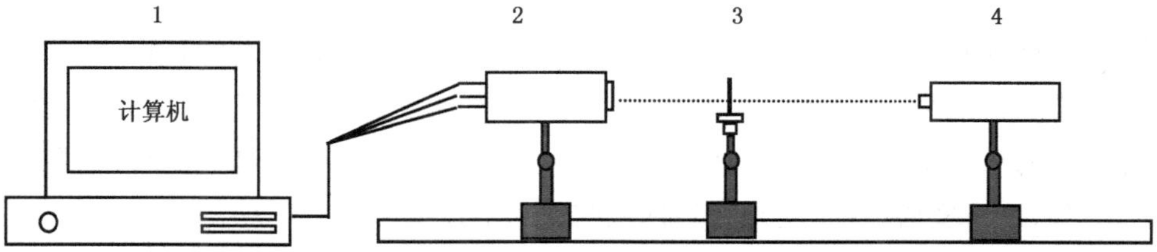

1—计算机中的采集卡；2—LM601CCD 光强仪；3—组合光栅架；4—激光器

图 4-52 单缝衍射实验装置示意图

组合光栅，由光栅片和二维调节架组成，如图 4-53 所示。光栅片上有 7 组图形，如图 4-54 所示。

光栅片	上部	/	下部
第 1 组：	单缝	/	单丝
第 2 组：	单缝	/	单丝
第 3 组：	单缝(a=0.07 mm)	/	双缝
第 4 组：	单缝(a=0.07 mm)	/	双缝
第 5 组：	单缝(a=0.07 mm)	/	双缝
第 6 组：	双缝	/	三缝
第 7 组：	四缝	/	五缝

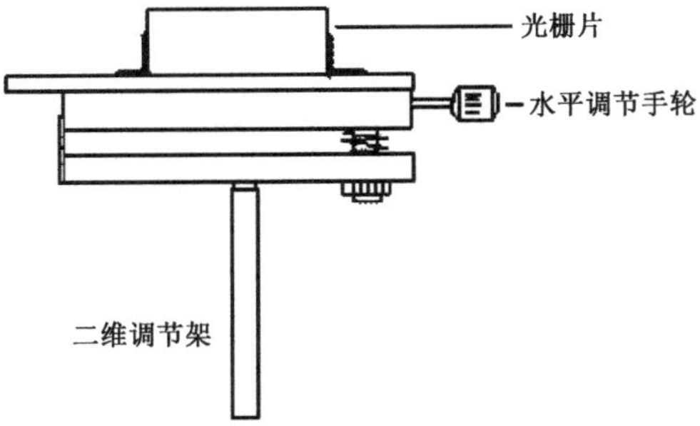

图 4-53　组合光栅

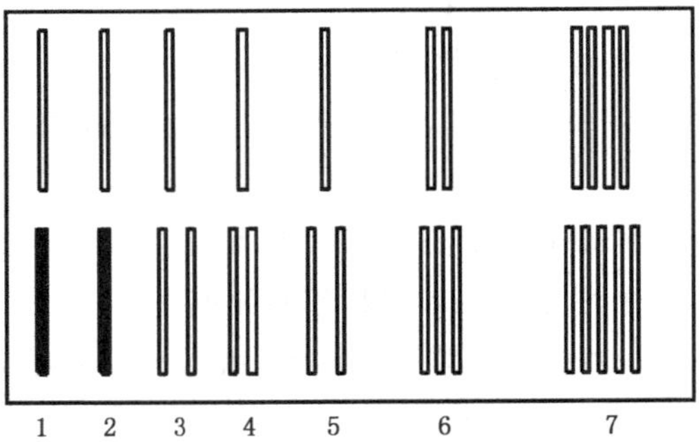

图 4-54　光栅片

CCD 光强分布测量仪，其核心是线阵 CCD 器件。CCD 器件是一种可以电扫描的光电二极管列阵，CCD 的终端显示连接电脑，显示器上移动鼠标时，x(ch)值表示标志线所指曲线是 CCD 器件上的第几个光电二极管，两个 x(ch)值的差值表示曲线上两点间对应在 CCD 器件上的空间距离，表示间隔多少个光敏元，再乘上“光敏面的中心距”11 μm 才是实际距离。

2. CCDWIN 5.0 软件使用说明

(1) 曲线全貌区域(全局视窗)。CCDWIN 会动态地将所有采样点或来自文件的数据压缩后显示在这一区域内，但这也不可避免地引起了一些采样点的暂时不可见。它的横坐标指示了采样点的范围，右边的纵坐标指示了信号 A/D 转换结果的幅度，100%处对应着最大值 4096。此处有一个蓝色的选择框，它所覆盖的曲线范围在局部放大区域里精确地显示。选择框的大小会动态地自行调整。要移动它，将鼠标置于此框内按下鼠标左键拖动即可。

(2) 局部放大区域(局部视窗)，即曲线全貌区域左边的区域。这一部分提供了对曲线某一段的可以精确到每一个采样点的观测。当鼠标落在这个区间时，会弹出一条拾取线，它所对应的采样点的序号 x(ch)、A/D 转换值、原模拟电压值、放大倍率(在下文中介绍)将显示在此部分下的横条里。左边的纵坐标指示了输入信号在 A/D 转换前的模拟电压值，最高为 10V。另外，出于实验需要，也可将局部视窗放大而压缩主视窗。

(3) 图形区域(图形视窗)，即曲线全貌区域和局部放大区域下方的区域，分为两个部分，分别模拟曲线全貌区域和局部放大区域里曲线的传统黑白照片效果，它们可以被关闭。

(4) A/D 转换数据表格区域，其中显示了当前每个采样点的 A/D 转换结果。

(5) 文件菜单

“开始采集”，快捷键 F_1，将按设定的增益开始采集光强信号，在当前绘制线型(填充线、点线、实线)下，以选定的采样点长度为单位实时地分析处理并绘制出曲线。若光强仪未接好，CCDWIN 会在若干秒的检测等待后给出告警提示。

“停止采集”，快捷键 F_2，将停止采集工作。停止前采到的最后一组数据图形将冻结保留在屏幕上。退出 CCDWIN 前应停止采集，否则将给出告警提示。

“打开”，弹出一个标准的 Windows 文件打开对话框，用以打开以前保存的“*.ccd”(曲线)文件，以当前的绘制线型显示出来，但增益与采样点长度将更改为保存此曲线时的设定值。如果在采集中打开文件，原来的采集将停止。

“另存为”，快捷键 F_5。

(6) 控制台菜单

“上一页”与“下一页”将导致主视窗中选择框的左右移动，相应地在局部视窗中，显示的曲线部分也会变化。

“局部放大”与“局部缩小”可以用来对局部视窗里的曲线进行缩放操作。局部视窗下方横条里的×值表明了放大倍率，每执行一次此命令，×值加 1 或减 1。当×值大于 1 时，显示出的两采样点是不连续的，当拾取线落在空当里时，横条里只显示×值而无其他数据。

“放大局部视窗”可以使曲线全貌区域消去而局部曲线区域占据整个屏幕，这时图形区域也随着改变。

“显示照片效果”用来显示或隐去图形区域。传统的实验方式是用底片曝光来获得光强分布信息，为了再现这一手段，CCDWIN 通过图形区域来模拟曝光的底片效果。

实验 4.15 光的偏振

光的偏振现象是波动光学中的一种重要现象，是法国工程师马吕斯 1809 年在实验中发现的。光的偏振现象证实了光是横波，即光的振动方向垂直于它的传播方向。偏振光的应用领域很多，例如，由光的偏振特性研究得知，土星环是由冰的晶体构成的。又如通过光的偏振状态的变化情况，可以对变电站中非常危险的极高电压进行非接触式测量。此外，还可利用偏振光消除反光、观看立体电影等。2022 年北京冬奥会上，中国健儿拿到了五枚滑雪项目金牌，青年一代更加积极向上，全党全国各族人民文化自信明显增强、精神面貌更加奋发昂扬。滑雪护目镜是滑雪运动中非常重要的装备之一，应用了光的偏振原理。下面将对偏振光进行一些基础的实验研究。

【实验目的】

1. 观察光的偏振现象，了解偏振光的产生途径。
2. 验证马吕斯定律。
3. 根据布儒斯特角测定玻璃折射率。
4. 了解偏振光的检测方法，学会鉴别偏振光的偏振态。

【实验仪器】

He-Ne 激光器、起偏器、检偏器、1/4 波片、布儒斯特角测量装置、光电转换装置、白屏、光具座。

【实验原理】

1. 偏振光的基本概念和种类

光是一种电磁波，其电场强度矢量 $\boldsymbol{E}$、磁场强度矢量 $\boldsymbol{H}$、传播速度 $\boldsymbol{v}$ 三者相互垂直(见图 4-55)，由于引起人的视觉和感光材料的光化学反应的是光的电矢量，所以通常把 $\boldsymbol{E}$ 矢量叫作光矢量，其振动叫作光振动。根据光的传播过程中 $\boldsymbol{E}$ 矢量振动状态的不同，可将光分为 5 种。

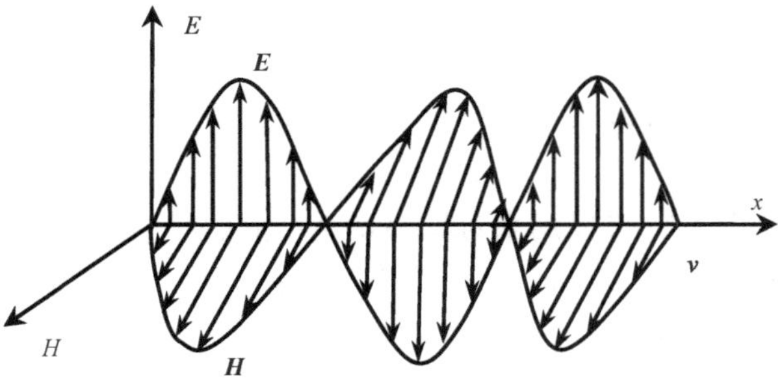

图 4-55　光波示意图

自然光：普通光源发出的光在垂直传播方向内，各个方向的光振动都有，且各个振动方向的强度相等并无规混杂；线偏振光：仅在某一固定方向上有光矢量振动，光矢量端点轨迹为直线；部分偏振光：某一方向的光振动比与之垂直方向的光振动占优势；圆偏振光：光矢量在垂直于光的传播方向的平面内绕着光的传播方向匀速转动，光矢量的末端轨迹是圆形；椭圆偏振光：光矢量在垂直于光的传播方向的平面内绕着光的传播方向转动的同时，其大小也发生变化，它的末端轨迹呈椭圆状。

2. 线偏振光的产生

当自然光入射到两种介质分界面时，反射光和折射光均是部分偏振光，当自然光以某一特定值 φ_b 入射时，反射光将成为线偏振光，其振动方向垂直于入射面，而折射光则为部分偏振光，平行于入射面方向的光振动占优势，如图 4-56 所示。此时的 φ_b 称为起偏角（也叫布儒斯特角）。由布儒斯特定律有

$$\tan\varphi_b=\frac{n_2}{n_1} \tag{4-101}$$

若入射光以起偏角 φ_b 照射到多层玻璃片上时，经过多次反射和折射，最后透射出来的光偏振的程度加强，接近于线偏振光，同时光强减弱，其振动面平行于入射面，由多层玻璃片组成的这种透射起偏器又称为玻璃片堆。

自然光通过偏振片后就成了线偏振光，这种过程称为起偏。偏振片上能透过振动的方向称为偏振片的偏振化方向。偏振片的结构是在透明薄膜上涂一层具有二向色性的微晶（如硫酸碘奎宁），然后拉伸薄膜，二向色性晶体的光轴会沿拉伸方向排列，当自然光透过时，沿晶轴方向排列的光振动能够通过，垂直于晶轴排列方向的光振动几乎全被吸收，如图 4-57 所示。

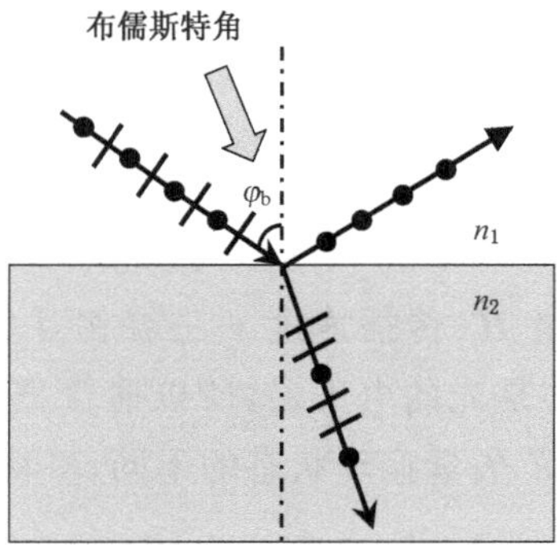

图 4-56　利用反射产生线偏振光示意图

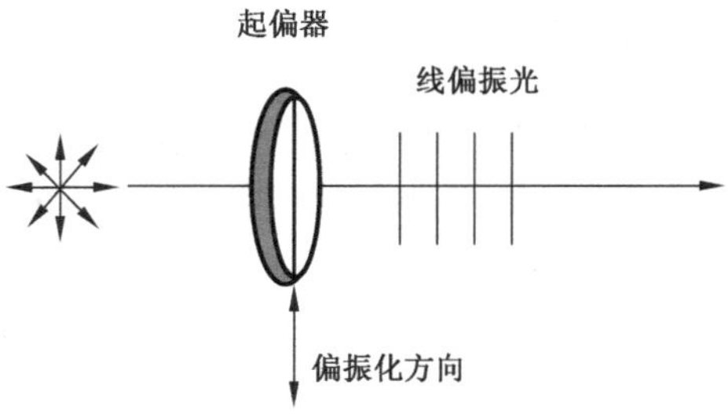

图 4-57　自然光通过偏振片

3. 波片

波片是用来改变或检验光的偏振情况的晶体薄片，一般采用优质石英、云母等矿物质双折射晶体沿光轴方向切割而成，其晶面平行于光轴。当线偏振光垂直于晶面入射时，寻常光（o光）和非寻常光（e光）都不发生折射而沿同一方向传播，但两者的传播速度不同，且振动方向也不同，其中o光的振动方向垂直于光轴，e光的振动方向平行于光轴，经过一定厚度的晶体之后，o光与e光之间产生的相位差为

$$\Delta\varphi=\frac{2\pi}{\lambda}(n_o-n_e)L \tag{4-102}$$

式中，λ 为入射光波波长，n_o、n_e 分别为晶片对o光和e光的折射率，L 表示晶片的厚度。

(1) 全波片：当 $\Delta\varphi=2k\pi(k=1,2,3,\cdots)$ 时，则o光、e光穿过晶片后光程差等于 $k\lambda$，这种波片称为全波片。线偏振光经过全波片后仍为线偏振光且振动方向不变。

(2) 半波片：当 $\Delta\varphi=(2k+1)\pi(k=1,2,3,\cdots)$ 时，则o光、e光穿过晶片后光程差等于 $\lambda/2$ 的奇数倍，这种波片称为半波片。线偏振光经过半波片后，仍为线偏振光，但振动方向相对主平面转过 2θ 角（θ 是入射线偏振光振动方向与晶片光轴的夹角）。

(3) 1/4波片：当 $\Delta\varphi=(2k+1)\pi/2(k=1,2,3,\cdots)$ 时，则o光、e光穿过晶片后光程差等于 $\lambda/4$ 的奇数倍，这种波片称为1/4波片。线偏振光通过1/4波片后的偏振状态随 θ 的不同而不同：$\theta=0°$ 时，获得振动方向平行于光轴的线偏振光；$\theta=90°$ 时，获得振动方向垂直于光轴的线偏振光；$\theta=45°$ 时，可获得圆偏振光；而对于其他 θ 值，一般将获得椭圆偏振光。

4. 偏振光的鉴别

鉴别光的偏振状态的过程称为检偏，它所用的装置称为检偏器，实际上，起偏器和检偏器是通用的，用于起偏的偏振片称为起偏器，把它用于检偏就成为检偏器了。

(1) 线偏振光的鉴别：根据马吕斯定律，强度为 I_0 的线偏振光通过偏振化方向为 N' 的检偏器后，透射光的强度为

$$I=I_0\cos^2\theta \tag{4-103}$$

式中，θ 为入射光的偏振方向（即起偏器的偏振化方向 N）与检偏器偏振化方向之间的夹角，如图4-58所示。

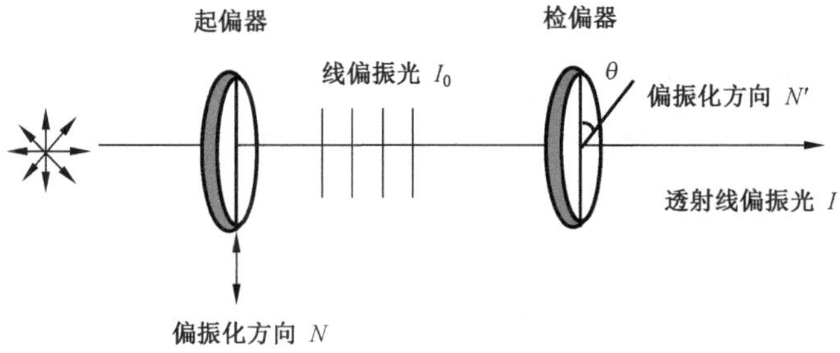

图 4-58　线偏振光经过检偏器时光强的变化

显然，当以光线传播方向为轴转动检偏器时，透射光强度 I 将发生周期性变化，当 $\theta=0°$ 时，透射光强度最大；$\theta=90°$ 时，透射光强度为0（消光状态）。由此可知，如果让入射光

穿过检偏器并旋转检偏器，观察透射光的强度变化。如果出现消光现象，则入射光必为线偏振光；若透射光的强度没有变化，则可能是自然光或圆偏振光；若转动检偏器，透射光强虽有变化，但不出现消光现象，则入射光可能是椭圆偏振光或部分偏振光。

(2) 自然光、圆偏振光、部分偏振光与椭圆偏振光的鉴别：让入射光先经过 1/4 波片后再经过检偏器，转动检偏器，观察透射光的强度变化。若入射光是圆偏振光(或椭圆偏振光)，则通过 1/4 波片后将转变成为线偏振光，转动检偏器就会看到消光现象；若入射光是自然光或部分偏振光，则通过 1/4 波片和检偏器后，不会出现消光现象。圆偏振光、椭圆偏振光的鉴别：将光入射到起偏器上，转动起偏器一周，若透射光的光强明暗变化，则是椭圆偏振光，无变化的是圆偏振光。同理，可区分自然光与部分偏振光。

【实验内容】

1. 观察光的偏振现象，验证马吕斯定律

(1) 在光源至白屏的光路上，放置起偏器，旋转起偏器，观察白屏上光斑强度的变化情况。

(2) 在起偏器与白屏之间，放置检偏器，固定起偏器的方位后，旋转检偏器 360°，观察白屏上光斑强度的变化情况。注意视场中有几处为暗的，此时称之为消光。

(3) 以硅光电池代替白屏，将硅光电池与检流计串联，接收经过检偏器的透射光，以检流计指针偏转的大小，可定量得出检偏器转动时光强的变化规律。以起偏器和检偏器正交时为起始位置，此时 $\theta=90°$，旋转检偏器，每转过 15°，记录一次相应的光电流值，直至 $\theta=0°$。

以 $\cos^2\theta$ 为横坐标，I 为纵坐标，作 $I\text{-}\cos^2\theta$ 关系曲线，得出实验结论，验证马吕斯定律。

2. 根据布儒斯特角测定玻璃折射率

(1) 在起偏器后，插入布儒斯特角测量装置，调节装置上的玻璃平板，使反射光与入射光重合，此即法线位置，记下初始角 i_1。

(2) 一面转动玻璃平板，一面同时转动起偏器，反复调节，直到反射光消失为止，此时记下玻璃平板的角度 i_2，重复测量 4 次。

布儒斯特角 $\varphi_b=|i_2-i_1|$，求出 φ_b 的平均值。根据布儒斯特定律，求出玻璃折射率，注意有效数字位数的保留。

3. 观察椭圆偏振光及圆偏振光

(1) 先使起偏器和检偏器的偏振方向垂直(即白屏上接收的光处于消光状态)。

(2) 在起偏器、检偏器之间插入 1/4 波片，转动 1/4 波片使白屏上接收的光再次处于消光状态，设此处为 1/4 波片的初始位置。

(3) 转动 1/4 波片，使其与消光时位置的夹角依次为 15°、30°、45°、60°、75°、90°，每次将检偏器转动 360°，观察实验现象，如表 4-15 所示。

表 4-15 不同角度下的偏振状态

主要仪器：　　　　　　　　　精度：　　　　　　　　　实验台号：

1/4 波片转动角度/(°)	检偏器转动 360°观察到的现象	光的偏振状态
15		
30		
45		
60		
75		
90		

【注意事项】

1. 实验中，各元件平面均要求与入射光垂直，各面互相平行靠近，减少周围杂散光的影响。

2. 不可用手触摸各偏振片、波片表面，更不可将偏振片、波片等在桌面等地方摩擦，以免损伤其表面，影响实验效果。

3. 暂时不用的器件连同底座一起从导轨拿下，放置在桌面内侧。

4. 勿用眼睛直视激光，以免损伤眼睛。

【思考题】

1. 如何利用测布儒斯特角的原理，确定一块偏振片的透光轴位置？

2. 当 1/4 波片与起偏器的夹角为何值时产生圆偏振光？

3. 如何用两个偏振片和一个 1/4 波片，正确区分自然光、部分偏振光、线偏振光、椭圆偏振光和圆偏振光？

【拓展阅读】

圆偏振发光(CPL)作为手性发光材料的特征之一，主要是指手性发光物质在光或电的激发下，发出的左右圆偏振光强度不同的现象。近年来，由于圆偏振光在光学信息加密存储、生物编码和不对称光聚合等方面有巨大的应用价值，具有圆偏振发光性质的手性光学材料受到研究人员越来越多的关注。

2020 年，燕山大学环境与化学工程学院焦体峰教授课题组与国家纳米科学中心段鹏飞研究员团队合作，首次构筑了一个基于三重态-三重态湮灭上转换发光的手性向列相液晶的发光体系，实现了对圆偏振发光的逐级放大过程，获得了(发光不对称因子，g_{lum})为 0.19 的体系，并且完成了由可见光到紫外光的上转换圆偏振紫外发光(upconverted circularly polarized ultraviolet luminescence，UC-CPUVL)。研究人员进一步将其产生的上转换圆偏振紫外光应用于联乙炔的聚合反应中，得到了光学活性高度可控且稳定的手性聚联乙炔。以上研究成果以“Sequentially amplified circularly polarized ultraviolet luminescence for enantioselective photopolymerization”为题发表在国际期刊 *Nature Communications* 上。

2022 年，焦体峰教授指导的学生韩冬雪在其博士学位论文中提到，如何简单普适地构筑智能圆偏振发光材料以及如何提升其性能，并进一步扩大其应用是该领域研究的重要问题。为此，她设计了四类各具特点可控、可逆的动态响应性圆偏振发光体系，通过构筑超分子共组装体系、手性向列相液晶体系及三重态-三重态湮灭上转换发光体系等，获得了新型的智能 CPL 材料。这为今后设计具有 CPL 性质的体系提供了新的视角，功能化的分子库和多样化的手性基团可以作为构建智能 CPL 材料的基础，多种策略的有效结合同时有利于促进响应性的 CPL 体系实现有效应用，有利于未来实现从分子水平到纳米和宏观尺度的手性转移或控制。

实验 4.16　多普勒效应的研究与应用

当波源和接收器之间有相对运动时，接收器接收到的波的频率与波源发出的频率不同的现象称为多普勒效应。奥地利物理学家及数学家克里斯琴·约翰·多普勒(Christian Johann Doppler)于 1842 年首先提出了这一理论，多普勒效应即为纪念他而命名的。

多普勒效应在科学研究、工程技术、交通管理、医疗诊断等各方面都有十分广泛的应用。例如：交通警察在公路上使用的雷达测速仪；军事上使用的脉冲多普勒雷达；安装在轮船底部的用于测速和测航程的多普勒声纳；医院用的“彩超”和超声频移诊断(即 D 超)等。

多普勒效应是波动过程共有的特征，机械波、声波、电磁波和光波都会发生多普勒效应。在光现象里同样存在多普勒效应，当光源向你快速运动时，光的频率也会增加，表现为光的颜色向蓝光方向偏移(因为在可见光里，蓝光的频率高)，即光谱出现蓝移；而当光源快速离你而去时，光的频率会减小，表现为光的颜色会向红光方向偏移(因为在可见光里，红光的频率低)，即光谱出现红移。通过测量遥远星系发出的光波是被压缩还是拉伸，就能确定它们是在移向我们还是远离我们。

【实验目的】

1. 测量运动小车的速度与接收频率之间的关系，计算声速，验证多普勒效应。
2. 利用多普勒效应测量小车的移动速度。

【实验仪器】

COC-DPL-F 反射式多普勒超声综合实验仪。

【实验原理】

1. 多普勒效应测速原理

根据声波的多普勒效应公式，当声源与接收器之间有相对运动时，接收器接收到的频率 f 为

$$f=\frac{u+v_1\cos\alpha_1}{u-v_2\cos\alpha_2}f_0 \tag{4-104}$$

式中，f_0 为声源发射频率；u 为声速；v_1 为接收器运动速率；α_1 为声源和接收器连线与接收器运动方向之间的夹角；v_2 为声源运动速率；α_2 为声源和接收器连线与声源运动方向之间的夹角。为简单起见，设波源或观察者的运动都沿两者的连线，此时式(4-104)简化为

$$f=\frac{u+v_1}{u-v_2}f_0 \tag{4-105}$$

式中，v_1、v_2 的符号规则为声源和观察者相向运动时为正，背离运动时为负。

本实验装置如图 4-59 所示，电机与超声头固定于导轨上面，小车可以由电机牵引沿导轨左右运动，超声发射头与接收头固定于导轨右端，超声波通过小车上的铝板反射回来被接收器接收，小车运动速度为 v（向右为正），因此声源速度也为 v。

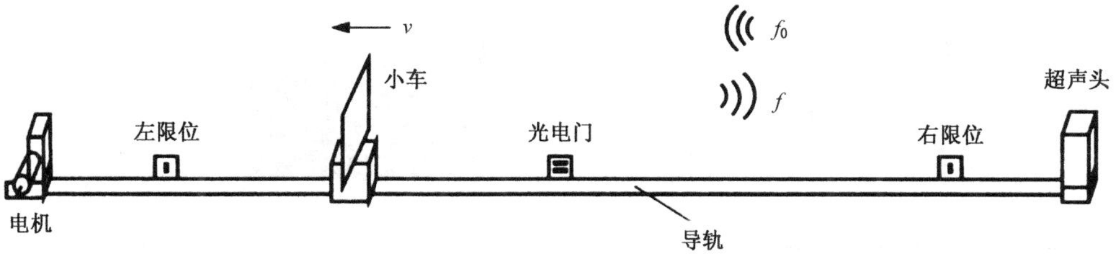

图 4-59 实验装置图

依据多普勒频移公式，不难推导出回波频率、多普勒频移和小车运动速度分别为

$$f=\frac{u+v}{u-v}f_0,\Delta f=\frac{f+f_0}{u}v,v=\frac{f-f_0}{f+f_0}u \tag{4-106}$$

由于电路中不能表征负频移（即不论靠近还是远离超声头，仪器上 Δf 数据均显示正值），所以实验记录中约定“靠近”方向为正方向，即小车靠近超声头时，Δf 记录为正值；小车远离超声头时，Δf 应记录负值。小车速度为

$$v=\frac{\Delta f}{2f_0+\Delta f}u \tag{4-107}$$

上式是进行声速测量的依据，需要注意当小车远离超声头时，速度也应当记录负值。

对式(4-107)简单调整，可得

$$\frac{2f_0+\Delta f}{\Delta f}=u\cdot\frac{1}{v} \tag{4-108}$$

显然，$(2f_0+\Delta f)/\Delta f$ 与小车速度的倒数 $1/v$ 呈线性关系，斜率即为声速测量值。

声速理论值可由下式计算：

$$u=331.45\sqrt{1+\frac{t}{273.15}} \tag{4-109}$$

式中，t 为当前环境温度，单位℃；331.45 为 0 ℃时的声速值，单位为 m/s。

2. 光电门测速原理

作为多普勒效应测速的参考，在本实验中还采用了光电门测速方式以利于比较。光电门测速是一种比较通用的测速方法，图 4-60 是光电门的典型应用电路。发光二极管经过 R_1 与 V_{cc} 相连，导通并发出红外光。光电三极管在光照条件下可以导通。如果在发光二极管与光电三极管之间没有障碍物，则发光二极管所发出的光能够使光电三极管导通，output 输出端被拉至 0 电平，输出为低；如果中间有障碍物，则光电三极管被截止，output 端被拉至 1 电平，输出为高。因此可以通过电平的高低变化，来判断是否被挡光。在本仪器中挡光片如图 4-61 所示。

本实验中将挡光片安置在小车上，当作为运动物体的小车通过光电门时，将产生二次挡光。根据光电门输出端产生的两个脉冲上升沿之间的时差和挡光片的相应长度（5.0 cm），可以计算出小车的运动速度。

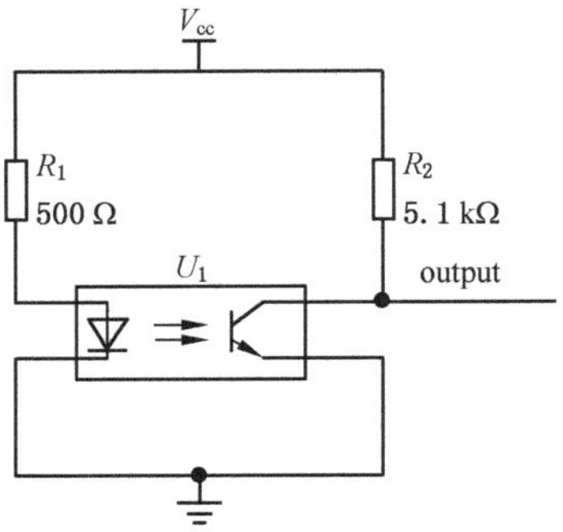

图 4-60　光电门的典型应用电路

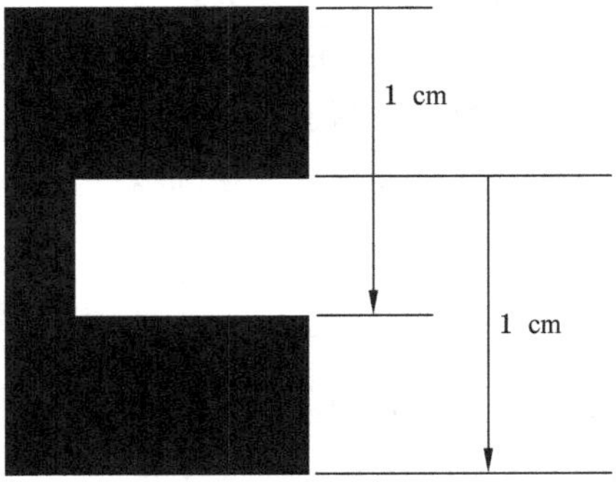

图 4-61　光电门结构

【实验内容】

1. 利用多普勒超声综合实验仪测量运动小车的速度和频差，计算声速，验证多普勒效应

(1)打开多普勒超声综合实验仪的电源，系统启动并初始化，小车自动或手动(按下“复位”按钮)复位至起始位置(导轨左侧限位处)。将示波器 CH1 和 CH2 接入“发射”和“接收”插孔，调节示波器，观察超声探头的发射和接收波形。

(2)从主菜单选择“多普勒效应验证(声速测定)”，在操作面板上按下“OK”按钮进入参数设置页面。

(3)通过上下方向按钮选择“电机转速设置”，按下“OK”按钮，再通过方向按钮移动光标，对电机转速进行设置(设置范围为 20%～80%，如果超出该范围，可能导致电机无法启动或发生异常)，设置成指定转速后，再按下“OK”按钮进行确定，使用上下方向键移动至“开始测量”。

(4)按下“OK”按钮，确认轨道和小车状态正常后，选择“是”进行测量。小车朝靠近探头的方向移动，到达右侧限位后，记录下通过光电门得出的小车速度和频差(记录正值)。

(5)重复第 4 步操作，测量并记录小车朝远离探头方向移动时的速度和频差(均记录负值)。

(6)保此电机转速不变，重复第(4)、(5)步操作，多次测量后，求出小车在靠近和远离探头时速度和频差的平均值。

(7)更改电机转速，重复以上步骤，通过不同转速和小车运动状态下(靠近或远离)取得的小车速度和频差。在坐标纸中，以小车速度倒数$\dfrac{1}{v}$为横坐标，$\dfrac{2f_0+\Delta f}{\Delta f}$为纵坐标，绘直线计算斜率，即可得到声速测量值，其中发射频率为 40 kHz。

(8)通过温度计读取环境温度，使用式(4-109)计算当前温度下的理论声速，并与实验值对比，计算相对误差。

2. 利用求得的声速测量和多普勒原理测量小车速度

(1)回到主界面，按下“复位”按钮使小车复位，通过上下方向键，移动至“超声测速”选项，按下“OK”，进入速度选择界面。

(2)选择“速度 1”，按下“OK”，确认小车和轨道状态后选择“是”进行测量。

(3)使小车来回多次，并分别记录小车每次靠近和远离探头时测得的频差，使用实验 1 中求得的声速和发射频率，代入公式(4-107)计算出小车在“速度 1”条件下的运动速度。

(4)回到上一界面，选择重复以上过程，分别求得“速度 2”和“速度 3”的小车速度。

3. 观察速度曲线(选做)

返回主界面，选择“绘制速度曲线”，按“OK”按钮进入绘图，可以选择匀速运动或者匀加速运动进行运动曲线绘制(在使用匀加速运动模式时，初速度设置要求在 20%～50%之间，加速度最好不要超过 5%，超出范围可能导致电机无法启动或发生意外)，该部分只要求通过显示界面观察小车的匀速/加速运动过程，不需要记录处理数据。

【注意事项】

1. 本实验各部件均固定在导轨上，无法直接拆卸，应避免生拉硬拽。

2. 开机前应检查小车是否位于左右限位之间，若超出范围，则需手动调整，开机后仪器会自行初始化小车位置于左限位处。

3. 手动调整小车位置时，应轻轻推动小车底端，勿直接拖动铝板。

4. 由于电路中不能表征负频移，不论靠近还是远离超声头，仪器上 Δf 读数均显示正数。因此在实验数据记录时，当小车远离超声头时，Δf 应记录负值。

【思考题】

1. 该实验中发射与接收换能器位于导轨一端，小车运动反射的回波与发出的 40 kHz 信号产生差频(即频移)，在实验原理部分已给出相应 Δf、v 公式，请推导发送换能器在导轨上固定，接收换能器在小车上运动的 Δf、v 的表达式。

2. 分析该实验中误差的主要来源。

【附录】仪器简介

实验系统原理框图如图 4-62 所示。单片机(MCU)通过计时器(T/C)产生 40 kHz 方波，该方波通过低通滤波器后获得 40kHz 正弦信号并耦合至发送换能器；发送换能器发出的超声波经小车反射后由接收换能器接收，此接收信号频率与发送换能器发出的超声波频率符合多普勒频移关系。将发射波信号与接收波信号经模拟乘法器相乘，其输出产生差频和倍频相关频谱，经过低通滤波器滤除高频信号以后，取出所期望得到的差频信号。该差频信号经过整形送至 MCU 处理，MCU 根据多普勒频率公式计算出运动物体的运动速度。

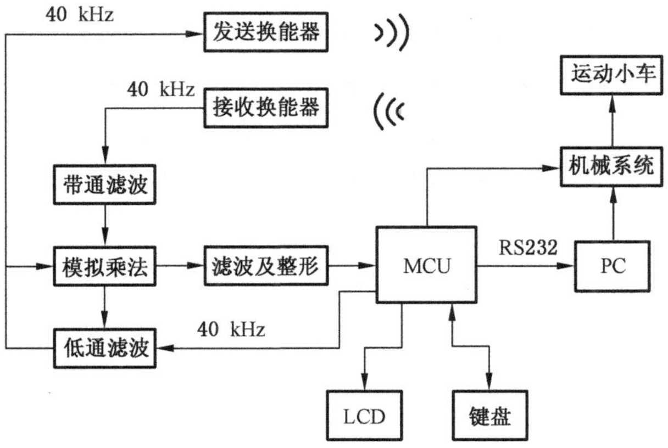

图 4-62 电路原理框图

【拓展阅读】

多普勒效应并不是声波或机械波特有的一种现象，对于光波或电磁波中也同样适用。当光源向我们快速运动时，我们观测到的光波波长会变短，频率也会增加，表现为光的颜色向蓝光方向偏移(因为在可见光里，蓝光的频率高)，即光谱出现蓝移；而当光源快速离我们而去时，我们观测到的光波频率会减小，表现为光的颜色会向红光方向偏移(因为在可见光里，红光的频率低)，即光谱出现红移。

在天体物理学中，红移和蓝移是研究星系、恒星和宇宙演化等领域的核心工具。通过测量和分析天体的光谱特征，可以了解它们的运动状态、距离、组成成分以及演化历史等信息。如当检测到某星体发出的光波波谱向红色端偏移，说明该星体正在远离我们；相反如果波谱向蓝色端偏移，则说明该星体正在向我们靠近。通过红移或蓝移的程度，还可以计算出星体相对我们移动的速度(称为"视向速度")。

天文学家通过观察发现，目前所观测到银河系以外的天体，几乎所有的天体都存在"红移"现象，越是离我们远的，"红移"现象越严重，这种现象相当程度印证了广义相对论中"空间随时间膨胀"的理论。目前宇宙起源的主流学说正是源自于此——一个密度无限大的"奇点"发生了爆炸，随着时间推移，空间不断在膨胀，直到现在。这就是"宇宙大爆炸学说"。

当然，大爆炸理论并不能完全解释宇宙的起源和演化过程。它无法解释奇点是如何形成的，也无法解释宇宙为什么会开始膨胀。这些问题的答案仍然隐藏在物理学和宇宙学的未知领域中。

实验 4.17　PN 结正向电压温度特性研究

早在 20 世纪 60 年代初，人们就试图利用 PN 结的正向电压随温度升高而降低的特性来制作测温元件。现在，PN 结以及在此基础上发展起来的晶体管温度传感器、集成电路温度传感器已广泛应用于各个领域，PN 结温度传感器具有灵敏度高、线性好、热响应快和体积小重量轻的特点，尤其是在温度数字化、温度控制以及用微机进行温度实时信号处理等方面，是其他测温元件所不能媲美的，PN 结温度传感器的缺点是测温范围小，如以硅为材料的温度传感器，在非线性误差不超过 0.5%的条件下，测量范围为 −50～150 ℃。如采用其他材料，如锑化铟或砷化镓，可以展宽传感器低温区或高温区的测温范围。

党的二十大报告强调"以国家战略需求为导向，积聚力量进行原创性引领性科技公关，坚决打赢关键技术攻坚战""加强基础研究，突出原创，鼓励自由探索"，PN 结作为微电子领域中最基础的结构，从一个小小的发光二极管到内含 160 亿个晶体管的麒麟芯片，都有 PN 结的身影，其相关物理性质的探索与研究理应受到高度重视。

【实验目的】

1. PN 结正向电压随温度变化的基本规律。

2. 测绘 PN 结正向电压随温度变化的关系曲线，并由此确定 PN 结的测温灵敏度和被测 PN 结材料的禁带宽度。

【实验仪器】

DH-PN-1 型 PN 结正向压降温度特性实验仪/DH-PN-2 型 PN 结正向压降温度特性实

验仪。

【实验原理】

1. PN结温度传感器的基本方程

根据半导体物理的理论，理想PN结的正向电流 I_F 和正向电压 V_F 存在如下近似关系式：

$$I_F = I_S\left[\exp\left(\frac{qV_F}{kT}\right)-1\right] \tag{4-110}$$

式中，q 为电子的电量；T 为热力学温度；I_S 为反向饱和电流，它是一个和PN结材料的禁带宽度以及温度等有关的参数，可以证明

$$I_S = CT^r\exp\left[-\frac{qV_g(0)}{kT}\right] \tag{4-111}$$

式中，C 是与PN结的结面积、掺杂浓度等有关的常数；k 为波尔兹曼常数；r 在一定温度范围内也是常数；$V_g(0)$为热力学温度为0 K时PN结材料的导带底与价带顶的电势差，对于给定的PN结材料，$V_g(0)$是一个定值。

将式(4-111)代入式(4-110)，两边取对数，整理后可得

$$V_F = V_g(0)-\left(\frac{k}{q}\ln\frac{C}{I_F}\right)T-\frac{kT}{q}\ln T^r = V_1+V_{n1} \tag{4-112}$$

式中，

$$V_1 = V_g(0)-\left(\frac{k}{q}\ln\frac{C}{I_F}\right)T$$

$$V_{n1} = -\frac{kT}{q}\ln T^r$$

式(4-110)是PN结正向电压作为电流和温度函数的表达式，它是PN结温度传感器的基本方程。

2. PN结测温原理

根据式(4-111)，对于给定的PN结材料，令PN结的正向电流 I_F 恒定不变，则正向电压 V_F 只随温度变化，但是，式(4-111)中除线性项 V_1 外，还包含有非线性项 V_{n1}。实验和理论证明，在温度变化范围不大时，V_{n1} 与 V_F 的改变量相比误差很小，对于通常的硅PN结材料来说，在－50～150 ℃温度区间内，其非线性误差仍然很小，但当温度变化范围增大时，V_F 温度响应的非线性误差将有所增加。

综上所述，对给定的PN结材料，在允许的温度变化区间范围内，在恒流供电（I_F 不变）条件下，PN结的正向电压 V_F 对温度的依赖关系取决于线性项 V_1，正向电压 V_F 几乎随温度升高而线性下降，即

$$V_F = V_g(0)-\left(\frac{k}{q}\ln\frac{C}{I_F}\right)T = V_g(0)+ST \tag{4-113}$$

式(4-113)便是PN结测温的依据，其中 $S=-\left(\frac{k}{q}\ln\frac{C}{I_F}\right)$ 为PN结温度传感器的灵敏度。

3. 测量PN结材料的禁带宽度

PN结材料的禁带宽度 $E_g(0)$ 为0 K时PN结材料中电子从价带顶跃迁到导带底需要

的能量，其大小为 $E_g(0)=qV_g(0)$，q 为单个电子的电荷量。

根据式(4-113)可知，PN 结正向电压 V_F 与温度 T 为线性关系，其截距即为

$$V_g(0)=V_F-ST \tag{4-114}$$

【实验内容】

1. 在恒定正向电流条件下，测绘 PN 结正向压降随温度的变化曲线，确定其灵敏度。

(1) 打开仪器电源，预热 5 min。

(2) 调节正向电流 $I_F=50\ \mu A$，记下室温 t_R 及对应压降 V_F。

(3) 保持 $I_F=50\ \mu A$ 不变，开启加热电流(大小设为 0.6 A 左右)，升温至 30 ℃后，每隔 5 ℃记录正向电压 V_F 与温度 t，直到 80 ℃为止。(对于 DH-PN-2 型仪器，需要先设定预加热温度为 80 ℃，再开启加热电流)

(4) 以热力学温度 T 为横坐标($T=t+T_0$，$T_0=273.15$ K)，PN 结正向电压 V_F 为纵坐标，绘制正向电压随温度变化曲线，计算斜率即为灵敏度 S，截距 $V_g(0)$。

2. 估测被测量 PN 结材料的禁带宽度。

利用测得的 $V_g(0)$ 和 S 值，计算 PN 结材料的禁带宽度 $E_g(0)$，并与公认值 1.21 eV 比较，求相对误差。

【注意事项】

1. 仪器连接线比较多，线芯比较细，使用过程中应小心，不可用力过猛。

2. 除加热线外，其他连接线都有极性区别，连接时注意不要接反。

3. 使用完毕后，应及时关闭电源，避免长期加热造成安全事故。

实验 4.18　铁磁材料的磁滞回线和基本磁化曲线

铁磁材料，由于其原子的内部结构比较特殊，受到外磁场作用时显示很强的磁性。在 20 世纪初期，铁磁材料主要用在电机制造业和通信器件中，如发电机、变压器和电表磁头。而自 20 世纪 50 年代以来，随着电子计算机和信息科学的发展，应用铁磁材料不仅可存储数字信息，也可以存储随时间变化的信息；不仅可用作计算机的存储器，而且可用于录音和录像。目前，铁磁材料被广泛应用于雷达、通信、导航、遥测等电子设备中，以及机械、汽车、医学、天文、军事、交通、通信等领域。例如制造风力涡轮机、磁悬浮列车、航空航天器等高科技设备。总之，铁磁材料是一种非常重要的功能材料，在现代工业和科技领域中得到了广泛的应用。因此，加强对铁磁材料性能的研究，可以加快建设制造强国、质量强国、航天强国、交通强国、网络强国、数字中国，以中国式现代化全面推进中华民族伟大复兴。

铁、钴、镍和它们的一些合金，稀土族金属以及一些氧化物都属于铁磁材料。它们都具有很大的磁导率和明显的磁滞效应。磁滞回线和基本磁化曲线反映了铁磁材料磁特性的主要特征。而磁学量的测量一般比较困难，通常利用相应的物理规律，将磁学量转换为易于测量的电学量。这种转换测量法是物理实验中常用的基本测量方法。本实验采用示波法测量，具有直观、方便、迅速及能在不同磁化状态下进行观察和测绘的独特优点，但准确度较低。

【实验目的】

1. 掌握磁滞、磁滞回线和磁化曲线的概念，加深对铁磁材料的主要物理量——矫顽力、剩磁和磁导率的理解。

2. 学会用示波法测绘基本磁化曲线和磁滞回线。

3. 根据磁滞回线确定磁性材料的饱和磁感应强度 B_s、剩磁 B_r 和矫顽力 H_C 的数值。

4. 研究不同频率下动态磁滞回线的区别，并确定某一频率下的磁感应强度 B_s、剩磁 B_r 和矫顽力 H_C 的数值。

5. 改变不同的磁性材料，比较磁滞回线形状的变化。

【实验原理】

1. 铁磁材料的磁滞特性

铁磁物质是一种性能特异、用途广泛的材料。铁、钴、镍及其众多合金以及含铁的氧化物(铁氧体)均属铁磁物质。其特性之一是在外磁场作用下能被强烈磁化，故磁导率 $\mu=B/H$ 很高。另一特征是磁滞，铁磁材料的磁滞现象是反复磁化过程中磁场强度 H 与磁感应强度 B 之间关系的特性。即磁场作用停止后，铁磁物质仍保留磁化状态，图 4-63 为铁磁物质的磁感应强度 B 与磁场强度 H 之间的关系曲线。

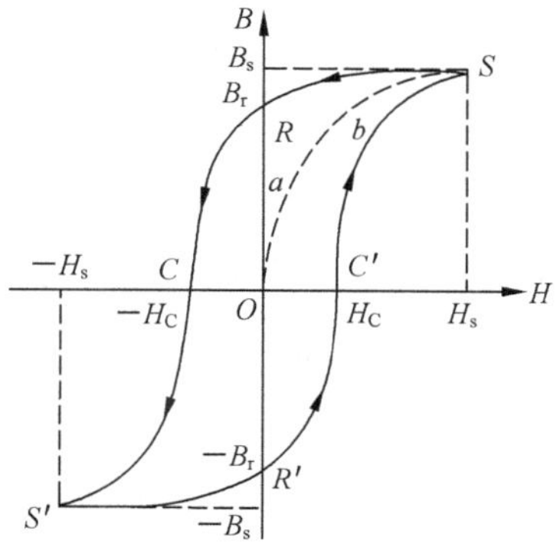

图 4-63 铁磁物质起始磁化曲线和磁滞回线示意图

将一块未被磁化的铁磁材料放在磁场中进行磁化，图中的原点 O 表示磁化之前铁磁物质处于磁中性状态，即 $B=H=0$，当磁场强度 H 从零开始增加时，磁感应强度 B 随之从零缓慢上升，如曲线 Oa 所示，继之 B 随 H 迅速增长，如曲线 ab 所示，其后 B 的增长又趋缓慢，并当 H 增至 H_s 时，B 达到饱和值 B_s，这个过程的 $OabS$ 曲线称为起始磁化曲线。如果在达到饱和状态之后使磁场强度 H 减小，这时磁感应强度 B 的值也要减小。图 4-63 表明，当磁场从 H_s 逐渐减小至零，磁感应强度 B 并不沿起始磁化曲线恢复到 O 点，而是沿另一条新的曲线 SR 下降，对应的 B 值比原先的值大，说明铁磁材料的磁化过程是不可逆的过程。比较线段 OS 和 SR 可知，H 减小 B 相应也减小，但 B 的变化滞后于 H 的变化，这种现象称为磁滞。磁滞的明显特征是当 $H=0$ 时，磁感应强度 B 值并不等于 0，而是保留一定大小的剩磁 B_r。

当磁场反向从 0 逐渐变至 $-H_C$ 时，磁感应强度 B 消失，说明要消除剩磁，可以施加反向磁场。当反向磁场强度等于某一定值 H_C 时，磁感应强度 B 值才等于 0，H_C 称为矫顽力，它的大小反映铁磁材料保持剩磁状态的能力，曲线 RC 称为退磁曲线。如再增加反向磁场的磁场强度达 H_s 时，铁磁材料又可被反向磁化达到反方向的饱和状态，逐渐减小反向磁场的磁场强度至 0 时，B 值减小为 $-B_r$。这时再施加正向磁场，B 值逐渐减小至 0 后又逐渐增大至饱和状态。

图 4-63 还表明，当磁场按 $H_s \to 0 \to -H_C \to -H_s \to 0 \to H_C \to H_s$ 次序变化，相应的磁感应强度 B 则沿闭合曲线 $SRCS'R'C'S$ 变化，可以看出磁感应强度 B 值的变化总是滞后于磁

场强度 H 的变化，这条闭合曲线称为磁滞回线。当铁磁材料处于交变磁场中时（如变压器中的铁心），将沿磁滞回线反复被磁化→去磁→反向磁化→反向去磁。磁滞是铁磁材料的重要特性之一，研究铁磁材料的磁性就必须知道它的磁滞回线。各种不同铁磁材料有不同的磁滞回线，主要是磁滞回线的宽、窄不同和矫顽力大小不同。

当铁磁材料在交变磁场作用下反复磁化时将会发热，要消耗额外的能量，因为反复磁化时磁体内分子的状态不断改变，所以分子振动加剧，温度升高。使分子振动加剧的能量是产生磁场的交流电源供给的，并以热的形式从铁磁材料中释放，这种在反复磁化过程中能量的损耗称为磁滞损耗，理论和实践证明，磁滞损耗与磁滞回线所围面积成正比。

应该说明，当初始状态为 $B=H=0$ 的铁磁材料，在交变磁场强度由弱到强依次进行磁化，可以得到面积由小到大向外扩张的一簇磁滞回线，如图 4-64 所示，这些磁滞回线顶点的连线称为铁磁材料的基本磁化曲线。基本磁化曲线上的点与原点连线的斜率称为该磁化状态下的磁导率 $\mu=\dfrac{B}{H}$，它表征在给定磁场强度条件下单位 H 所激励出的磁感应强度 B，表示材料磁化性能强弱。从磁化曲线上可以看出，因 B 与 H 非线性，铁磁材料的磁导率 μ 不是常数，而是随 H 而变化，如图 4-65 所示。当铁磁材料处于磁饱和状态时，磁导率减小较快。曲线起始点对应的磁导率称为初始磁导率，磁导率的最大值称为最大磁导率，这两者反映 μ-H 曲线的特点。另外磁导率非常高是铁磁材料的主要特性，也是铁磁材料用途广泛的主要原因之一。

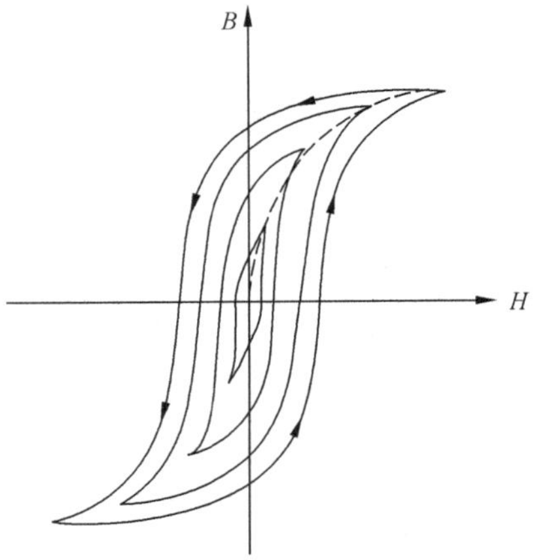

图 4-64　同一铁磁材料的一簇磁滞回线

在理论上，要消除剩磁 B_r，只需通一反方向磁化电流，使外加磁场正好等于铁磁材料的矫顽力就行。实际上，矫顽力的大小通常并不知道，因而无法确定退磁电流的大小。从磁滞回线得到启示：如果使铁磁材料磁化达到饱和，然后不断改变磁化电流的方向，与此同时逐渐减小磁化电流，以至于零，那么材料的磁化过程就是一连串逐渐缩小而最终趋于原点的环状曲线。当 H 减小为零，B 也同时降为零，达到完全退磁，如图 4-64 所示。可以说磁化曲线和磁滞回线是铁磁材料分类和选用的主要依据，图 4-66 为常见的两种典型的磁滞回线，其中软磁材料的磁滞回线狭长、矫顽力小（$<10^2$ A/m）、剩磁和磁滞损耗均较小，磁滞特性不显著，可以近似地用它的起始磁化曲线来表示其磁化特性，这种材料容易磁化，也容易退磁，是制造变压器、继电器、电机、交流磁铁和各种高频电磁元件的主要材料。而硬磁材料的磁滞回线较宽，矫顽力大（$>10^2$ A/m），剩磁强，磁滞回线所包围的面积大，磁滞特性显著，因此硬磁材料经磁化后仍能保留很强的剩磁，并且这种剩磁不易消除，可用来制造许多电气设备（如电表、扬声器、电话机、录音机）中的永磁体。

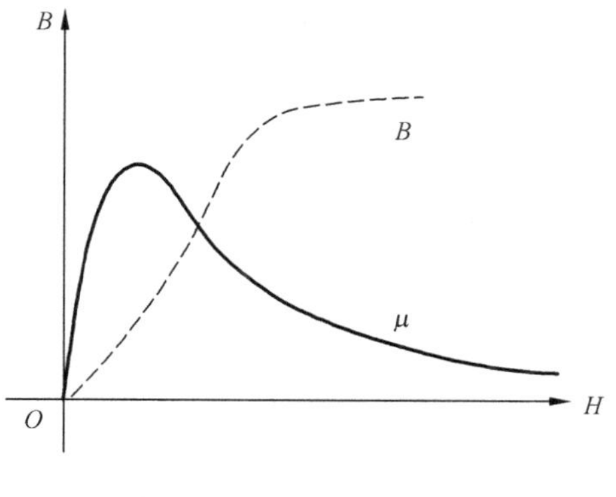

图 4-65 铁磁材料基本磁化曲线和 μ-H 曲线示意图

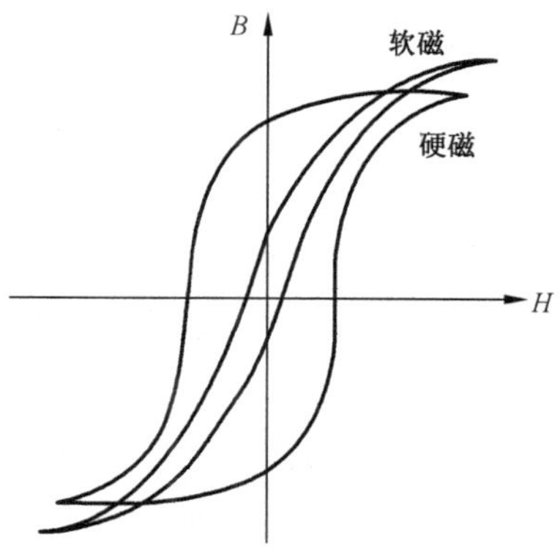

图 4-66 不同铁磁材料的磁滞回线示意图

2. 示波器测绘磁滞回线原理

观察和测量磁滞回线和基本磁化曲线的线路如图 4-67 所示。

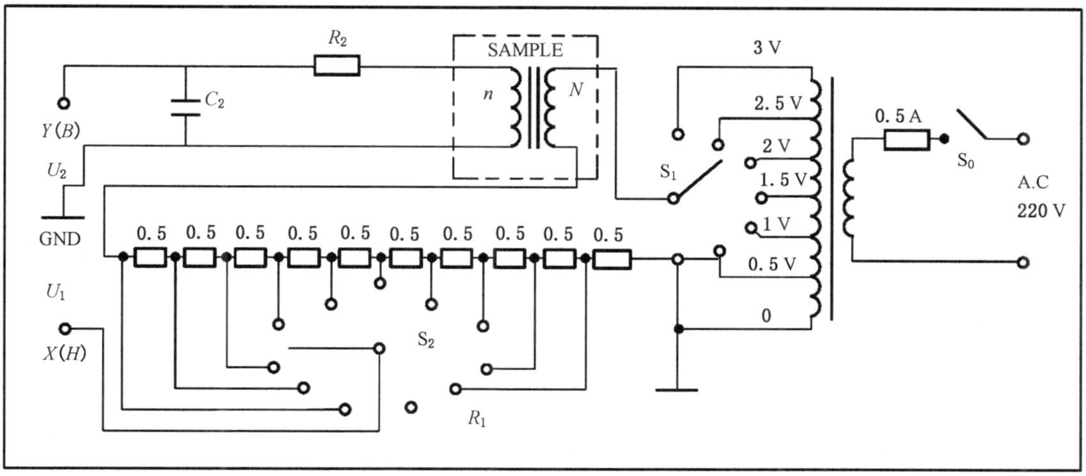

图 4-67 测量磁化曲线和磁滞回线实验线路示意图

待测样品为 EI 型矽钢片，N 为励磁绕组，n 为用来测量磁感应强度 B 而设置的绕组。R_1 为励磁电流取样电阻，R_2 为积分电阻，设通过 N 的交流励磁电流为 i，根据安培环路定律，样品的磁场强度

$$H=\frac{N\cdot i}{L}$$

式中，L 为样品的平均磁路长度；$i=\frac{U_1}{R_1}$，所以有

$$H=\frac{N}{LR_1}\cdot U_1 \tag{4-115}$$

式中，N、L、R_1 均为已知常数，磁场强度 H 与示波器 X 输入的 U_1 成正比，所以由 U_1 可确定 H。

在交变磁场下，样品的磁感应强度瞬时值 B 是由测量绕组 n 和 R_2C_2 电路给定的，根据法拉第电磁感应定律，由于样品中的磁通 φ 的变化，在测量线圈中产生的感应电动势的大小为

$$\varepsilon_2=n\frac{\mathrm{d}\varphi}{\mathrm{d}t}$$

$$\varphi=\frac{1}{n}\int\varepsilon_2\mathrm{d}t$$

$$B=\frac{\varphi}{S}=\frac{1}{nS}\int\varepsilon_2\mathrm{d}t \tag{4-116}$$

式中，S 为样品的横截面积。

考虑到测量绕组 n 较小，如果忽略自感电动势和电路损耗，则回路方程为

$$\varepsilon_2=i_2R_2+U_2$$

式中，i_2 为感应电流；U_2 为积分电容 C_2 两端电压。

设在 Δt 时间内，i_2 向电容的 C_2 充电电量为 Q，则

$$U_2=\frac{Q}{C_2}$$

$$\varepsilon_2=i_2R_2+\frac{Q}{C_2}$$

如果选取足够大的 R_2 和 C_2，使 $i_2R_2\gg\frac{Q}{C_2}$，则上式可以近似改写为

$$\varepsilon_2=i_2R_2$$

$$i_2=\frac{\mathrm{d}Q}{\mathrm{d}t}=C_2\frac{\mathrm{d}U_2}{\mathrm{d}t}$$

$$\varepsilon_2=C_2R_2\frac{\mathrm{d}U_2}{\mathrm{d}t} \tag{4-117}$$

将式(4-117)两边对时间 t 积分，代入式(4-116)可得

$$B=\frac{C_2R_2}{nS}U_2 \tag{4-118}$$

式中，C_2、R_2、n 和 S 均为已知常数。磁场强度 B 与示波器 Y 输入 U_2 成正比，所以由 U_2 可确定 B。

在交流磁化电流变化的一个周期内，示波器的光点将描绘出一条完整的磁滞回线，并在以后每个周期都重复此过程，这样在示波器的荧光屏上可以看到稳定的磁滞回线。综上所述，只要将图 4-67 中的 U_1 和 U_2 分别加到示波器的"X 输入"和"Y 输入"便可观察样品的 B-H 曲线，并可用示波器测出 U_1 和 U_2 的值，进而根据公式计算出 B 和 H；如将 U_1 和 U_2 加到测试仪的信号输入端，还可求得饱和磁感应强度 B_s、剩磁 B_r、矫顽力 H_C、磁滞损耗 $[B_H]$以及磁导率 μ 等参数。

【实验内容】

实验一与实验二是不同仪器的实验内容与步骤。

1. 实验一

(1) 观察磁滞回线：

① 电路连接：实验线路已接好，并令 $R_1=5\ \Omega$，"U 选择"置于 0 位。U_1 和 U_2 分别接示波器的"X 输入"和"Y 输入"，插孔"⊥"为公共端。

② 样品退磁：开启实验仪电源，对样品进行退磁，即顺时针转动"U 选择"旋钮，令 U 从 0 增至 3 V，然后反向转动旋钮，将 U 从最大值降为 0，其目的是消除剩磁，确保样品处于磁中

性状态，即 $B=H=0$，如图 4-68 所示。

③ 观察磁滞回线：开启示波器电源，调节示波器，令光点位于荧光屏坐标网格中心，并分别调节示波器 X 和 Y 轴的灵敏度至适当值，使 U 从 0 逐渐增大，荧光屏上出现图形大小合适的磁滞回线(若图形顶部出现编织状的小环，如图 4-69 所示，这时应该检查示波器的通道输入方式，一般应选择“DC”，或者 X 通道“AC”，Y 通道“DC”，并适当选择 R_1 值，或降低励磁电压 U 予以消除)。

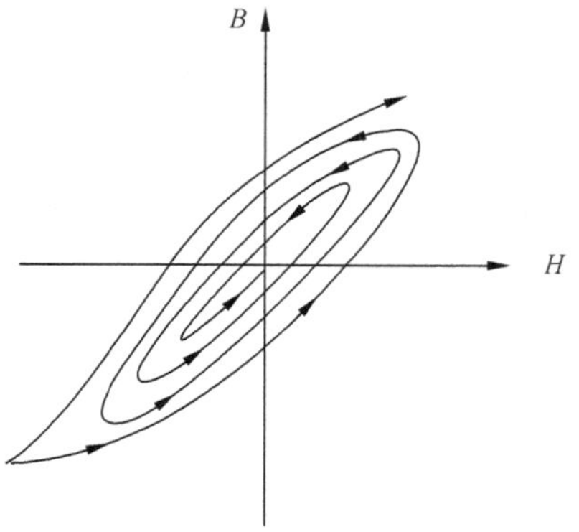

图 4-68 退磁示意图

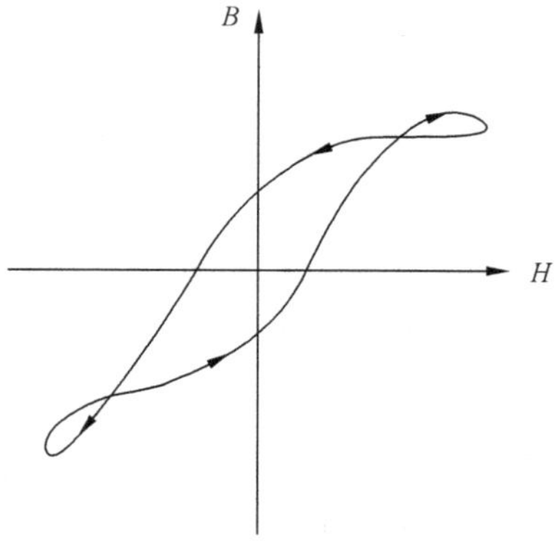

图 4-69 U_2 和 B 的相位差等因素引起的畸变示意图

(2) 测绘两样品的基本磁化曲线，按内容(1)中的步骤②对样品进行退磁，从 $U=0$ 开始，逐档提高励磁电压，将在荧光屏上得到面积由小到大一个套一个的一簇磁滞回线。这些磁滞回线顶点的连线就是样品的基本磁化曲线。测定 $U=0.5$ V，1.0 V，…时的 B 和 H 值(测量至饱和时为止)，作出两样品的基本磁化曲线和 μ-H 曲线图。

(3) 测绘两样品的饱和磁滞回线(除特殊点外采集点应足够多，以便作图)，并求出矫顽力 H_C、剩磁 B_r 和饱和磁感应强度 B_s 的值，将其标在图线上。

(4) 实验参数 $L=75$ mm，$S=120$ mm^2，$C_2=20$ μF，$R_1=5$ Ω，$R_2=10$ kΩ，样品 1 硅钢片材料(蓝色)磁芯匝数 $N=60$，样品 2 矽钢片材料(红色)磁芯匝数 $N=90$，两者的测量绕组的匝数相等 $n=200$。

2. 实验二

(1) 实验前先熟悉实验的原理和仪器的构成。使用仪器前先将信号源输出幅度调节旋钮逆时针到底(多圈电位器)，使输出信号为最小。标有红色箭头的线表示接线的方向，样品的更换是通过换接接线来完成的。

注意：由于信号源、电阻 R_1 和电容 C 的一端已经与地相连，所以不能与其他接线端相连接，否则会短路信号源、U_R 或 U_C，从而无法正确做出实验。

(2) 显示和观察两种样品在 25 Hz、50 Hz、100 Hz、150 Hz 交流信号下的磁滞回线图形。接好实验线路，逆时针调节幅度调节旋钮到底，使信号输出最小。调整示波器显示工作方式为 X-Y 方式。示波器 X 输入为 AC 方式，测量采样电阻 R_1 的电压，示波器 Y 输入为 DC 方式，测量积分电容的电压。接通示波器和 DH4516C 型动态磁滞回线实验仪电源，适当调节示波器辉度，以免荧光屏中心受损。预热 10 min 后开始测量。

(3) 测量基本磁化曲线和饱和磁滞回线：

① 示波器光点调至显示屏中心，调节实验仪频率调节旋钮，频率显示窗显示 50.00 Hz。

单调增加磁化电流，即缓慢顺时针调节幅度调节旋钮，使示波器显示的磁滞回线上 B 值增加缓慢，达到饱和。改变示波器上 X、Y 输入增益段开关并锁定增益电位器（一般为顺时针到底），调节 R_1、R_2 的大小，使示波器显示出典型美观的磁滞回线图形。以下测量磁化曲线和饱和磁滞回线时，保持 X、Y 输入增益不变。

② 单调减小磁化电流，即缓慢逆时针调节幅度调节旋钮，直到示波器最后显示为一点，位于显示屏的中心，即 X 和 Y 轴线的交点，如不在中间，可调节示波器的 X 和 Y 位移旋钮。①②两个步骤的目的为调节示波器 X、Y 增益至合适位置及消除样品剩磁。

③ 单调增加磁化电流，即缓慢顺时针调节幅度调节旋钮，使示波器显示的磁滞回线上 B 值增加缓慢，记录不同磁化电流下磁滞回线顶点在 X 方向和 Y 方向上的读数，测量至饱和时为止。作出样品的基本磁化曲线和 μ-H 曲线。当磁化电流至饱和时，记录示波器中饱和磁滞回线对应 X 方向和 Y 方向上的坐标值（除特殊点外采集点应足够多，以便作图），作出样品的饱和磁滞回线，并求出矫顽力 H_C、剩磁 B_r 和饱和磁感应强度 B_s 的值，将其标在图线上。

④ 更换实验样品，重复上述①～③的操作步骤。

⑤ 改变频率重复上述的操作步骤（选作）。

(4) 两种铁芯试验样品和实验装置参数如下：$L=130\ \text{mm}$，$S=124\ \text{mm}^2$，$C=1.0\ \mu\text{F}$，$N=100$，$n=100$，R_1 和 R_2 值根据仪器面板上的选择值计算。其中，L 为铁芯样品平均磁路长度；S 为铁芯样品截面积；N 为磁化线圈匝数；n 为副线圈匝数；R_1 为磁化电流采样电阻；R_2 为积分电阻；C 为积分电容。

【拓展阅读】

铁磁性是指物质中相邻原子或离子的磁矩由于相互作用而在某些区域中按同一方向排列，当所施加的磁场强度增大时，这些区域的磁矩定向排列程度会随之增加到某一极限值的现象。在铁磁性物质内部，有很多未配对电子。由于交换作用，这些电子的自旋方向趋于与相邻未配对电子的自旋方向。铁磁性物质内部分为很多磁畴，虽然磁畴内部所有电子的自旋会单向排列，不同磁畴之间磁矩的方向与大小都不相同。所以，未被磁化的铁磁性物质，其净磁矩与磁化矢量都等于零。假设施加外磁场，这些磁畴的磁矩趋于与外磁场相同方向，从而形成相当强烈的磁化矢量与感应磁场。随着外磁场的增高，磁化强度也会增高，直到“饱和点”，净磁矩等于饱和磁矩。这时，再增高外磁场也不会改变磁化强度。此时，减弱外磁场，磁化强度也会跟着减弱。但是不会与先前同一外磁场的磁化强度相同。磁化强度与外磁场的关系不是一一对应关系。磁化强度比外磁场的曲线形成了磁滞回线。到达饱和点后，撤除外磁场，铁磁性物质仍能保存一定的磁化状态，净磁矩与磁化矢量不等于零。所以，经过磁化处理后的铁磁性物质具有磁矩。

根据矫顽力不同，可将铁磁性材料分为硬磁材料和软磁材料。硬磁材料是一经磁化即能保持恒定磁性的材料，具有宽磁滞回线、高矫顽力和高剩磁。常用的永磁材料分为铝镍钴系永磁合金、铁铬钴系永磁合金、永磁铁氧体、稀土永磁材料和复合永磁材料。永磁材料对发展中国汽车、摩托车、电子信息等国民经济支柱产业及出口创汇具有重大意义，符合国家产业政策与规划，随着电子信息技术迅速发展，国内外对高性能永磁材料的市场需求越来越大。软磁材料指矫顽力不大于 1 000 A/m 的材料。软磁材料具有低矫顽力和高磁导率的磁性材料。应用最多的软磁材料是铁硅合金以及各种软磁铁氧体等。软磁材料易于磁化，也易于退磁，在汽车、新能源、信息、消费电子以及电力电子领域的小型化和高性能化中具有重要意义。软磁材料在各种器件中起到能量耦合传递及转换的作用，在能源日趋紧缺和环境问题日趋严重的今天，降低软磁材料的损耗，在节约能源及控制环境污染等方面具有重大意义。

燕山大学理学院李晓红教授、郭得峰教授科研团队在高性能稀土永磁材料的制备、结构与性能调控方面取得一系列重要研究成果。团队成员发表科研论文 100 余篇，主持国家自然科学基金、河北省自然科学基金、河北省教育厅项目、军工项目 10 余项。

燕山大学理学院牟从普教授、王博翀副教授科研团队在金属软磁材料、高频电磁功能材料、电磁波吸收屏蔽材料的制备及机理研究方面取得一系列重要研究成果。团队成员发表科研论文 100 余篇，主持国家自然科学基金、河北省自然科学基金、河北省教育厅项目 10 余项。

实验 4.19 霍尔效应的研究

霍尔效应是导电材料的电流与外磁场相互作用而在垂直于磁场和电流方向的两个端面之间产生电动势的效应。由于这种现象是由霍尔（A. H. Hall，1855—1938）于 1879 年第一次发现，因而命名为霍尔效应。

由于半导体材料的霍尔效应显著，随着半导体材料和制作工艺的发展，这一效应在科学实验和工程技术中得到广泛的应用，尤其是在非电量检测、电动控制、电磁测量和计算装置等方面。在电流体中的霍尔效应也是目前在研究中的“磁流体发电”的理论基础。1980 年德国科学家冯·克利青（K. Von Klitzing）因在低温、强磁场下发现量子霍尔效应而获得 1985 年的诺贝尔物理学奖，该发现也是凝聚态物理领域最重要的发现之一。其后美国华裔物理学家崔琦和施特默在更强磁场下研究量子霍尔效应时发现了分数量子霍尔效应，这一发现使人们对宏观量子现象的认识更加深入，他们也因此获得了 1998 年的诺贝尔物理学奖。2013 年，清华大学薛其坤团队首次从实验上观测到量子反常霍尔效应，该发现被著名物理学家杨振宁誉为“诺贝尔奖”级的发现，薛其坤院士本人也因此获得“2020 年度菲列兹·伦敦奖”和“2024 年度巴克利奖”。

在工业生产要求自动检测和控制的今天，作为敏感元件之一的霍尔器件，会有更广阔的应用前景。

【实验目的】

1. 了解霍尔效应的实验原理。
2. 学习用“对称测量法”消除有关副效应的影响，研究准确测量霍尔电压的方法。
3. 计算霍尔元件灵敏度、载流子浓度和迁移率，并判断其载流子类型。
4. 利用霍尔效应测量磁感应强度及磁场分布。

【实验仪器】

ZKY-HS 霍尔效应实验仪、ZKY-H/L 霍尔效应螺线管磁场测试仪。

【实验原理】

1. 霍尔效应

霍尔效应从本质上讲是运动的带电粒子在磁场中受洛仑兹力作用而引起的偏转。当带电粒子(电子或空穴)被约束在固体材料中,这种偏转就导致在垂直电流和磁场的方向上产生正负电荷的积累,从而形成附加的横向电场。

如图 4-70 所示,把一载流导体(或半导体)板垂直于磁场 B 放置,如果磁场 B 垂直于导体板中电流 I_S,那么在导体中垂直于 I_S 和 B 的方向就会出现一定的电势差 U_H,这一现象叫作霍尔效应,U_H 叫作霍尔电势差(或霍尔电压)。

如果是 N 型半导体(其载流子为电子),设它的长为 l,宽为 b,厚为 d。沿 Y 轴正向通一工作电流 I_S,沿 X 轴负向加一磁场 B,半导体中的载流子将在 Z 方向受到一个洛仑兹力(见图 4-70(a))大小为

$$F_m = e\bar{v}B \tag{4-119}$$

式中,e、$\bar{v}$ 分别是载流子的电量和平均漂移速度。载流子受力偏转的结果在 Z 方向形成霍尔电势差 U_H(此过程大约在 $10^{-13}\sim10^{-11}$ s 内就完成),从而形成一个霍尔电场 E_H。由于霍尔电场对载流子的作用力 F_e 总是与 F_m 的方向相反,所以,当 $F_e=F_m$ 时,载流子的聚集就达到动态平衡。电场力的大小为

$$F_e = eE_H = eU_H/b \tag{4-120}$$

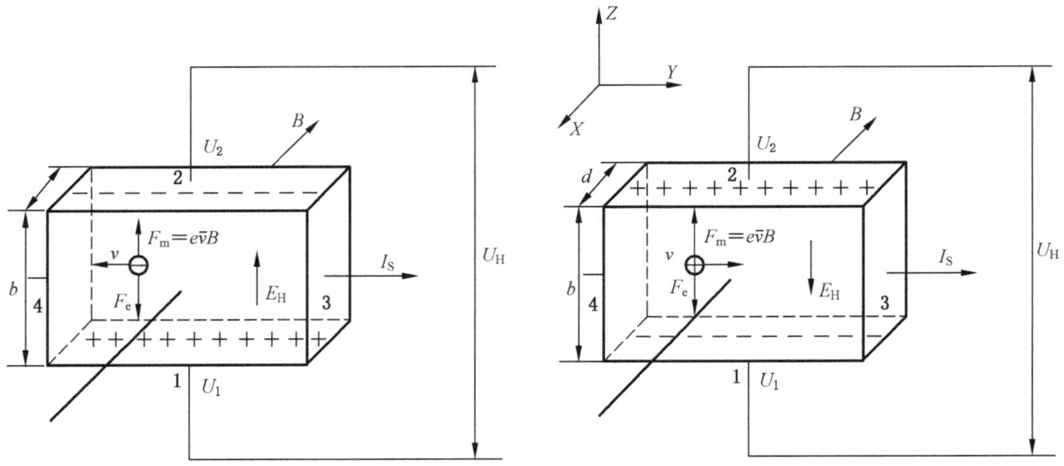

(a) N型半导体,载流子为电子　　(b) P型半导体,载流子为空穴

图 4-70　霍尔效应原理示意图

设霍尔元件中载流子的浓度为 n,则电流强度为 $I_S = en\bar{v}bd$,因此有

$$\bar{v} = \frac{I_S}{enbd} \tag{4-121}$$

于是洛仑兹力的大小可表示为

$$F_m = e\bar{v}B = \frac{I_S B}{nbd} \tag{4-122}$$

由 $F_m = F_e$ 可得霍尔电势差为

$$U_H=U_2-U_1=-\frac{1}{ne}\frac{I_S B}{d}=-R_H\frac{I_S B}{d}=-K_H I_S B \tag{4-123}$$

如果是P型半导体(其载流子带正电荷 q),则洛伦兹力向上,使带正电的载流子向上漂移(见图4-70(b)),这时霍尔电势差为

$$U_H=U_2-U_1=\frac{I_S B}{nqd}=R_H\frac{I_S B}{d}=K_H I_S B \tag{4-124}$$

显然霍尔电压 U_H 与 I_S、B 成正比,与霍尔元件的厚度 d 成反比。其中,比例系数 $R_H=-\frac{1}{ne}$ 或 $R_H=\frac{1}{nq}$ 称为霍尔系数,是反映材料霍尔效应强弱的重要参数;比例系数 $K_H=\frac{1}{ned}$ 称为霍尔元件的灵敏度,对一定的霍尔元件是一个常数,其大小与材料的性质以及元件的尺寸有关,它表示霍尔元件在单位磁感应强度和通过单位电流时的霍尔电压的大小。一般要求 K_H 越大越好,K_H 与载流子浓度 n 成反比。半导体内载流子浓度远比金属载流子浓度小,所以都用半导体材料作为霍尔元件。K_H 与霍尔片厚度 d 成反比,所以霍尔元件都做得很薄。

根据式(4-124),如果磁场的磁感应强度 B 为已知,测出通过霍尔元件的工作电流 I_S 和相应的 U_H,就可以测定该元件的灵敏度 K_H。

$$K_H=\frac{U_H}{I_S B} \tag{4-125}$$

反之,如果霍尔元件的灵敏度 K_H 已知,只要测得了 I_S 和 U_H,就可测定霍尔元件所在处的磁场 B。

2. 利用霍尔效应研究半导体材料的性能

霍尔效应的应用非常广泛,它可用来测量电流、电压、磁场和温度,并且可用于研究半导体材料的性质。

(1) 判断半导体材料的导电类型

判断方法是按图4-70所示的 I_S 和 B 的方向,若测得的 $U_H<0$(即半导体薄板的上侧的电位低于下侧的电位),则 R_H 为负,样品材料属N型(载流子为电子),反之则为P型(载流子为空穴)。

(2) 测定半导体材料的载流子的浓度,即单位体积中载流子数 n

载流子浓度 n 为

$$n=-\frac{1}{R_H e}=\frac{1}{R_H q} \tag{4-126}$$

这个公式是假定所有载流子都具有相同的漂移速度得到的。由式(4-126)可知,霍尔系数 R_H 与载流子的浓度 n 成反比,由于半导体中载流子的浓度小于金属,所以半导体的霍尔效应比金属显著。严格地说,在半导体中载流子的漂移运动速度并不完全相同,考虑到载流子速度的统计分布,并认为多数载流子的浓度与迁移率之积远大于少数载流子的浓度与迁移率之积,可得半导体霍尔系数的公式中还应引入一个霍尔因子 r_H,即

$$n=-\frac{r_H}{R_H e}=\frac{r_H}{R_H q} \tag{4-127}$$

大学物理实验中常用N型Si,N型Ge、InSb和InAs等半导体材料的霍尔元件在室温

下测量，霍尔因子 $r_H=\frac{3}{8}\pi$，所以

$$n=-\frac{3\pi}{8}\frac{1}{R_H e} \tag{4-128}$$

(3) 测量半导体材料的电导率

为了测量霍尔元件的电导率，通常将霍尔片采用如图4-71所示接线方式。图中 D、E 为霍尔元件工作电流输入端，A、A'为霍尔电压输出端，C 端是为了测量电导率而引入的。由于 A、C 两点在霍尔元件的同一个侧面上，所以当外磁场为零时，若 D、E 间的工作电流为 I，则 AC 两点间的电势差 U_{AC} 与霍尔元件的电导率 σ 有如下关系：

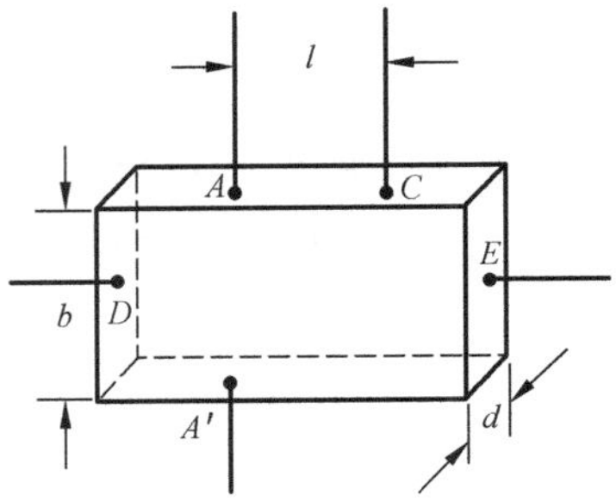

图 4-71 测量半导体材料电导率示意图

$$\sigma=\frac{1}{\rho}=\frac{I}{U_{AC}}\cdot\frac{l}{S} \tag{4-129}$$

式中，ρ 为材料的电阻率；l 为 A、C 两点距离；S 为霍尔元件的横截面积($S=bd$)。

(4) 测量载流子的迁移率

迁移率表现的是导电材料中的载流子在外电场作用下的活动能力，它表示在单位电场作用下，载流子的平均漂移速度。对于半导体材料，电导率 $\sigma=ne\mu$。

所以可得载流子迁移率为

$$\mu=\frac{\sigma}{ne}=|R_H|\sigma \tag{4-130}$$

3. 霍尔效应中的副效应

上述霍尔公式是从简化的理想情况下推导出来的，但实际情况要复杂得多。除霍尔效应外，还有其他一些副效应与霍尔效应混在一起，因此我们测得的电压，既包含霍尔电压，又包含副效应产生的附加电压。这些电压包括：①不等式电压 U_0，只与电流 I_S 方向有关；②厄廷毫森效应引起的电位差 U_E，与电流 I_S 和磁场 B 都有关；③能斯托效应引起的电位差 U_N，只与磁场 B 方向有关；④里纪-勒杜克效应引起的电位差 U_R，只与磁场 B 方向有关。(详情见附录)

因此，在确定的工作电流 I_S 和磁场 B 的条件下，实际测量的 A、A'两端电压并不只是 U_H，还包括以上效应带来的附加电压，即 $U=U_H+U_0+U_E+U_N+U_R$。

但这些附加电压的正负和工作电流 I_S 或磁场 B 的方向有关，测量时改变 I_S 和 B 的方向，可以消除这些附加电压的影响，方法如下：

$+B,+I_S$ $\quad U_1=+U_H+U_0+U_E+U_N+U_R$

$+B,-I_S$ $\quad U_2=-U_H-U_0-U_E+U_N+U_R$

$-B,-I_S$ $\quad U_3=+U_H-U_0+U_E-U_N-U_R$

$-B,+I_S$ $\quad U_4=-U_H+U_0-U_E-U_N-U_R$

由以上四式得

$$U_1-U_2+U_3-U_4=4(U_H+U_E)$$

由于 U_E 的方向始终与 U_H 相同，所以换向法不能消除它，但在非大电流、非强磁场下，通常 $U_E \ll U_H$，可以忽略不计，则霍尔电压可近似为

$$U_H = \frac{1}{4}(U_1 - U_2 + U_3 - U_4) \tag{4-131}$$

【实验内容】

按仪器面板上的文字和符号提示，将 ZKY-HS 霍尔效应实验仪与 ZKY-H/L 霍尔效应螺线管磁场测试仪正确连接。为保护仪器安全，应将工作电流、励磁电流调节旋钮逆时针旋转到最小，同时将测试仪的电压量程调到最大。打开仪器电源，断开励磁电流开关，闭合工作电流开关，通入工作电流 5 mA，预热 5 min。

1. 霍尔器件输出特性测量

(1) 移动二维移动尺，使霍尔元件处于电磁铁气隙中心(其法线方向已调至平行于磁场方向)，闭合励磁电流开关，调节励磁电流 $I_M=300$ mA 不变，工作电流 I_S 取 1.00，2.00，…，10.00 mA，通过变换实验仪各换向开关，在$(+I_M, +I_S)$、$(+I_M, -I_S)$、$(-I_M, -I_S)$、$(-I_M, +I_S)$四种条件下，分别记录 U_1、U_2、U_3、U_4 并计算霍尔电压 U_H，绘制 U_H-I_S 曲线，计算斜率 K_1，并计算灵敏度 K_H。(气隙中心位置电磁感应强度 $B=C\cdot I_M$，C 为电磁铁线圈常数，可由面板标示牌读出)

(2) 保持霍尔元件处于电磁铁气隙中心，调节工作电流 $I_S=3.00$ mA 不变，励磁电流 I_M 取 100，200，…，800 mA，列表记录 U_1、U_2、U_3、U_4 并计算各个 U_H，由 $B=C\cdot I_M$ 计算气隙中心磁感应强度，绘制 U_H-B 曲线，分析霍尔电压与电磁感应强度之间的关系，验证霍尔效应测量磁场的可行性。

2. 测量电磁铁气隙中水平方向磁感应强度分布曲线

(1) 保持 $I_M=600$ mA，$I_S=5.00$ mA 不变，调节二维移动尺的垂直标尺，使霍尔元件处于电磁铁气隙垂直方向的中心。

(2) 调节水平标尺位置 $x=0$，2，4，…，10，15，20，…，40，45，48，50 mm，列表记录对应 U_1、U_2、U_3、U_4 并计算 U_H。

(3) 根据公式(4-123)计算各点的电磁感应强度 B，并绘出电磁铁气隙水平方向磁感应分布曲线 B-x 图，描述 x 方向上 B 的分布情况。

【思考题】

1. 霍尔效应是一种什么样的现象？伴随霍尔效应的副效应有哪些？如何减小副效应所产生的测量误差？

2. 如何判断所用霍尔元件是 N 型半导体还是 P 型半导体？

【注意事项】

1. 励磁电流较大，千万不要将 I_M 与 I_S 接错，否则励磁电流将烧坏霍尔元件。

2. 霍尔元件及二维移动尺容易折断、变形，应避免受挤压、碰撞。实验前应检查两者及电磁铁是否松动、移位，并加以调整。

3. 为了避免电磁铁过热损坏，影响测量精度，除在短时间内读取有关数据外，励磁电流开关应保持断开。

【附录】

1. 霍尔效应组合实验仪简介

本套仪器由 ZKY-HS 霍尔效应实验仪和 ZKY-H/L 霍尔效应螺线管磁场测试仪两部分组成。

(1) ZKY-HS 霍尔效应实验仪

由 C 型电磁铁、二维移动尺及霍尔元件、面板标示牌、两个钮子开关等组成。

① C 型电磁铁

气隙中磁感应强度与励磁电流大小成正比，导线绕向(即正向励磁电流方向)已在线圈上用箭头标出，可通过"右手螺旋定则"确定磁场方向。

② 二维移动尺及霍尔元件

二维移动尺可在水平和垂直两个方向调节霍尔元件的位置，移动范围：水平 0～50 mm，垂直 0～30 mm。霍尔元件上有 4 只引脚，其中 1、2 为工作电流端，3、4 为霍尔电压端(见图 4-72)。

③ 面板标示牌

标有霍尔元件参数(如尺寸、导电类型及材料、最大工作电流)和电磁铁参数(如线圈常数 C，气隙尺寸等)。由于本实验中励磁电流与电磁铁在气隙中产生的磁感应强度成正比，故可用电磁铁的线圈常数 C 代替特斯拉计，$B=C\cdot I_M$，线圈常数单位为 mT/A。

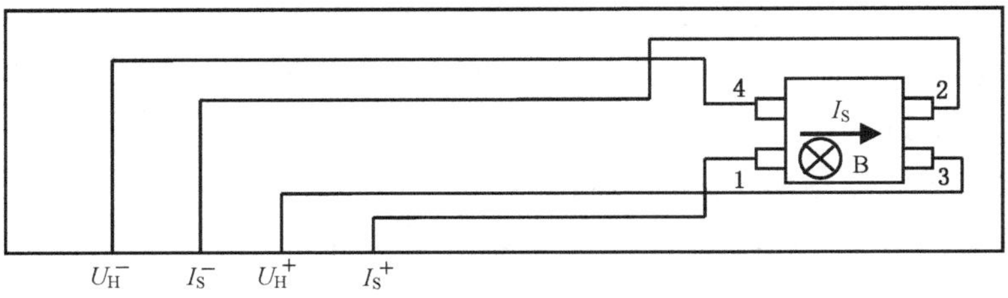

图 4-72 霍尔元件的外形封装及管脚定义

(2) ZKY-H/L 霍尔效应螺线管磁场测试仪

仪器面板分为三个部分：霍尔元件工作电流 I_S 输出(面板左侧，可调范围 0～10.00 mA)、霍尔电压 U_H 输入(面板中部，有 20 mV 和 200 mV 两个量程)、励磁电流 I_M 输出(面板右侧，可调范围 0～1 000 mA)。

注意：只有在接通负载时，恒流源才能输出电流，数显表上才有相应显示。

2. 霍尔效应中的副效应

(1) 不等势电压 U_0

如图 4-73 所示测量霍尔电压的电极 A 和 A' 的位置很难做到在一个理想的等势面上，因此当有电流 I_S 通过时，即使不加磁场也会产生附加电压 U_0，它的正负仅与电流 I_S 的方向有关，与外磁场无关，因此可以通过改变 I_S 的方向消除。

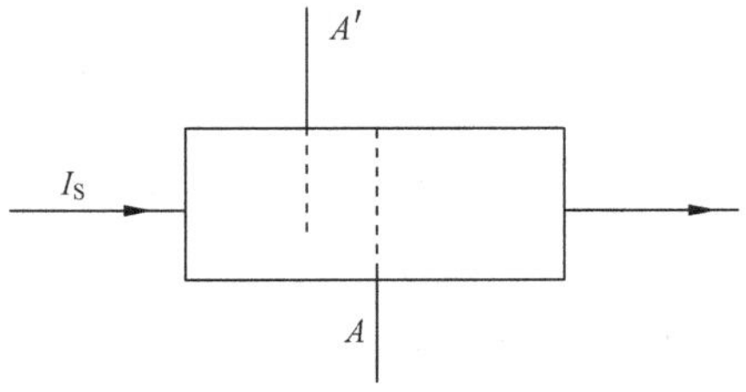

图 4-73 产生不等势电压示意图

(2) 厄廷毫森效应所引起的电位差 U_E

原假定载流子(电子或空穴)都是以同一速度 $\bar{v}$ 运动的，但实际上载流子的速度不相同。速度大的载流子受到的洛伦兹力大，绕大圆轨道运动；速度小的载流子受到的洛伦兹力小，绕小圆轨道运动，导致霍耳元件 1、2 两端平面，一个平面快载流子较多，另一个平面慢载流子较多。因为快载流子能量较大，慢载流子能量较小，所以快载流子多的平面温度较高，慢载流子多的平面温度较低，1、2 两端之间形成温度差。由于霍耳电极（金属）与霍耳片（半导体）的材料不同，根据热电偶的原理就产生了温差电动势 U_E。这种物理现象称为厄廷毫森效应。由此产生的温差电动势 U_E 与工作电流 I_S 和磁场 B 的方向有关。

（3）能斯脱效应所引起的电位差 U_N

由于 3、4 两端工作电流引线处的焊接点接触电阻大小不同，通 Y 轴方向电流后，在霍耳片 3、4 两端产生的焦耳热不同，两端的温度就不同。温度高的一端向温度低的一端扩散载流子，这种载流子也会受到洛伦兹力的作用而发生偏转。在霍耳片 1、2 两端之间产生热流电势差 U_N。这种物理现象称为能斯脱效应。对于一定的霍耳元件来说，两端接触电阻的大小都是确定的，不论电流的方向如何，温度的相对高低也是一定的，因而热流的方向也是一定的。因此热流电势差 U_N 的方向与工作电流 I_S 的方向无关，而随 B 的换向而换向。

（4）里纪-勒杜克效应所引起的电位差 U_R

在上述能斯脱效应的基础上产生的热扩散载流子的速度也不相同，于是又如厄廷豪森效应那样，在霍耳片 1、2 两端之间产生一个附加温差电势差 U_R，这种物理现象称为里纪-勒杜克效应。因为这是由能斯脱效应附带而形成的，因此 U_R 的方向也如 U_N 那样与 I_S 无关，而随 B 的换向而换向。

【拓展阅读】

量子霍尔效应（quantum Hall effect）是霍尔效应的量子力学版本，是物理学近几十年最受关注的领域之一，迄今为止已有四个诺贝尔奖与其直接相关：

德国物理学家克利青在研究极低温度和强磁场中的半导体时发现了量子霍尔效应，于 1985 年获得诺贝尔物理学奖；

美籍华裔物理学家崔琦、美国物理学家劳克林和英国物理学家霍斯特·斯特默在研究二维电子系统中的分数量子霍尔效应中作出卓越贡献，因此共同获得 1998 年诺贝尔物理学奖；

2005 年，英国科学家安德烈·海姆和康斯坦丁·诺沃肖洛夫发现了石墨烯中的半整数量子霍尔效应，于 2010 年获得诺贝尔物理学奖；

2016 年的诺贝尔物理学奖授予了三位科学家——戴维·索利斯、邓肯·霍尔丹和迈克尔·科斯特利茨，以表彰他们发现了物质拓扑相，以及在拓扑相变方面作出的理论贡献，这项研究与量子霍尔效应也十分相关。

物理学家预言“量子霍尔效应家族”中还应该存在不需要强磁场也能使电子运动的“量子反常霍尔效应”。量子反常霍尔效应是一个全新的量子化的霍尔效应，由于其不需要外加磁场，是“量子霍尔效应家族”中最接近应用的。在实验上在真实材料中发现量子反常霍尔效应，长期以来一直是物理学家追求的目标，但如何在实验上观测到是一个难题。自 1988 年开始就不断有理论物理学家提出各种方案，但是实验上没有任何实质性的进展。

从 2009 年起，清华大学薛其坤教授领衔的实验研究团队与中国科学院物理所、斯坦福大学的研究者合作，对量子反常霍尔效应的实验实现进行攻关。他们试验了超过 1 000 个样品，一步步克服了重重障碍，终于找到一种叫作“磁性拓扑绝缘体薄膜”的特殊材料，首次在实验中观测到“量子反常霍尔效应”。该发现获得 2018 年度国家自然科学一等奖，也被杨振宁称为“中国实验室里，第一次发表的诺贝尔奖级的物理学论文”。

凭借量子反常霍尔效应和拓扑绝缘体研究方面的贡献，薛其坤教授获得2020年度的菲列兹·伦敦奖和2024年度巴克利奖两项国际顶级奖项。

（菲列兹·伦敦奖设立于1957年，是国际公认的低温物理领域最高奖项，旨在奖励在低温物理领域作出杰出贡献的科学家，每三年评审一次；巴克利奖设立于1952年，国际凝聚态物理领域的最高奖，旨在表彰在凝聚态物理领域作出卓越贡献的科学家。）

实验4.20 巨磁电阻效应及其应用

巨磁电阻效应(Giant Magneto Resistance，GMR)是一种量子力学和凝聚态物理学现象，磁阻效应的一种，可以在磁性材料和非磁性材料相间的薄膜层(几个纳米厚)结构中观察到。2007年诺贝尔物理学奖被授予发现GMR的彼得·格林贝格和艾尔伯·费尔。

这种结构物质的电阻值与铁磁性材料薄膜层的磁化方向有关，两层磁性材料磁化方向相反情况下的电阻值，明显大于磁化方向相同时的电阻值，电阻在很弱的外加磁场下具有很大的变化量。GMR被成功地运用在硬盘生产上，它使计算机硬盘的容量从几百兆、几千兆，一跃而提高几百倍，达到几百吉乃至上千吉，具有重要的商业应用价值。

【实验目的】

1. 了解GMR的结构与原理。
2. 测量GMR模拟传感器的磁电转换特性曲线。
3. 测量GMR的磁阻特性曲线。
4. 用GMR传感器测量电流。

【实验仪器】

巨磁电阻效应及应用实验仪、基本特性组件、电流测量组件。

【实验原理】

1. 巨磁电阻效应

根据导电的微观机理，电子在导电时并不是沿电场直线前进，而是不断和晶格中的原子产生碰撞(又称散射)，每次散射后电子都会改变运动方向，总的运动是电场对电子的定向加速与这种无规散射运动的叠加。称电子在两次散射之间走过的平均路程为平均自由程，电子散射概率小，则平均自由程长，电阻率低。电阻定律 $R=\rho l/S$ 中，把电阻率 ρ 视为常数，与材料的几何尺度无关，这是因为通常材料的几何尺度远大于电子的平均自由程(例如铜中电子的平均自由程约34 nm)，可以忽略边界效应。当材料的几何尺度小到纳米量级，只有几个原子的厚度时(例如，铜原子的直径约为0.3 nm)，电子在边界上的散射概率大大增加，可以明显观察到厚度减小、电阻率增加的现象。

电子除携带电荷外，还具有自旋特性，自旋磁矩有平行或反平行于外磁场两种可能取向。早在1936年，英国物理学家，诺贝尔奖获得者N. F. Mott指出，在过渡金属中，自旋磁矩与材料的磁场方向平行的电子，所受散射概率远小于自旋磁矩与材料的磁场方向反平行的电子。总电流是两类自旋电流之和；总电阻是两类自旋电流的并联电阻，这就是所谓的两电流模型。

如图 4-74 所示，多层膜 GMR 结构中，无外磁场时，上下两层磁性材料是反平行（反铁磁）耦合的。施加足够强的外磁场后，两层铁磁膜的方向都与外磁场方向一致，外磁场使两层铁磁膜从反平行耦合变成了平行耦合。电流的方向在多数应用中是平行于膜面的。

图 4-75 是图 4-74 结构的某种 GMR 材料的磁阻特性。由图可见，随着外磁场增大，电阻逐渐减小，其间有一段线性区域。当外磁场已使两铁磁膜完全平行耦合后，继续加大磁场，电阻不再减小，进入磁饱和区域。磁阻变化率 $\Delta R/R$ 达百分之十几，加反向磁场时磁阻特性是对称的。注意到图 4-75 中的曲线有两条，分别对应增大磁场和减小磁场时的磁阻特性，这是因为铁磁材料都具有磁滞特性。

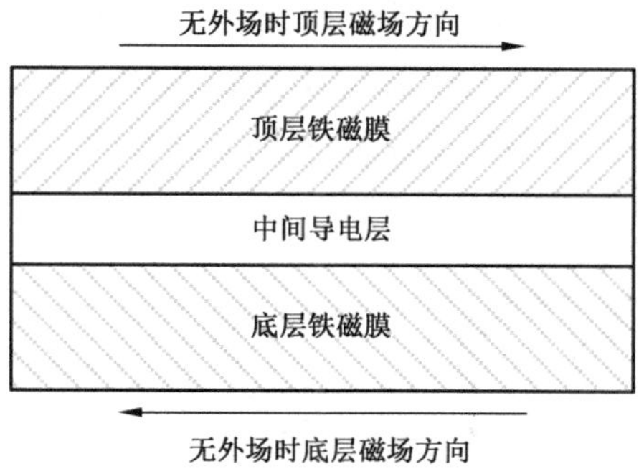

图 4-74 多层膜 GMR 结构图

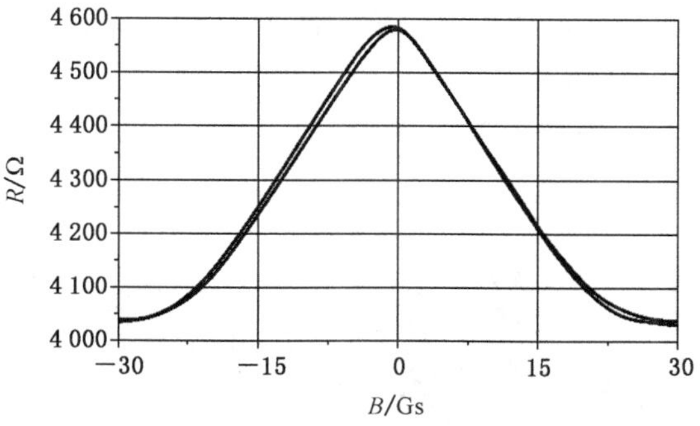

图 4-75 某 GMR 材料的磁阻特性

有两类与自旋相关的散射对巨磁电阻效应有贡献。

其一，界面上的散射。无外磁场时，上下两层铁磁膜的磁场方向相反，无论电子的初始自旋状态如何，从一层铁磁膜进入另一层铁磁膜时都面临状态改变（平行-反平行，或反平行-平行），电子在界面上的散射概率很大，对应于高电阻状态。有外磁场时，上下两层铁磁膜的磁场方向一致，电子在界面上的散射概率很小，对应于低电阻状态。

其二，铁磁膜内的散射。即使电流方向平行于膜面，由于无规散射，电子也有一定的概率在上下两层铁磁膜之间穿行。无外磁场时，上下两层铁磁膜的磁场方向相反，无论电子的初始自旋状态如何，在穿行过程中都会经历散射概率小（平行）和散射概率大（反平行）两种过程，两类自旋电流的并联电阻相似两个中等阻值的电阻的并联，对应于高电阻状态。有外磁场时，上下两层铁磁膜的磁场方向一致，自旋平行的电子散射概率小，自旋反平行的电子散射概率大，两类自旋电流的并联电阻相似一个小电阻与一个大电阻的并联，对应于低电阻状态。

多层膜 GMR 结构简单，工作可靠，磁阻随外磁场线性变化的范围大，在制作模拟传感器方面得到广泛应用。在数字记录与读出领域，为进一步提高灵敏度，发展了自旋阀结构的 GMR。

如图 4-76 所示，自旋阀结构的 SV-GMR（Spin Valve GMR）由钉扎层、被钉扎层、中间导电层和自由层构成。其中，钉扎层使用反铁磁材料，被钉扎层使用硬铁磁材料，铁磁和反铁磁材料在交换耦合作用下形成一个偏转场，此偏转场将被钉扎层的磁化方向固定，不随外磁场改变。自由层使用软铁磁材料，它的磁化方向易于随外磁场转动。这样，很弱的外磁场就会改变自由层与被钉扎层磁场的相对取向，对应

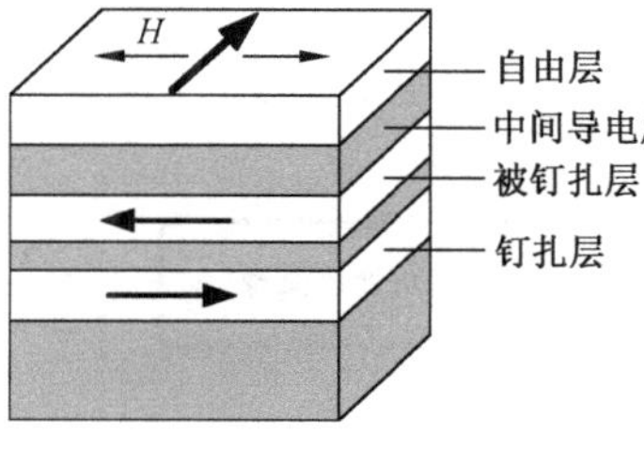

图 4-76 自旋阀 SV-GMR 结构图

于很高的灵敏度。制造时,使自由层的初始磁化方向与被钉扎层垂直,磁记录材料的磁化方向与被钉扎层的方向相同或相反(对应于 0 或 1),当感应到磁记录材料的磁场时,自由层的磁化方向就向与被钉扎层磁化方向相同(低电阻)或相反(高电阻)的方向偏转,检测出电阻的变化,就可确定记录材料所记录的信息,硬盘所用的 GMR 磁头就采用这种结构。

2. 巨磁电阻的磁电转换特性

在将 GMR 构成传感器时,为了消除温度变化等环境因素对输出的影响,一般采用桥式结构,如图 4-77 所示。

对于电桥结构,如果 4 个 GMR 电阻对磁场的响应完全同步,就不会有信号输出。图 4-77 中,将处在电桥对角位置的两个电阻 R_3、R_4 覆盖一层高磁导率的材料如坡莫合金(指铁镍合金),以屏蔽外磁场对它们的影响,而 R_1、R_2 阻值随外磁场改变。设无外磁场时 4 个 GMR 电阻的阻值相等,R_1、R_2 在外磁场作用下电阻减小 ΔR,简单分析表明,输出电压:

$$U_{OUT}=U_{IN}\cdot\Delta R/(2R-\Delta R) \tag{4-132}$$

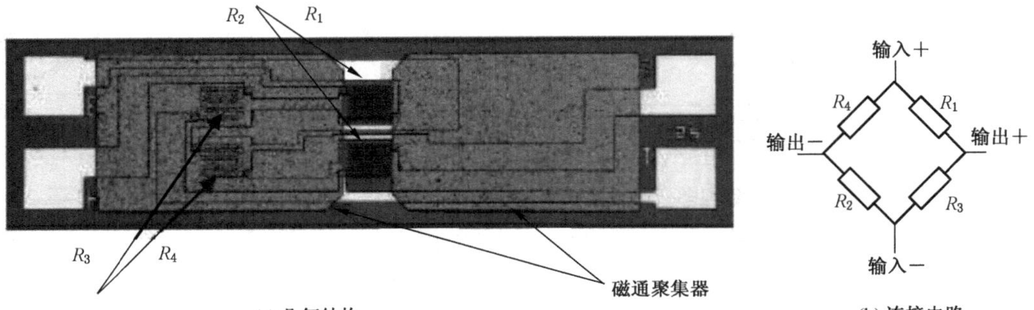

(a) 几何结构　　(b) 连接电路

图 4-77　GMR 模拟传感器结构图

屏蔽层同时设计为磁通聚集器,它的高导磁率将磁感应线聚集在 R_1、R_2 电阻所在的空间,进一步提高了 R_1、R_2 的磁灵敏度。

从图 4-77(a)的几何结构还可见,巨磁电阻被光刻成微米宽度迂回状的电阻条,以增大其电阻至 kΩ 数量级,使其在较小工作电流下得到合适的电压输出。

图 4-78 是磁电转换特性的测量原理图,GMR 传感器置于螺线管中央,其磁场由螺线管产生,大小为

$$B=\mu_0 nI \tag{4-133}$$

式中,$\mu_0=4\pi\times10^{-7}$ H/m 为真空磁导率;n 为线圈密度;I 为流经线圈的电流强度。

采用国际单位制时,该公式计算出的磁感应强度单位为特斯拉(1T=10 000Gs)。

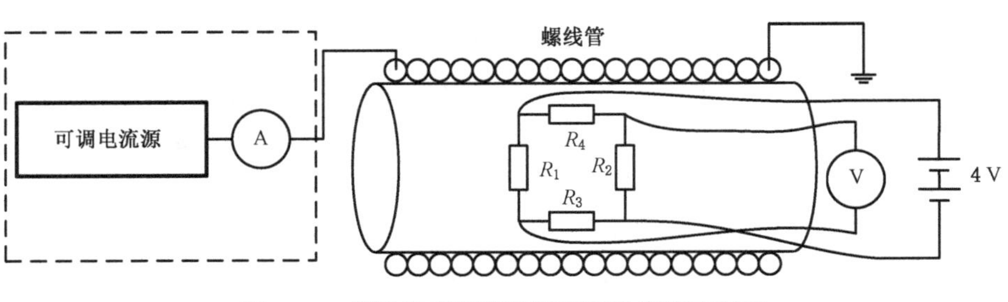

图 4-78　模拟传感器磁电转换特性实验原理图

图 4-79 是某 GMR 模拟传感器的磁电转换特性曲线，由于半导体工艺的限制，4 个桥臂电阻值并不一定完全相同，导致外磁场为零时输出不一定为零。不同外磁场强度时输出电压的变化反映了 GMR 传感器的磁电转换特性，同一外磁场强度下输出电压的差值反映了材料的磁滞特性。

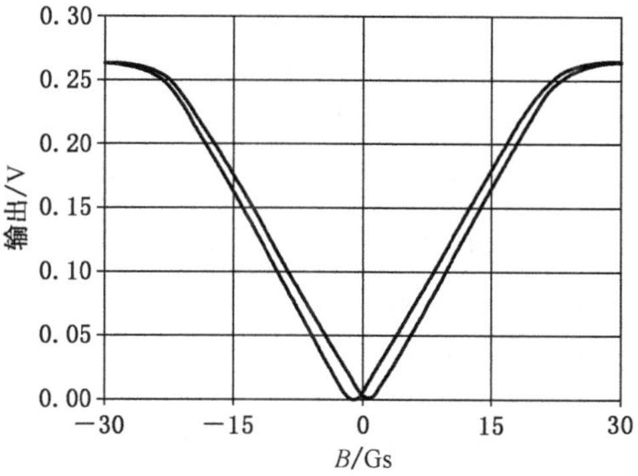

图 4-79 GMR 模拟传感器的磁电转换特性

3. 巨磁电阻磁阻特性

为加深对巨磁电阻效应的理解，我们需要对构成 GMR 传感器的磁阻进行研究。需要将图 4-78 中被磁屏蔽的两个电桥电阻 R_3、R_4 短路，R_1、R_2 并联（可通过将基本特性组件切换为“巨磁阻测量”模式）。利用电流表串测量不同磁场时回路中电流的大小，就可计算磁阻，如图 4-80 所示。

应该注意，由于模拟传感器的两个磁阻是位于磁通聚集器中，与图 4-75 相比，我们作出的磁阻曲线斜率大了约 10 倍，磁通聚集器结构使磁阻灵敏度大大提高。

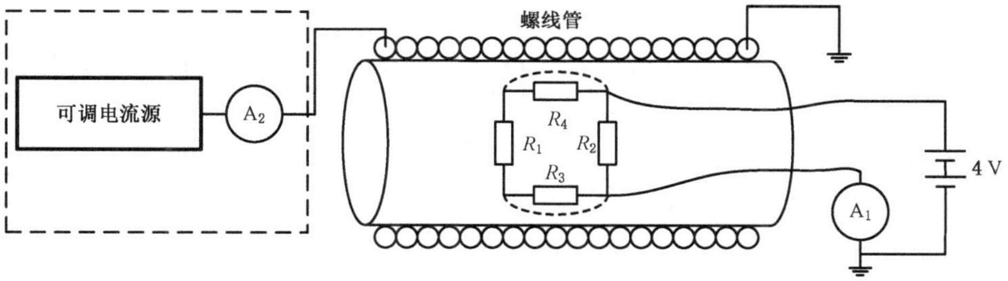

图 4-80 磁阻特性测量原理图

4. 巨磁电阻效应的应用

从图 4-79 可见，GMR 模拟传感器在一定的范围内输出电压与磁场强度呈线性关系，且灵敏度高，线性范围大，可以方便地将 GMR 制成磁场计，测量磁场强度或其他与磁场相关的物理量。作为应用示例，我们用它来测量电流，如图 4-81 所示为利用巨磁电阻传感器测量电流的原理图。

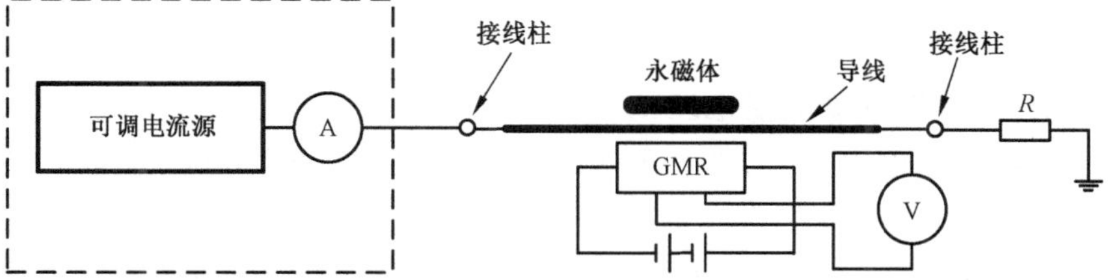

图 4-81 GMR 模拟传感器测量电流实验原理图

通有电流 I 的无限长直导线，与导线距离为 r 的一点的磁感应强度为

$$B=\frac{\mu_0 I}{2\pi r}=2\times 10^{-7} I/r \tag{4-134}$$

显然，磁场强度与电流成正比，若 r 已知的条件下，则可通过测量磁场强度 B，计算得到

电流 I。

在实际应用中，为了使 GMR 模拟传感器工作在线性区，提高测量精度，还常常预先给传感器施加一固定已知磁场，称为磁偏置。由于待测电流产生的磁场远小于偏置磁场，磁滞对测量的影响也较小，根据输出电压的大小就可确定待测电流的大小。

用 GMR 传感器测量电流不用将测量仪器接入电路，不会对电路工作产生干扰，既可测量直流，也可测量交流，具有广阔的应用前景。

【实验内容】

1. GMR 模拟传感器的磁电转换特性测量

(1) 将 GMR 模拟传感器置于螺线管磁场中，功能切换按钮切换为“传感器测量”。实验仪的 4 V 电压源接至基本特性组件“巨磁电阻供电”，恒流源接至“螺线管电流输入”，基本特性组件“模拟信号输出”接至实验仪电压表。

(2) 由 100 mA 到 −100 mA，每隔 10 mA 减小励磁电流，减小磁场强度，记录相应的输出电压。负向电流可通过交换恒流输出接线的极性，使电流反向。

(3) 由 −100 mA 到 100 mA，每隔 10 mA 增大励磁电流，增大磁场强度，并记录“磁场增大”过程相应的输出电压，其中，电流到 0 时同样需要交换恒流输出接线的极性。

根据螺线管上标明的线圈密度，由公式(4-133)计算出螺线管内的磁感应强度 B。以磁感应强度 B 作横坐标，输出电压为纵坐标作出磁电转换特性曲线。分析 V-B 曲线，得出相关实验结论。

2. GMR 磁阻特性测量

(1) 将 GMR 模拟传感器置于螺线管磁场中，功能切换按钮切换为“巨磁阻测量”实验仪的 4 V 电压源串联电流表后接至基本特性组件“巨磁电阻供电”，恒流源接至“螺线管电流输入”。

(2) 由 100 mA 到 −100 mA，每隔 10 mA 减小励磁电流，减小磁场强度，并记录“减小磁场”过程相应的磁阻电流。

(3) 由 −100 mA 到 100 mA，每隔 10 mA 增大励磁电流，增大磁场强度，并记录“增大磁场”过程相应的磁阻电流。

根据螺线管上标明的线圈密度，由公式(4-133)计算出螺线管内的磁感应强度 B，由欧姆定律 $R=U/I$ 计算磁阻。以磁感应强度 B 作横坐标，磁阻为纵坐标，作出磁阻特性曲线，并分析写出实验结论。

3. 用 GMR 模拟传感器测量电流

(1) 实验仪的 4 V 电压源接至电流测量组件“巨磁电阻供电”，恒流源接至“待测电流输入”，电流测量组件“信号输出”接至实验仪电压表。

(2) 将待测电流调节至 0，将偏置磁铁转到远离 GMR 传感器，调节磁铁与传感器的距离，使输出约 25 mV。

待测电流从 300 mA，每隔 100 mA 减小到 −300 mA，记录“减小电流”过程中输出电压的变化。由于恒流源本身不能提供负向电流，当电流减至 0 后，交换恒流输出接线的极性，使电流反向。

再次调节待测电流，记录从 −300 mA 增加到 300 mA 过程中的输出电压。

(3) 待测电流调零，将偏置磁铁转到接近 GMR 传感器，调节磁铁与传感器的距离，使输出约 150 mV。

用低磁偏置时同样的实验方法，测量适当磁偏置时待测电流与输出电压的关系。

以电流读数作横坐标，电压表的读数为纵坐标作图。分别作出 4 条曲线，并分析曲线，得出实验结论。

【注意事项】

1. 由于巨磁阻传感器具有磁滞现象，因此，在实验中，恒流源只能单方向调节，不可回调。否则测得的实验数据将不准确。实验表格中的电流只是作为一种参考，实验时以实际显示的数据为准。

2. 实验过程中，实验环境不得处于强磁场中。

【背景知识】

凝聚态物理研究原子、分子在构成物质时的微观结构，它们之间的相互作用力，及其与宏观物理性质之间的联系。

人们早就知道过渡金属铁、钴、镍能够出现铁磁性有序状态。量子力学出现后，德国科学家海森堡(W. Heisenberg，1932 年诺贝尔奖得主)明确提出铁磁性有序状态源于铁磁性原子磁矩之间的量子力学交换作用，这个交换作用是短程的，称为直接交换作用。

后来发现很多的过渡金属和稀土金属的化合物具有反铁磁有序状态，即在有序排列的磁材料中，相邻原子因受负的交换作用，自旋为反平行排列，如图 4-82 所示。则磁矩虽处于有序状态，但总的净磁矩在不受外场作用时仍为零。这种磁有序状态称为反铁磁性。法国科学家奈尔(L. E. F. Neel)因为系统地研究反铁磁性而获 1970 年诺贝尔奖。在解释反铁磁性时他认为，化合物中的氧离子(或其他非金属离子)作为中介，将最近的磁性原子的磁矩耦合起来，这是间接交换作用。另外，在稀土金属中也出现了磁有序，其中原子的固有磁矩来自 4f 电子壳层。相邻稀土原子的距离远大于 4f 电子壳层直径，所以稀土金属中的传导电子担当了中介，将相邻的稀土原子磁矩耦合起来，这就是 RKKY 型间接交换作用。

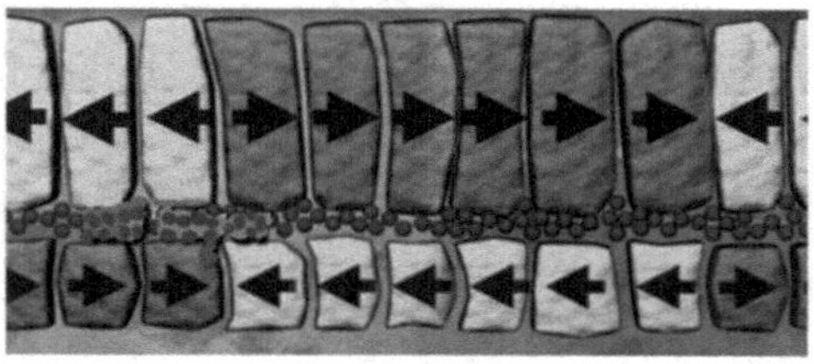

图 4-82 反铁磁有序状态示意图

直接交换作用的特征长度为 0.1～0.3 nm，间接交换作用可以长达 1 nm 以上。1 nm 已经是实验室中人工微结构材料可以实现的尺度。1970 年美国 IBM 实验室的江崎和朱兆祥提出了超晶格的概念。所谓的超晶格就是指由两种(或两种以上)组分(或导电类型)不同、厚度极小的薄层材料交替生长在一起而得到的一种多周期结构材料。由于这种复合材料的周期长度比各薄膜单晶的晶格常数大几倍或更长，因此取得“超晶格”的名称。20 世纪 80 年代，由于摆脱了以往难以制作高质量的纳米尺度样品的限制，金属超晶格成为研究前沿，凝聚态物理工作者对这类人工材料的磁有序、层间耦合、电子输运等进行了广泛的基础方面的研究。

德国尤利希科研中心的物理学家彼得·格伦贝格尔一直致力于研究铁磁性金属薄膜表面和界面上的磁有序状态。研究对象是一个三明治结构的薄膜，两层厚度约 10 nm 的铁层之间夹有厚度为 1 nm 的铬层。选择这个材料系统并不是偶然的，首先金属铁和铬是周期表上相近的元素，具有类似的电子壳层，容易实现两者的电子状态匹配；其次，金属铁和铬的晶格对称性和晶格常数相同，它们之间晶格结构也是匹配的，这两类匹配非常有利于基本物理过程的探索。但是，很长时间以来制成的三明治薄膜都是多晶体，格伦贝格尔和很多研究者一样，并没有特别的发现。直到 1986 年，他采用了分子束外延(MBE)方法制备薄膜，样品成分还是铁-铬-铁三层膜，不过已经是结构完整的单晶。在此金属三层膜上利用光散射以获得铁磁矩的信息，实验中逐步减小薄膜上的外磁场，直到取消外磁场。他们发现，在铬层厚度为 0.8 nm 的铁-铬-铁三明治中，两边的两个铁磁层磁矩从彼此平行(较强磁场下)转变为反平行(弱磁场下)。换言之，对于非铁磁层铬的某个特定厚度，没有外磁场时，两边铁磁层磁矩是反平行的，这个新现象成为巨磁电阻效应出现的前提。既然磁场可以将三明治两个铁磁层磁矩在彼此平行与反平行之间转换，相应的物理性质会有什么变化？格伦贝格尔接下来发现，两个磁矩反平行时对应高电阻状态，平行时对应低电阻状态，两个电阻的差别高达 10%。格伦贝格尔将结果写成论文，与此同时，他申请了将这种效应和材料应用于硬盘磁头的专利。当时的申请需要一定的胆识，因为铁-铬-铁三明治上出现巨磁电阻效应所需磁场高达上千高斯，远高于硬盘上磁比特单元能够提供的磁场，但日后不断改进的结构和材料，使这个设想成为现实。

另一方面，1988 年巴黎第十一大学固体物理实验室物理学家阿尔贝·费尔的小组将铁、铬薄膜交替制成几十个周期的铁-铬超晶格，也称为周期性多层膜。他们发现，当改变磁场强度时，超晶格薄膜的电阻下降近一半，即磁电阻比率达到 50%。他们称这个前所未有的电阻巨大变化现象为巨磁电阻，并用两电流模型解释这种物理现象。显然，周期性多层膜可以被看成是若干个格伦贝格尔三明治的重叠，所以德国和法国的两个独立发现实际上是同一个物理现象。

人们自然要问，在其他过渡金属中，这个奇特的现象是否也存在？IBM 公司的斯图尔特·帕金(S. P. Parkin)给出了肯定的回答。1990 年他首次报道，除了铁-铬超晶格，还有钴-钌和钴-铬超晶格也具有巨磁电阻效应，并且随着非磁层厚度增加，上述超晶格的磁电阻值振荡下降。在随后的几年，帕金和世界范围的科学家在过渡金属超晶格和金属多层膜中，找到了 20 种左右具有巨磁电阻振荡现象的不同体系。帕金的发现在技术层面上特别重要。首先，他的结果为寻找更多的 GMR 材料开辟了广阔空间，最后人们的确找到了适合硬盘的 GMR 材料，1997 年制成了 GMR 磁头。其次，帕金采用较普通的磁控溅射技术，代替精密的 MBE 方法制备薄膜，目前这已经成为工业生产多层膜的标准，磁控溅射技术克服了物理发现与产业化之间的障碍。使巨磁电阻成为基础研究快速转换为商业应用的国际典范。同时，巨磁电阻效应也被认为是纳米技术的首次真正应用。

实验 4.21　太阳能电池特性实验

能源短缺和地球生态环境污染已经成为人类面临的最大问题。一方面全球石油、天然气储量只能维持约几十年；另一方面，煤炭、石油等矿物能源的使用，产生大量的 CO_2、SO_2 等温室气体，造成全球变暖，冰川融化，海平面升高，暴风雨和酸雨等自然灾害频繁发生，给人类带来无穷的烦恼。习近平总书记在党的二十大报告中指出："必须牢固树立和践行绿水青山就是金山银山的理念，站在人与自然和谐共生的高度谋划发展。"加快发展方式绿色转型，是党中央立足全面建成社会主义现代化强国、实现第二个百年奋斗目标，以中国式现代化全面推进中华民族伟大复兴作出的重大战略部署，具有十分重要的意义。我们要坚决贯彻落实党的二十大精神，推动绿色发展，促进人与自然和谐共生。

广义地说，太阳光的辐射能、水能、风能、生物质能、潮汐能都属于太阳能，它们随着太阳和地球的活动，周而复始地循环，几十亿年内不会枯竭，因此我们把它们称为可再生能源。太阳的光辐射可以说是取之不尽、用之不竭的能源。太阳与地球的平均距离为 1.5 亿 km。在地球大气圈外，太阳辐射的功率密度为 1.353 kW/m^2，称为太阳常数。到达地球表面时，部分太阳光被大气层吸收，光辐射的强度降低。在地球海平面上，正午垂直入射时，太阳辐射的功率密度约为 1 kW/m^2，通常被作为测试太阳能电池性能的标准光辐射强度。太阳光辐射的能量巨大，从太阳到地球的总辐射功率比目前全世界的平均消费电力还要大数十万倍。每年到达地球的辐射能相当于 49 000 亿吨标准煤的燃烧能。太阳能不但数量巨大，用之不竭，而且是不会产生环境污染的绿色能源，所以大力推广太阳能的应用是世界性的趋势。《经济日报》指出认真落实加快发展方式绿色转型的重点任务包括发展高效节能与先进环保装备制造业，壮大新能源与清洁能源装备制造业，大力推进太阳能、风能、潮流能、储能等新能源与清洁能源装备制造发展。

太阳能发电有两种方式。光-热-电转换方式通过利用太阳辐射产生的热能发电，一般是由太阳能集热器将所吸收的热能转换成蒸汽，再驱动汽轮机发电，太阳能热发电的缺点是效率低而成本很高。光-电直接转换方式是利用光生伏特效应而将太阳光能直接转化为电能，光-电转换的基本装置就是太阳能电池。

与传统发电方式相比，太阳能发电目前成本较高，所以通常用于远离传统电源的偏远地区。随着研究工作的深入与生产规模的扩大，太阳能发电的成本下降很快，而资源枯竭与环境保护导致传统电源成本上升。太阳能发电有望在不久的将来在价格上可以与传统电源竞争，太阳能应用具有光明的前景。

根据所用材料的不同，太阳能电池可分为硅太阳能电池、化合物太阳能电池、聚合物太阳能电池、有机太阳能电池等。其中硅太阳能电池是目前发展最成熟的，在应用中居主导地位。

本实验研究单晶硅、多晶硅、非晶硅 3 种太阳能电池的特性。

【实验目的】

1. 太阳能电池的暗伏安特性测量。
2. 测量太阳能电池的开路电压和光强之间的关系。
3. 测量太阳能电池的短路电流和光强之间的关系。
4. 太阳能电池的输出特性测量。

【实验仪器】

太阳能电池特性实验仪、太阳能电池、可变负载等。

【实验原理】

太阳能电池利用半导体 PN 结受光照射时的光伏效应发电，太阳能电池的基本结构就是一个大面积平面 PN 结，图 4-83 为 PN 结示意图。

P 型半导体中有相当数量的空穴，几乎没有自由电子。N 型半导体中有相当数量的自由电子，几乎没有空穴。当两种半导体结合在一起形成 PN 结时，N 区的电子(带负电)向 P 区扩散，P 区的空穴(带正电)向 N 区扩散，在 PN 结附近形成空间电荷区与势垒电场。势垒电场会使载流子向扩散的反方向作漂移运动，最终扩散与漂移达到平衡，使流过 PN 结的净电流为零。在空间电荷区内，P 区的空穴被来自 N 区的电子复合，N 区的电子被来自 P 区的空穴复合，使该区内几乎没有能导电的载流子，又称为结区或耗尽区。

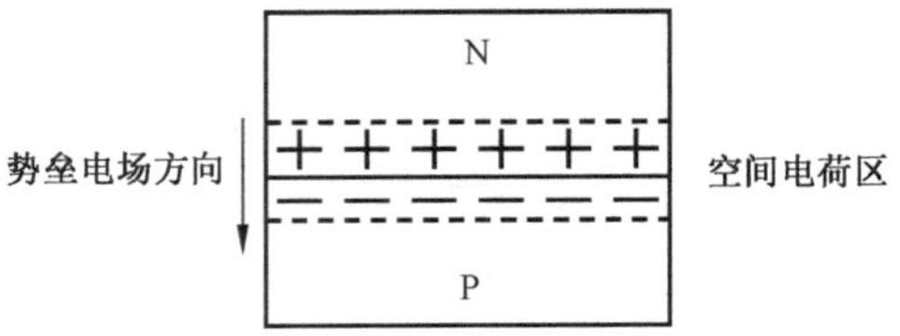

图 4-83　半导体 PN 结示意图

当光电池受光照射时，部分电子被激发而产生电子-空穴对，在结区激发的电子和空穴分别被势垒电场推向 N 区和 P 区，使 N 区有过量的电子而带负电，P 区有过量的空穴而带正电，PN 结两端形成电压，这就是光伏效应，若将 PN 结两端接入外电路，就可向负载输出电能。

在一定的光照条件下，改变太阳能电池负载电阻的大小，测量其输出电压与输出电流，得到输出伏安特性，如图 4-84 实线所示。

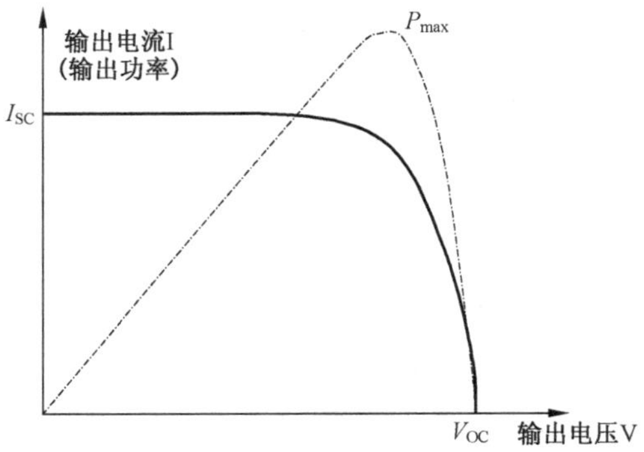

图 4-84　太阳能电池的输出特性

负载电阻为零时测得的最大电流 I_{SC} 称为短路电流。负载断开时测得的最大电压 V_{OC} 称为开路电压。

太阳能电池的输出功率为输出电压与输出电流的乘积。同样的电池及光照条件，负载电阻大小不一样时，输出的功率是不一样的。若以输出电压为横坐标，输出功率为纵坐标，绘出的 P-V 曲线如图 4-84 点划线所示。

输出电压与输出电流的最大乘积值称为最大输出功率 P_{max}。

填充因子 $F\cdot F$ 定义为

$$F\cdot F=\frac{P_{max}}{V_{OC}\times I_{SC}} \tag{4-135}$$

填充因子是表征太阳能电池性能优劣的重要参数，其值越大，电池的光电转换效率越高，一般的硅光电池 $F\cdot F$ 值在 0.75～0.80 之间。

转换效率 η_s 定义为

$$\eta_s(\%)=\frac{P_{max}}{P_{in}}\times 100\% \tag{4-136}$$

式中，P_{in} 为入射到太阳能电池表面的光功率。

理论分析及实验表明，在不同的光照条件下，短路电流随入射光功率线性增长，而开路电压在入射光功率增加时只略微增加，如图 4-85 所示。

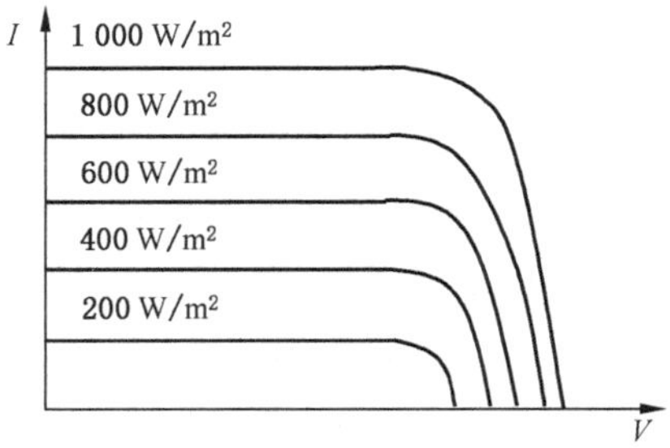

图 4-85　不同光照条件下的 I-V 曲线

硅太阳能电池分为单晶硅太阳能电池、多晶硅薄膜太阳能电池和非晶硅薄膜太阳能电池三种。

单晶硅太阳能电池转换效率最高，技术也最为成熟。在实验室里最高的转换效率为24.7%，规模生产时的效率可达到15%。在大规模应用和工业生产中仍占据主导地位。但由于单晶硅价格高，大幅度降低其成本很困难，为了节省硅材料，发展了多晶硅薄膜和非晶硅薄膜作为单晶硅太阳能电池的替代产品。

多晶硅薄膜太阳能电池与单晶硅比较，成本低廉，而效率高于非晶硅薄膜电池，其实验室最高转换效率为18%，工业规模生产的转换效率可达到10%。因此，多晶硅薄膜电池可能在未来的太阳能电池市场上占据主导地位。

非晶硅薄膜太阳能电池成本低，重量轻，便于大规模生产，有极大的潜力。如果能进一步解决稳定性及提高转换率，无疑是太阳能电池的主要发展方向之一。

【实验内容与步骤】

1. 硅太阳能电池的暗伏安特性测量

暗伏安特性是指无光照射时，流经太阳能电池的电流与外加电压之间的关系。

要求测试并画出单晶硅、多晶硅、非晶硅太阳能电池组件在无光照时的暗伏安特性曲线(以下以单晶硅太阳能电池组件为例进行测量)。

用遮光罩罩住太阳能电池。

测试原理如图4-86所示。将待测的太阳能电池接到测试仪上的“电压输出”接口，电阻箱调至50 Ω后串联进电路起保护作用，用电压表测量太阳能电池两端电压，电流表测量回路中的电流。

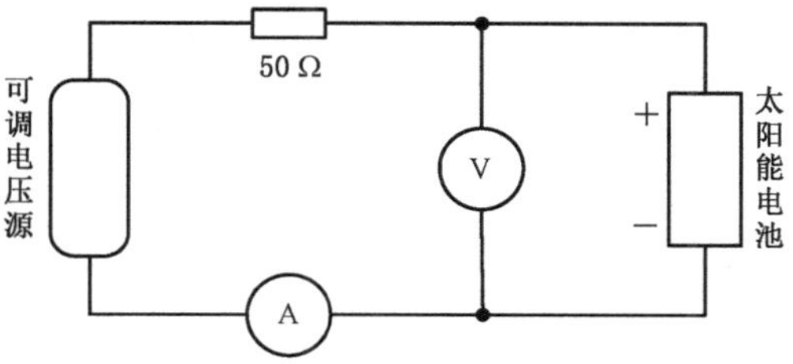

图4-86 伏安特性测量接线原理图

将电压源调到0 V，然后逐渐增大输出电压，每间隔0.3 V记一次电流值。记录到表4-16中。

将电压输入调到0 V。然后将“电压输出”接口的两根连线互换，即给太阳能电池加上反向的电压。逐渐增大反向电压，记录电流随电压变换的数据于表4-16中。

表4-16 太阳能电池(单晶硅)的暗伏安特性测量

电压/V	−7.00	…	−3.00	−2.00	−1.00	0.00	0.30	0.60	0.90	…	3.00
电流/mA											

以电压作横坐标，电流作纵坐标，根据表4-16画出太阳能电池的伏安特性曲线。

讨论太阳能电池的暗伏安特性与一般二极管的伏安特性有何异同。

2. 开路电压、短路电流与光强关系测量

打开光源开关，预热5 min。

打开遮光罩。将光强探头装在太阳能电池板位置，探头输出线连接到太阳能电池特性测试仪的“光强输入”接口上。测试仪设置为“光强测量”。由近及远移动滑动支架，测量距光源一定距离的光强 I，将测量到的光强记入表4-17。

将光强探头换成单晶硅太阳能电池，测试仪设置为“电压表”状态。按图4-87(a)接线，按测量光强时的距离值(光强已知),记录开路电压值于表 4-17 中。

按图 4-87(b)接线,记录短路电流值于表 4-17 中。

表 4-17　太阳能电池(单晶硅)开路电压与短路电流随光强变化关系

距离/cm	15	20	25	30	35	40	45	50
光强 $I/(W/m^2)$								
开路电压 V_{OC}/V								
短路电流 I_{SC}/mA								

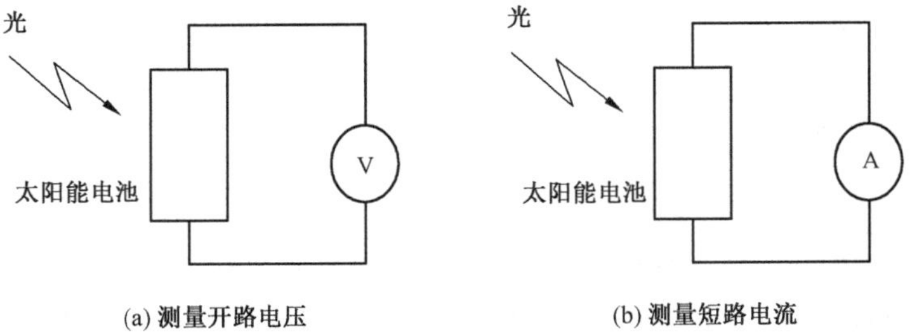

图 4-87　开路电压、短路电流与光强关系测量示意图

根据表 4-17 数据,画出太阳能电池的开路电压随光强变化的关系曲线。

根据表 4-17 数据,画出太阳能电池的短路电流随光强变化的关系曲线。

3. 太阳能电池输出特性实验

按图 4-88 接线,以电阻箱作为太阳能电池负载。在一定光照强度下(将滑动支架固定在导轨上某一个位置),将太阳能电池板安装到支架上,通过改变电阻箱的电阻值,记录太阳能电池的输出电压 V 和电流 I,并计算输出功率 $P_O=V\cdot I$,填于表 4-18 中。

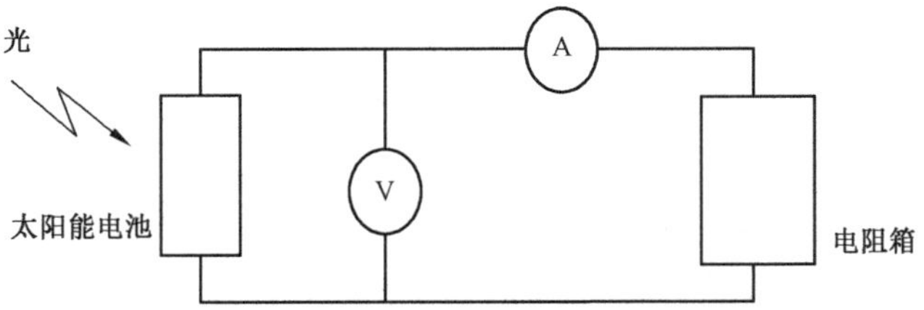

图 4-88　测量太阳能电池输出特性

表 4-18　太阳能电池(单晶硅)输出特性实验　　　光强 $I=$　　　W/m^2

输出电压 V/V	0.00	0.20	0.40	0.60	0.80	1.00	1.20	1.40	1.60	…
输出电流 I/A										
输出功率 P_O/W										

根据表 4-18 数据作太阳能电池的输出伏安特性曲线及功率曲线,并与图 4-84 比较。

找出最大功率点,对应的电阻值即为最佳匹配负载。

由式(4-135)计算填充因子。

由式(4-136)计算转换效率。入射到太阳能电池板上的光功率为

$$P_{in}=I\cdot S_1$$

式中,I 为入射到太阳能电池板表面的光强;S_1 为太阳能电池板面积(约为 50 mm×

50 mm)。

若时间允许,可改变光照强度(改变滑动支架的位置),重复前面的实验。

【注意事项】

1. 在预热光源的时候,需用遮光罩罩住太阳能电池,以降低太阳能电池的温度,减小实验误差。

2. 光源工作及关闭后的约 1 h 期间,灯罩表面的温度都很高,请不要触摸。

3. 可变负载只能适用于本实验,否则可能烧坏可变负载。

4. 电源需可靠接地。

【附录】仪器简介

太阳能电池实验装置如图 4-89 所示,电源面板如图 4-90 所示。

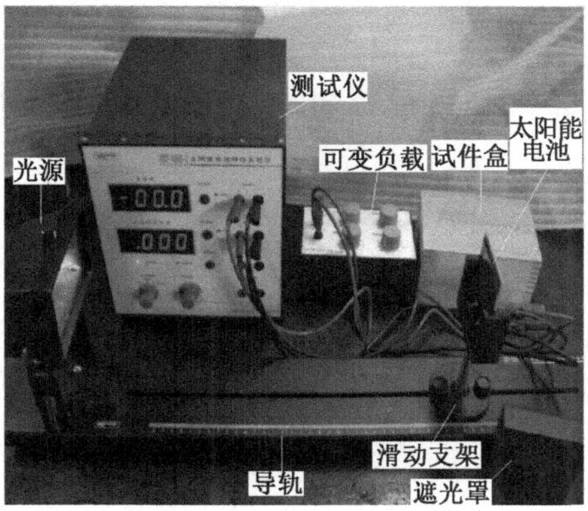

图 4-89 太阳能电池实验装置

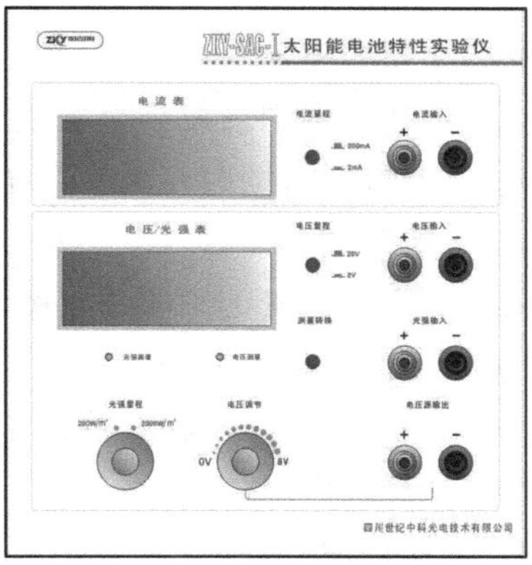

图 4-90 太阳能电池特性实验仪

光源采用碘钨灯,它的输出光谱接近太阳光谱。调节光源与太阳能电池之间的距离可以改变照射到太阳能电池上的光强,具体数值由光强探头测量。测试仪为实验提供电源,同时可以测量并显示电流、电压及光强的数值。

电压源:可以输出 0～8 V 连续可调的直流电压。为太阳能电池伏安特性测量提供电压。

电压/光强表:通过“测量转换”按键,可以测量输入“电压输入”接口的电压,或接入“光强输入”接口的光强探头测量到的光强数值。表头下方的指示灯确定当前的显示状态。通过“电压量程”或“光强量程”,可以选择适当的显示范围。

电流表:可以测量并显示 0～200 mA 的电流,通过“电流量程”选择适当的显示范围。

【拓展阅读】

1. 产能提升

国家统计局发布的《中华人民共和国 2023 年国民经济和社会发展统计公报》数据显示,2023 年太阳能电池(光伏电池)产量 5.4 亿 kW,同比增长 54.0%,显示出强劲的发展势头。我国光伏产业已形成较完整的产业链,包括从高纯硅原料提炼到电池片制造,以及组件封装等一系列环节,产业链整合程度加深。

2. 技术创新

科技创新领域,我国全钙钛矿叠层电池光电转换效率达 24.5%,晶体硅异质结太阳电池转换效率达 26.81%，晶硅-钙钛矿叠层电池效率达到 33.9%，这些成果刷新该领域世界纪录。随着技术进步，不仅单晶硅电池性能优化，薄膜电池和其他新型电池技术也在研发和产业化进程中取得一定突破。

3. 政策支持

2016 年和 2017 年，国务院先后发布《"十三五"国家科技创新规划》和《"十三五"国家战略性新兴产业发展规划》，提出"加强钙钛矿等新型高效低成本太阳能电池技术研发"以及"重点发展钙钛矿电子材料"。2021 年 12 月，国家能源局、科学技术部联合发布《"十四五"能源领域科技创新规划》，强调开展高效钙钛矿电池制备与产业化生产技术示范试验。2022 年 8 月发布的《加快电力装备绿色低碳创新发展行动计划》则提出推动钙钛矿、叠层电池组件技术产业化，进一步推进钙钛矿电池产业化进程。2023 年 9 月，国家能源局发布《关于组织开展可再生能源发展试点示范的通知》，新型高效光伏电池技术示范方面，主要支持钙钛矿及叠层太阳能电池等新型、先进、高效光伏电池技术应用，以规模化促进前沿技术和装备进入应用市场。中国已成为全球最大的太阳能发电产业链集群和产品出口国，国内市场容量巨大且持续增长，同时海外市场拓展也非常积极。

4. 应用范围

国内已建成大量太阳能光伏电站，并在分布式光伏发电、户用光伏系统等领域有广泛应用，解决了一部分地区特别是偏远地区的用电问题。光伏＋储能、智能微电网等新型应用场景和商业模式不断涌现，推动产业多元化发展。其他如通信系统、公共设施、航空航天、交通和应急等领域也广泛应用。

5. 未来发展

太阳能电池的未来发展预测乐观。预计到 2026 年，钙钛矿电池将进入量产阶段，市场规模有望达到 101.3 亿元，到 2030 年，市场规模则有望达到 950 亿元。此外，由于年日照时间、土地面积和地形等自然条件的差异，太阳能电池的应用形式也将更加多样化和个性化。

技术上，未来继续研发更高效率的太阳能电池技术，包括但不限于异质结太阳能电池、钙钛矿太阳能电池、叠层太阳能电池等，目标是实现超过现有商用硅基太阳能电池的光电转换效率上限。同时将进一步降低成本，通过规模化生产和技术创新来降低硅料、薄膜材料和其他原材料的成本，以及提高生产设备的利用效率和电池模块的使用寿命。

◎ 第5章 近代物理实验

实验5.1 光电效应法测量普朗克常数

当一定频率的光照射到金属上时，金属表面有电子逸出的现象称为光电效应。不仅纯金属材料会产生光电效应，半导体材料及表面吸附一层其他元素原子的金属也会产生光电效应。普朗克常数 h 是1900年普朗克为了解决黑体辐射能量分布时提出的“能量子”假设中的一个普适常量，联系着微观世界普遍存在的波粒二象性和能量交换量子化的规律，是量子力学中的基本常量，它的公认数值约为 $6.626\times10^{-34}\,\mathrm{J\cdot s}$。1905年爱因斯坦在普朗克量子假说的基础上提出了光量子的概念，认为光以 $h\nu$ 为能量单位的形式一份一份地向外辐射，成功解释了光电效应的微观机制，进而建立了爱因斯坦光电效应方程。

【实验目的】

1. 了解光电效应的规律，使学生进一步认识、理解光的量子性。
2. 验证爱因斯坦光电方程，求普朗克常量。
3. 测定光电管的伏安特性曲线。

【实验仪器】

汞灯、滤光片、通孔、光电管、普朗克常数测试仪，如图5-1所示。

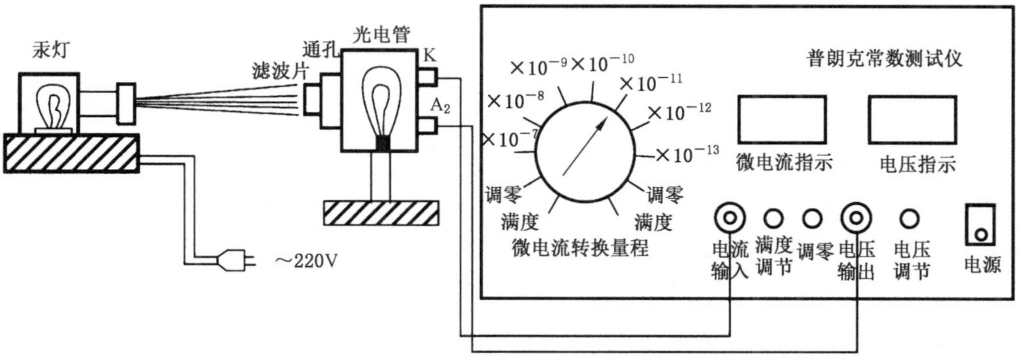

图5-1 光电效应实验装置示意图

【实验原理】

早在1887年，赫兹在验证电磁波存在时意外地发现，当一束入射光照到金属表面时，会有电子从金属表面逸出。这个物理现象被称为光电效应。随后，哈尔瓦克斯、斯托列托夫、勒纳德等人对光电效应作了长时间大量实验研究，总结出了一系列光电效应的实验规律。

1. 光电流 I 随电压 U 的增加而增加，饱和光电流 I_M 与光强 P 成正比，如图 5-2(a)、(b)所示。

2. 光电效应存在一个阈频率，当入射光的频率 ν 低于某一阈值 ν_0 时，不论光的强度如何，都没有光电子产生，如图 5-2(c)所示。

3. 对于不同频率的入射光，其截止电压 U_S 的值不同，频率越高的光子，其产生逸出电子的能量也越高，所以截止电压的值也越高，如图 5-2(c)、(d)所示。

4. 光电效应是瞬时效应，即使入射光的强度非常微弱，只要入射光频率大于发生光电效应的极限频率 ν_0，在开始照射后就会立即有光电子产生。

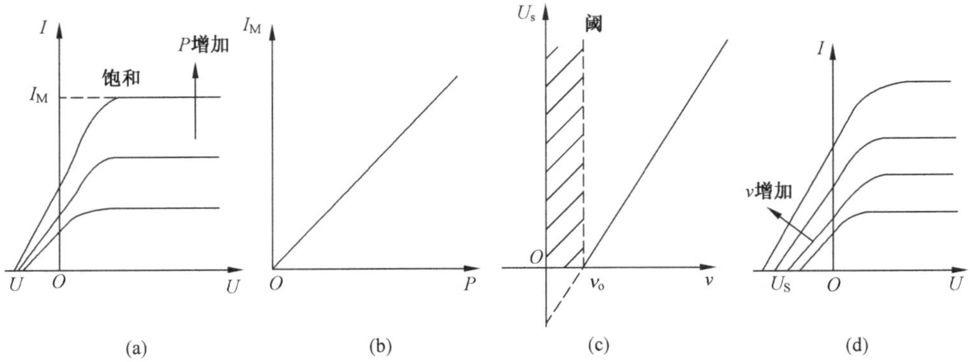

图 5-2　关于光电效应的几个特性

爱因斯坦认为从一点发出频率为 ν 的光以 $h\nu$ 为能量单位(光量子)的形式一份一份地向外辐射而不是按麦克斯韦电磁学说指出的那样，以连续分布的形式把能量传播到空间的。当频率为 ν 的光以 $h\nu$ 为能量单位作用于金属中的一个自由电子，而自由电子获能量后克服金属表面的逸出功 W_S 逸出金属表面，其初动能为$\frac{1}{2}mv^2$。

有
$$\frac{1}{2}mv^2=h\nu-W_S \tag{5-1}$$

式中，ν 为入射光频率；m 为电子的质量；v 为光电子逸出金属表面的初速度；W_S 为受光照射的金属材料的逸出功。

在式(5-1)中，$\frac{1}{2}mv^2$ 是没有受到空间电场的阻止，从金属中逸出的光电子的最大初动能。入射到金属表面的光频率越高，逸出来的电子初动能就越大。正因为光电子具有最大初动能，所以即使阳极不加电压也会有光电子到达阳极而形成光电流，甚至阳极相对于阴极电位为负时也会有光电子到达阳极。直到阳极电位低于某一数值时，所有光电子都不能到达阳极，光电流为零，如图 5-2(a)所示。此时相对于阴极为负值的阳极电位 U_S 被称为光电效应的截止电位(或称截止电压)。此时有

$$eU_S-\frac{1}{2}mv^2=0 \tag{5-2}$$

将式(5-2)代入式(5-1)有

$$eU_S=h\nu-W_S \tag{5-3}$$

由于金属材料的逸出功 W_S 是金属的固有属性，对于给定的金属材料 W_S 为一个定值，它与入射光的频率无关。令 $W_S=h\nu_0$，ν_0 为“红阈”频率，即具有“红阈”频率 ν_0 的光子恰好

具有逸出功 W_S 的能量，而没有多余的动能。

将式(5-3)改写为

$$U_S=\frac{h\nu}{e}-\frac{W_S}{e}=\frac{h}{e}(\nu-\nu_0) \tag{5-4}$$

式(5-4)表明：截止电压 U_S 是入射光频率的线性函数。当入射光的频率 $\nu=\nu_0$ 时，截止电压 U_S 为零，便没有光电子逸出。图 5-2(c)上的斜率 $K=\frac{h}{e}$ 是一个正常数。

$$h=eK \tag{5-5}$$

可见，只要用实验方法测出不同频率下的截止电压 U_S，然后再作出 U_S-ν 直线，并求出该直线的斜率 K，即可应用式(5-5)求出普朗克常量 h 的数值。其中 $e=1.60\times10^{-19}$C 是电子的电量。

图 5-3 是用真空光电管进行光电效应实验的原理图。频率为 ν，强度为 P 的光线照射到光电管阴极上，即有光电子从阴极逸出。若在阴极 K 和阳极 A 之间加有正向电压 U_{AK}，它使电极 K、A 之间建立起的电场对从光电阴极逸出的光电子起加速作用，随着电压 U_{AK} 的增加到达阳极的光电子(光电流)将逐渐增多(大)。当正向电压 U_{AK} 增加到 U_m 之后，光电流不再增大或增大很小时，称为饱和状态，对应的光电流即为饱和光电流；如图 5-4 所示，若在阴极 K 和阳极 A 之间加反向电压 U_{AK}，它使电极 K、A 之间建立起的电场对光电阴极逸出的光电子起减速作用，随着电压 U_{AK} 的增加，到达阳极的光电子(光电流)将逐渐减少(小)。当 $U_{AK}=U_S$ 时光电流降为零。图 5-4 为光电管始末 I-U 特性曲线。不同频率光的照射，可以得到与图 5-4 相对应的 I-U 特性曲线及 U_S 电压值。在直角坐标系中作出 U_S-ν 关系曲线，如果它是一条直线，就证明了爱因斯坦光电效应方程的正确性。而由该直线的斜率 K，可求出普朗克常量($h=eK$)。由该直线与坐标纵轴的交点又可求出光电阴极的逸出电位 φ_S，如图 5-2(c)所示。

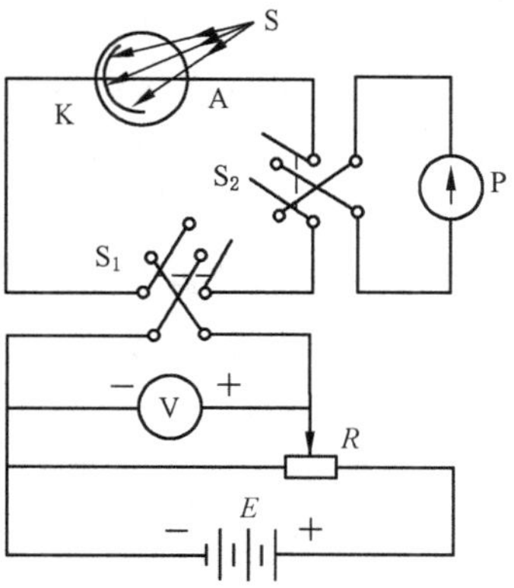

图 5-3 光电效应原理图

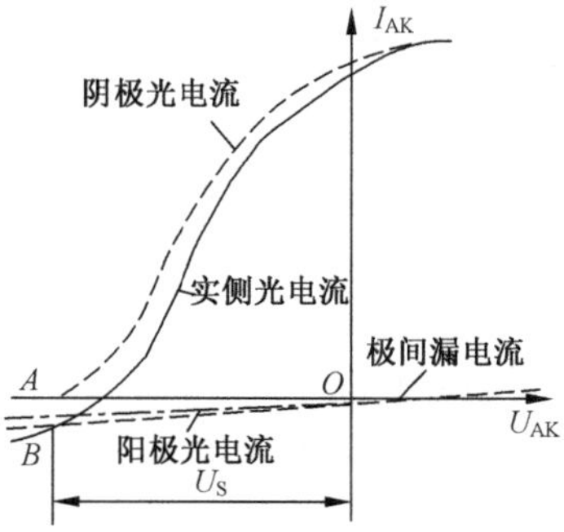

图 5-4 光电管 *I-U* 特性曲线

应当指出，由于光电管结构等各种原因，用光电管在光照射下进行实验时，伴随着下列两个物理过程：

(1) 阳极的光电子发射：当光束入射到光阴极上后，必然有部分漫反射到阳极上，致使它也能发射光电子，而外电场对这些光电子却是一个加速场，因此，它们很容易到达阳极，形成阳极反向电流。

(2) 当光电管不受任何光照射时，在外加电压下光电管仍有微弱电流流过，我们称之为光电管的暗电流。形成暗电流的主要原因之一是光阴极与阳极之间的绝缘电阻(包括管座以及光电管玻璃壳内外表面等的漏电阻)，另一原因是阴极在常温下的热电子发射等。从实测情况来看，光电管的暗特性，即无光照射时的伏安特性曲线，基本上接近线性。

由于上述两个因素的影响，使我们实际测得的 I-U 曲线如图 5-4。这里的 I，实际上是阴极光电流、阳极反向电流和暗电流的代数和，因此所谓的外加截止电压，并不是电流 I 为零时 A 点对应的电压值，而是曲线上 B 点所对应的外电压值。

准确地找出每种频率入射光所对应的外加截止电压，是本次实验的关键所在。

光电效应法测定普朗克常数，从原理上来看是一个并不太复杂的实验。但是由于存在光电管阳极的光电子发射以及弱电流测量上的困难等问题，使得由 I-U 曲线上确定截止电位差值有很大任意性，不够严格，这是造成实验误差较大的主要原因。

【实验内容】

1. 实验前准备

(1) 检查光电管暗盒电压与实验仪器连接线是否连接正确(红－红，蓝－蓝)。将汞灯及光电管暗盒遮光盖盖上。

检查一下屏蔽线接法是否正确：测试仪的“电流输入”应与暗盒上的“微电流输出 A”相接，“电压输出”与暗盒的“电压输入 K”相接，随后开机预热 25～30 min。测量前打开汞灯，预热 5 min。注意暗盒遮盖。

(2) 调零：仪器在充分预热后，调整光电管与汞灯至合适位置，将“电流量程”选择开关置于 10^{-13} A 挡，旋转“调零”旋钮使电流显示为 000.0。实验仪器在开机或改变量程后，都应再次进行调零。

2. 测量普朗克常量 h

(1) 将电压量程选择－2～0 V，取下光电管遮光盖，加上 4 mm 的孔径光阑，装上 365 nm 的滤光片，打开光源遮光盖，调节电压调节旋钮，找出电流为 0 时对应的电压值(即截止电压)。

(2) 光源用镜头盖遮好，重复上述步骤，依次更换 405 nm、436 nm、546 nm、577 nm 的滤光片，找出截止电压值，记录到相应的表格中。

(3) 在坐标纸上以频率 ν 为横坐标，截至电压 U_S(取绝对值)为纵坐标作图，求出斜率代入公式 $h=eK$，求出普朗克常数 h，与理论值比较，计算相对误差。

3. 测量光电管的伏安特性曲线

(1) 将电流量程置于 10^{-10} A 或 10^{-11} A 挡，电压量程选择－2～30 V，固定光电管与汞灯的位置，并进行调零。

(2) 取下光电管遮光盖，加上 4 mm 的孔径光阑，装上 365 nm 的滤光片，打开光源遮光盖，调节电压调节旋钮，在－2～2 V 之间，步长为 0.5 V，在 2～30 V 之间，步长为 1 V，将对应的电流值记录于表格中。

(3) 依次换上 405 nm、546 nm 的滤光片，重复以上步骤，记录相应数据。

(4) 在同一坐标中画出所得光电管的三条 I-U 关系曲线，分析曲线并得出结论。

【注意事项】

1. 在仪器使用过程中，不宜用汞灯直接照射光电管，对于加有光阑和滤光片的光电管也不宜长时间连续照射，否则将减少光电管的使用寿命。

2. 汞灯需要充分预热后使用，直到测试结束再关闭，中途不应随意开关。

3. 为避免滤光片被污染，请勿用手触摸滤光片表面。

4. 实验结束后,关闭汞灯和仪器主机电源,将光电管和汞灯的遮光盖盖好。

【思考题】

1. 光电效应有哪些规律?
2. 爱因斯坦光电效应方程的物理意义是什么?
3. 真空光电管的 I-U 特性曲线中包括哪些电流?

实验 5.2 迈克耳逊干涉仪的调整与使用

迈克耳逊干涉仪是 19 世纪末美籍德国物理学家迈克耳逊和莫雷合作,为研究"以太"漂移实验而设计制造出来的精密光学仪器。实验结果动摇了占统治地位的"以太假说",促进了爱因斯坦相对论的建立,成为近代干涉仪的基础。迈克耳逊干涉仪可准确测定微小的长度变化、光的波长和透明体的折射率等,在近代物理和计量技术中有着广泛的应用。

实验 5.2.1 双光束等倾干涉

【实验目的】

1. 了解迈克耳逊双光束等倾干涉仪的工作原理,掌握其调整与使用方法。
2. 学会用迈克耳逊双光束等倾干涉仪测 He-Ne 激光的波长。

【实验仪器】

迈克耳逊双光束等倾干涉仪、激光电源、光纤。

【实验原理】

迈克耳逊双光束等倾干涉仪是一种用分振幅方法产生双光束,以实现干涉的仪器,其结构及测量原理为:

1. 迈克耳逊双光束等倾干涉仪的结构原理

迈克耳逊双光束等倾干涉仪的结构如图 5-5 所示,一个机械台面 4 固定在较重的铸铁底座 2 上,底座上有三个调节螺钉 1,用来调整台面的水平,在台面上装有螺距为 1 mm 的精密丝杠 3,丝杠的一端与齿轮系统 12 相连接,转动手轮 13 或微动鼓轮 15 都可使丝杠转动,从而使骑在丝杠上的反射镜 M_1 沿着导轨 5 移动。M_1 镜的位置及移动的距离可以从装在台面 4 一侧的毫米标尺(图中未画出)、读数窗 11 及鼓轮 15 上读出。手轮 13 分为 100 分格,它每转过 1 分格,M_1 镜就平移 0.01 mm(由读数窗读出)。微动鼓轮 15 每转一周,手轮随之转过 1 分格。鼓轮又分为 100 格,因此鼓轮转过 1 格,M_1 镜就平移 0.000 1 mm,这样,最小读数可估计到 10^{-5} mm。M_2 是固定在镜台上的反射镜,M_1、M_2 二反射镜的后面各有三个螺钉 7,可调节镜面的倾斜度。M_2 镜台下面还有一个水平方向的拉簧螺丝 14 和一个垂直方向的拉簧螺丝 16,其松紧使 M_2 镜台产生一个极小的变形,从而可以对 M_2 镜的倾斜度作更精细的调节。9 和 10 分别为分光板 G_1 和补偿板 G_2。G_1 和 G_2 是厚度和折射率都完全相同的一对平行玻璃板,与 M_1、M_2 均成 45°角。G_1 的一个表面镀有半反射、半透射膜,使射到其上的光线分为光强度相等的反射光和透射光。

迈克耳逊双光束等倾干涉仪的原理光路如图 5-6 所示,从光源 S 发出的一束光经分光

板 G_1 的半反半透膜分成两束光强近似相等的光束1和光束2。由于 G_1 与反射镜 M_1 和 M_2 均成45°角，所以反射光1垂直地入射到 M_1 后，经反射沿原路返回，然后透过 G_1 而到达E。透射光2在透射过补偿板 G_2 后垂直地入射到 M_2 上，经反射也沿原路返回，在分光板后表面反射后到达E处，与光束1相遇而产生干涉。由于 G_2 的补偿作用，使得两束光在玻璃中走的光程相等，因此计算两束光的光程差时，只需考虑两束光在空气中的几何路程的差别。

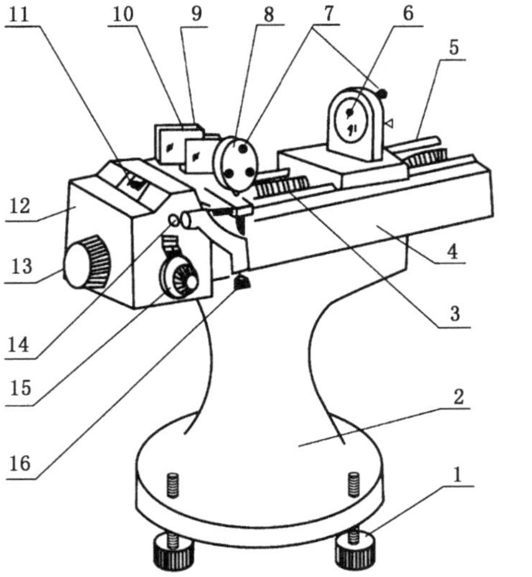

1—调节螺钉；2—铸铁底座；3—精密丝杠；
4—机械台面；5—导轨；6—反射镜 M_1；7—螺钉；
8—反射镜 M_2；9—分光板 G_1；10—补偿 G_2；
11—读数窗；12—齿轮系统；13—手轮；
14—水平方向的拉簧螺丝；15—微调鼓轮；
16—垂直方向的拉簧螺丝

图5-5 迈克耳逊双光束等倾干涉仪的结构图

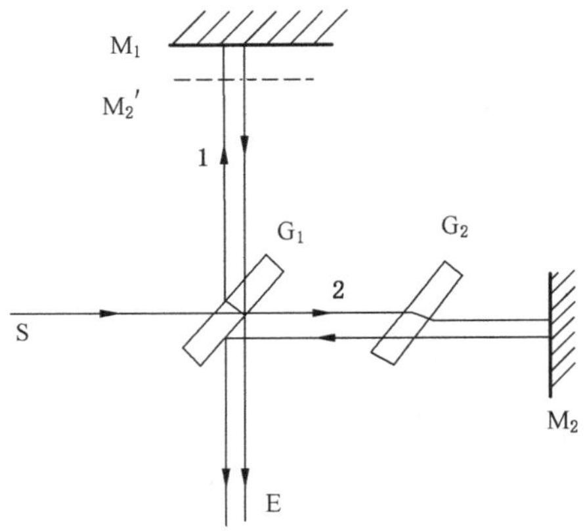

图5-6 迈克耳逊双光束等倾干涉仪的光路图

2. 干涉图样的形成

激光通过短焦距透镜会聚后是一个强度很高的点光源，点光源经平面镜 M_1 和 M_2' 反射后，相当于由两个虚光源 S_1 和 S_2' 发出的相干光束，如图5-7所示。S_1 和 S_2' 的距离为 M_1 和 M_2' 的距离 d 的2倍，虚光源 S_1、S_2' 发出的球面波在它们相遇的空间处处相干，只要观察屏放在两点光源发出光波的重叠区域里都能看到干涉现象，所以称这种干涉为非定域干涉。随着 S_1、S_2' 与毛玻璃的相对位置不同，干涉条纹的形状也不同。当毛玻璃与 S_1S_2' 连线垂直时（此时 M_1 与 M_2' 大体平行），得到圆条纹，圆心在 S_1S_2' 连线和毛玻璃屏的交点 O 处。

下面分析非定域圆条纹的特点（见图5-7）。S_1、S_2' 到接收屏上任一点的光程差 $\delta = S'_2P - S_1P$，当 r 远小于 z 时有 $\delta = 2d\cos\theta$，而 $\cos\theta \approx 1-\theta^2/2$，$\theta \approx r/z$，所以

$$\delta = 2d\left(1-\frac{r^2}{2z^2}\right) \tag{5-6}$$

(1) 亮纹条件：当光程差 $\delta = k\lambda$ 时，有亮纹。其轨迹为圆，有

$$2d\left(1-\frac{r^2}{2z^2}\right) = k\lambda \tag{5-7}$$

若 z、d 不变，则 r 越小 k 越大，即靠中心的条纹干涉级次高，靠边缘的条纹干涉级次低。

(2) 条纹的"吞吐"：缓慢移动 M_1 镜，改变 d，可看见干涉条纹"吞""吐"的现象。这是因为对于某一特定级次 k_1 的干涉条纹(干涉环半径为 r_{k_1})有

$$2d\left(1-\frac{r_{k_1}{}^2}{2z^2}\right)=k_1\lambda \tag{5-8}$$

跟踪比较，移动 M_1 镜，当 d 增大时，r_{k_1} 也增大，看见条纹"吐"的现象。当 d 减小时，r_{k_1} 也减小，看见条纹"吞"的现象。

对圆心处，有 $r=0$，式(5-7)变成 $2d=k\lambda$。若 M_1 镜移动了距离 Δd，所引起干涉条纹"吞"或"吐"的数目 $N=\Delta k$，则有

$$\Delta d=\frac{N}{2}\lambda \tag{5-9}$$

所以，若已知波长 λ，就可以从条纹的"吞""吐"数目 N，求得 M_1 镜的移动距离 Δd，这就是干涉测量的基本原理。反之，若已知 M_1 镜的移动距离 Δd 和条纹的"吞""吐"数目 N，由式(5-9)可求得波长 λ。

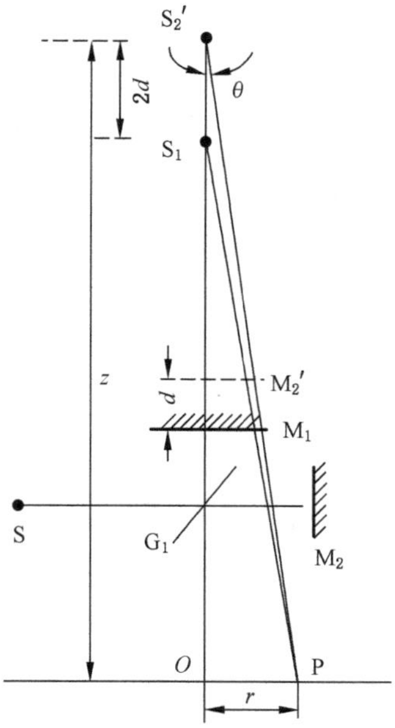

图 5-7　干涉花样的形成光路

【实验内容】

1. 迈克耳逊双光束等倾干涉仪的调整

(1) 调节粗调手轮使 M_2 与 M_1 到 G_1 的距离大致相等。

(2) 打开激光光源，调节其高度与位置，使光束通过 G_1 经 M_1、M_2 反射后落到光屏 E 上，呈现两组分立的光斑。调节 M_1 和 M_2 镜后的螺钉，改变 M_1、M_2 的方位，使屏上两组光斑对应重合(主要是最亮两点重合)。这样 M_1、M_2 就大致平行，然后把观察屏安装在迈克耳逊干涉仪上，便可在观察屏上看到干涉条纹。

2. 观察点光源非定域干涉，测定 He-Ne 激光波长

(1) 仔细调节水平、垂直微调螺钉，使干涉条纹呈圆环状。先旋转粗调手轮，当条纹出现"吞"或"吐"现象时，沿同一方向轻轻转动微调鼓轮、使 M_1 镜前后移动观察条纹变化，解释条纹吐出、吞入及粗细变化与距离 d 的变化关系。

(2) 调节粗调手轮与微调鼓轮刻度相匹配(调零)。先转动微调鼓轮，当有圆形条纹吐出或吞入时，将微调鼓轮调至零，再沿同一方向调粗调鼓轮至某一整刻线。此时粗调手轮与微调鼓轮刻度匹配完毕。

(3) 测量时选择中心为亮斑或暗斑的干涉图样，记下 M_1 镜的初始位置读数 d_0，继续沿原方向转动微调鼓轮，每隔 50 个条纹记一次读数 d_i，累计测量 450 个条纹，测 10 个数据，自制表格记录数据，用逐差法处理数据，求得激光波长 λ，写出结果表达式。

【注意事项】

1. 迈克耳逊干涉仪是精密光学仪器，使用前必须先弄清楚使用方法，然后再动手调节。

2. 各镜面必须保持清洁，严禁用手触摸。

3. 调整反射镜背后粗调螺钉时，先要把微调螺钉调在中间位置以便能在两个方向上都作微调。

4. 微动手轮有很大的反向空程，测量时避免转动粗调手轮和微动手轮时引起空程，必须向同一方向旋转。如果需要反向，应重新调整零点。

【思考题】

1. 为什么在观察激光非定域干涉时，通常看到的是弧形条纹？怎样才能看到圆形条纹？
2. 迈克耳逊干涉仪产生的干涉条纹，与牛顿环有何不同？

实验 5.2.2　多光束干涉

【实验目的】

1. 熟悉多光束干涉及法布里-珀罗干涉仪原理。
2. 学习调节法布里-珀罗干涉仪并测量 He-Ne 激光波长。

【实验仪器】

法布里-珀罗干涉仪、He-Ne 激光器、望远镜。

【实验原理】

法布里-珀罗干涉仪是属于多光束干涉仪器。主要由两块互相平行的平面玻璃（G_1、G_2）组成（见图 5-8），两平面玻璃相对的内表面上镀以增加反射率的银膜。这两个具有很高反射率的玻璃表面之间的空气层就是借以产生多光束干涉的平行平板。本实验中使用的法布里-珀罗干涉仪是将两玻璃板 G_1、G_2 安装在迈克耳逊干涉仪的机身上，利用精密丝杠移动其中一个玻璃板 G_1，改变平行膜之间的间隔，间隔的改变量可从读数装置上读出。

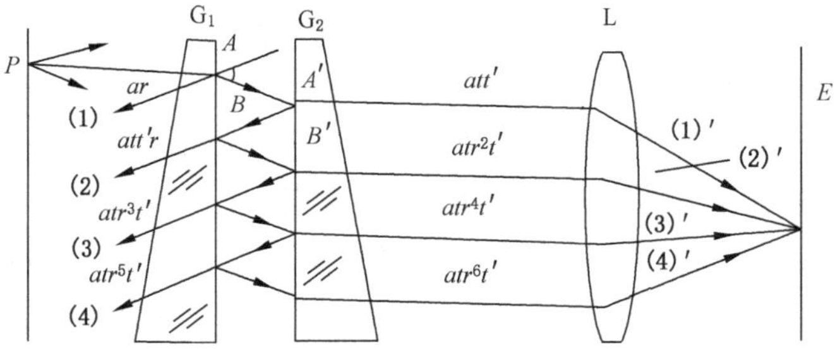

图 5-8　法布里-珀罗干涉仪原理图

设一束光自 P 点以 PA 方向入射到 G_1 玻璃的反射膜 A 处，G_1 反射膜对入射光进行振幅分割，分割为反射光(1)与透射光 AA'；透射光 AA' 又于 A' 处反射膜再次分割，形成反射光 $A'B$ 与透射光$(1)'$。反射光 $A'B$ 又于 B 处反射膜分割，形成透射光(2)与反射光 BB'。这样光束在两反射膜间不断的反射与透射，便在 G_1 的两侧形成了由(1)、(2)、(3)、(4)……组成的反射光和由$(1)'$、$(2)'$、$(3)'$、$(4)'$……组成的透射光。诸反射光（或透射光）彼此之间互相平行，当用会聚透镜分别将两组光会聚于焦平面上时，就会产生干涉。

设 P 点发出之光的振幅为 a，入射光 PA 在 A 点分割成的透射光振幅为 at，反射光振幅为 ar，t 与 r 分别为在反射膜表面透射光和反射光对入射光振幅之比，称为透射比和反射比。透射光 AA' 在 A' 点分割成的反射光 $A'B$ 振幅为 atr'，透射光振幅为 att'，t' 与 r' 分别为光从反射膜内向外投射时的透射比和反射比($r'=-r$,负号代表一个相移)。依此类推,从反射膜 G_1 反射的各光束(1)、(2)、(3)、(4)……的振幅依次为 ar、$atrt'$、atr^3t'、atr^5t'……从反射膜 G_2 透射出来的各束光振幅依次为 att'、atr^2t'、atr^4t'、atr^6t'……一般情况下,玻璃的反射率 $R(R=r^2)$ 较低,光束(3)′、(4)′的光强比(1)′、(2)′的光强小得多,只能形成双光束干涉。若玻璃表面镀有高反射率的金属膜,反射率可以高达 90%左右,各透射光的光强接近相等,这些光束会聚在一起,就可以产生多光束干涉。

可以证明:设入射光的强度为 I_0,相邻透射光束的相位差为 δ,则透射光束产生的多光束干涉的光强 I_T 分布为

$$I_T=\frac{I_0}{1+\frac{4R}{(1-R)^2}\sin\frac{\delta}{2}} \tag{5-10}$$

以 I_T/I_0 为纵坐标,位相差 δ 为横坐标,画出曲线如图 5-9 所示。

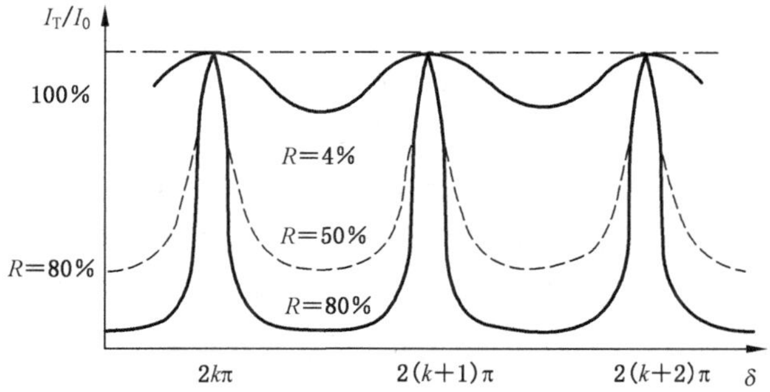

图 5-9 I_T/I_0-δ 曲线

I_T/I_0-δ 曲线说明,由镀有高反射率金属膜的两块平面玻璃组成的法布里-珀罗干涉仪,其透射光束产生的多光束干涉条纹为锐细的明条纹,金属膜的反射率愈大,干涉条纹愈细。

用扩展光源发出的发散光照射干涉仪时,透射光经过透镜 L 于其焦平面上将形成一系列的等倾干涉条纹。如若透镜的光轴和干涉仪玻璃平面垂直,则亮条纹为一组同心圆(见图 5-10)。它与迈克尔逊干涉条纹极相似:内环的干涉级次高于外环,相邻条纹的间隔与波长成正比,与两反射面的间隔成反比,条纹的分布离中心愈远条纹愈密。但是,条纹的锐细程度要比迈克尔逊干涉条纹锐细得多。

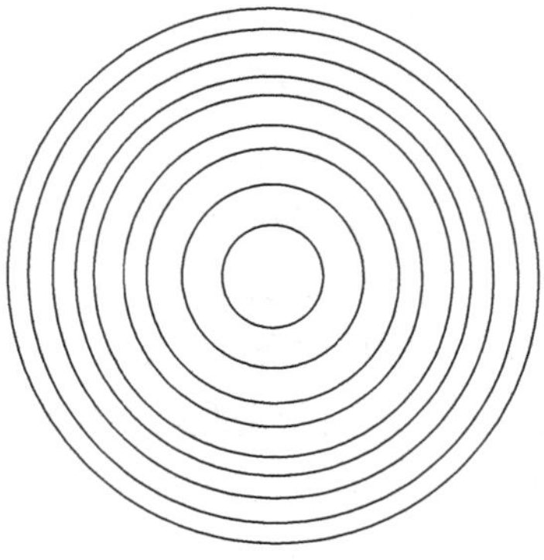

图 5-10 光轴与干涉仪玻璃平面垂直时的干涉条纹

【实验内容】

1. 调节法布里-珀罗干涉仪:

(1) 转动粗(细)动轮使 G_1 位于主尺 5 mm 处。

(2) 点亮激光光源,调节其高度和位置,使光束通过 G_1、G_2 镜后落到光屏 E 上,呈现一组光斑,调节 G_1、G_2 镜后的螺钉,使屏上一组光斑与最前方最亮光斑重合,这样就大致平行了,然后安装上望远镜,便可在望远镜视场中观察到干涉条纹。

2. 调节望远镜目镜，使能看到清晰的干涉圆环（见图 5-10）。轻轻转动微调手轮（顺时针方向旋转），观察干涉条纹的变化情况。

3. 当目镜中“冒出”或“缩入”$m=50$ 个条纹时，记录一次数据。连续记录 450 个条纹，10 组数据。在测量过程中，要避免出现回程差。

4. 代入公式 $\lambda=2\Delta d/m$ 计算入射光的波长。

【数据处理】

自行设计数据记录表格，用逐差法处理数据，求出波长平均值，并写出结果表达式。

【注意事项】

1. 不要直视激光束，以免伤害眼睛。
2. 在测量过程中，不要反向旋转微调手轮，以免出现回程差。
3. 切勿触碰光纤。

【拓展阅读】

多光束干涉在许多科技前沿及工程项目中都有重要应用。例如，基于多光束干涉效应的光纤法布里-珀罗传感器可以测量外界的应变、温度和折射率等物理参数的变化，在油井深度和压力检测、海水 pH 测量及地震声音震动检测等重要科技领域都有广泛的应用。其基本原理是当外界物理量引起法布里-珀罗腔的折射率或腔长变化时，光束之间光程差发生变化，从而引起光束叠加光强发生变化。利用光电探测器将光强干涉变化转化为电信号后，就可以通过解调处理得出法布里-珀罗腔的折射率或腔长变化量，从而间接得出外界物理量的变化。

国家自然科学基金项目“基于非对称法布里-珀罗干涉的微位移光纤传感机理及应用研究”（项目编号：61905085）利用面内不对称的阶梯形反射腔面与光纤端面构成非对称光纤法布里-珀罗干涉结构，实现了高精度和大动态范围兼顾的位移测量。其传感器精度、测量范围以及分辨率更优，所设计的光纤法布里-珀罗位移传感器可以实现纳米级别的位移测量。

燕山大学信息科学与工程学院毕卫红教授团队利用法布里-珀罗干涉效应设计并制备了多种光纤法布里-珀罗传感器。所设计的分离型双法布里-珀罗增敏系统可以实现外界温度和压强的同时测量，其灵敏度是传统的单法布里-珀罗传感器的 6～10 倍，并且在同一环境温度下可消除温度交叉敏感；以海藻酸钙凝胶为法布里-珀罗腔所设计的光纤传感器可以实现灵敏度为-2.754 nm/pH 的水体 pH 值测量；基于双毛细管结构所设计的法布里-珀罗声传感器可以实现灵敏度为 0.019 36 nm/Pa 的声信号测量。这些设计都为光纤传感器的进一步应用提供了科学基础。

实验 5.3 光速测量

光速是物理学中最重要的常数之一，它与力学、电磁学、光学及近代物理中的许多定理、定律有着极为密切的联系，故光速的测定非常重要。本实验巧妙地采用相位法和光拍法测量光速。

【实验目的】

1. 掌握相位法测光速的原理与方法。
2. 掌握光拍法测光速的原理与方法。

【实验仪器】

LM2000A 型光速测量仪、LM2000C 型光速测量仪、双踪示波器。

【实验原理】

1. 相位法测光速

波长为 650 nm 的载波，其强度受频率为 f 的正弦型调制波的调制，表达式为

$$I = I_0\left[1 + m\cos 2\pi f\left(t - \frac{x}{c}\right)\right] \tag{5-11}$$

式中，m 为调制度；$\cos 2\pi f(t-x/c)$表示光在传播过程中，其强度的变化犹如一个频率为 f 的正弦波以光速 c 沿 x 方向传播，称这个波为调制波。从式(5-11)看出，调制波在传播过程中，其位相是以 2π 为周期变化的。

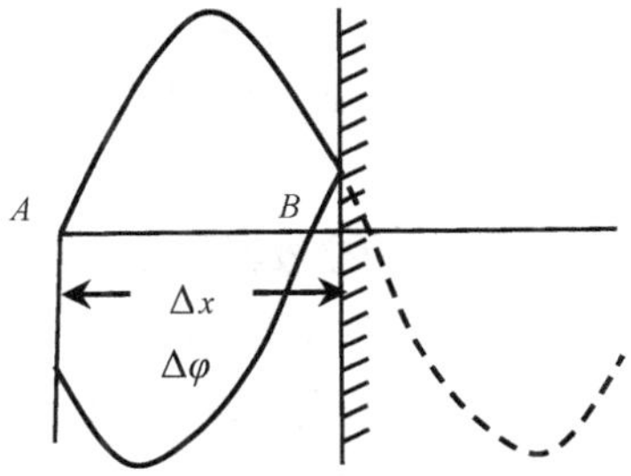

图 5-11　位相法测波长原理图

设调制波由 A 点出发，经 B 点反射器反射，传播 t 时间后返回 A 点(见图 5-11)。反射波的位相落后 $\varphi=\omega t$。如果以发射波(基准信号)作为参考信号，将它与反射波(被测信号)分别输入到示波器的两个输入端，则由示波器可以直接读出这两种信号之间的相位差。当反射镜相对于 B 点的位置移动 $\lambda/2$ 时，对应位相差的数值改变为 2π，由此得出

$$\frac{2\pi}{\Delta\varphi} = \frac{\lambda}{2\Delta x} \tag{5-12}$$

式中，$\Delta\varphi$ 为反射镜位置改变 Δx 时的位相差变化。

调制波的频率 f 可由数字式频率计精确地测定，利用公式 $c=\lambda f$ 和式(5-12)，有

$$c = \frac{4\pi f\Delta x}{\Delta\varphi} \tag{5-13}$$

2. 光拍法测量光速

(1) 光拍的产生和传播

根据振动叠加原理，频差较小、速度相同的二同向传播的简谐波相叠加即形成拍。考虑振幅相同、频率分别为 f_1 和 f_2(频差 Δf 较小)的光束

$$\begin{aligned} E_1 &= E\cos(\omega_1 t - k_1 x + \varphi_1) \\ E_2 &= E\cos(\omega_2 t - k_2 x + \varphi_2) \end{aligned} \tag{5-14}$$

则它们的叠加为

$$E_s = E_1 + E_2 = 2E\cos\left[\frac{\omega_1-\omega_2}{2}\left(t-\frac{x}{c}\right)+\frac{\varphi_1-\varphi_2}{2}\right]\cdot\cos\left[\frac{\omega_1+\omega_2}{2}\left(t-\frac{x}{c}\right)+\frac{\varphi_1+\varphi_2}{2}\right] \tag{5-15}$$

由式(5-15)得到，叠加后是角频率为$\frac{\omega_1+\omega_2}{2}$，振幅为 $2E\cos\left[\frac{\omega_1-\omega_2}{2}\left(t-\frac{x}{c}\right)+\frac{\varphi_1-\varphi_2}{2}\right]$的行

波。E_s 的振幅以频率 $\Delta f = \dfrac{\omega_1 - \omega_2}{2\pi}$ 周期性变化，我们称它为拍频波，Δf 就是拍频，如图 5-12 所示。

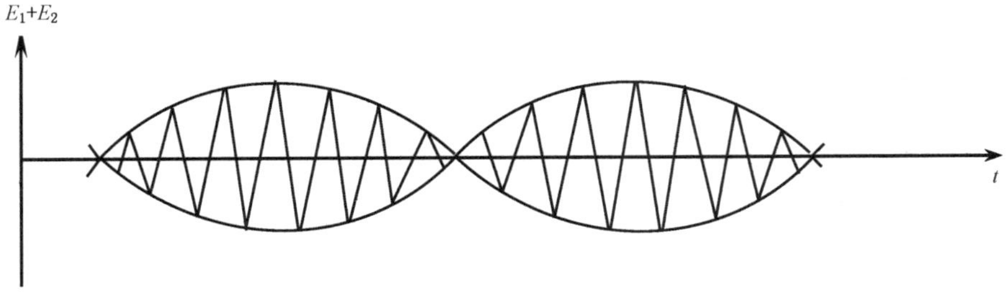

图 5-12　光拍频的形成

用光电检测器接收这个拍频波。因为光检测器的光敏面上光照反应所产生的光电流系光强(即电场强度的平方)所引起，故光电流为

$$i_0 = gE_s^2 \tag{5-16}$$

式中，g 为接收器的光电转换常数。

把式(5-15)代入式(5-16)，同时注意：由于光频甚高($f_0 > 10^{14}$ Hz)，光敏面来不及反映频率如此之高的光强变化，迄今仅能反映频率 10^8 Hz 左右的光强变化并产生光电流；将 i_0 对时间积分，并取对光检测器的响应时间 t 的平均值($f_0^{-1} < t < \Delta f^{-1}$)。结果，$i_0$ 积分中高频项为零，只留下常数项和缓变项，即

$$\bar{i}_0 = \frac{1}{t}\int_t i \cdot \mathrm{d}t = gE^2 \left\{1 + \cos\left[\Delta\omega\left(t - \frac{x}{c}\right) + \Delta\varphi\right]\right\} \tag{5-17}$$

式中，$\Delta\omega$ 是与 Δf 相对应的角频率；$\Delta\varphi = \varphi_1 - \varphi_2$ 为初相。

光检测器输出的光电流包含有直流和光拍信号两种成分。滤去直流成分，即得频率为拍频 Δf，位相与初相和空间位置有关的输出光拍信号。这就是说处在不同空间位置的光检测器，在同一时刻有不同位相的光电流输出。因此，采用比较相位的方法可间接确定光速。

事实上，由式(5-17)可知，光拍频的同位相诸点有如下关系：

$$\Delta\omega \frac{x}{c} = 2n\pi \text{ 或 } x = \frac{nc}{\Delta f} \tag{5-18}$$

n 为整数，两相邻同相点的距离 $\Lambda = \dfrac{c}{nf}$ 即相当于拍频波的波长。测定了 Λ 和光拍频 Δf，即可确定光速 c。

用位相法测拍频波的波长，须经过很多电路，必然会产生附加相移。设置一个由电机带动的斩光器，使从声光器件射出来的光在某一时刻(t_0)只射向内光路，而在另一时刻(t_0+1)只射向外光路，周而复始。同一时刻在示波器上显示的要么是内光路的拍频波，要么是外光路的拍频波。由于示波管的荧光粉的余辉和人眼的记忆作用，看起来两个拍频重叠显示在一起。两路光在很短的时间间隔内交替经过同一套电路系统，相互间的相位差仅与两路光的光程差有关，消除了电路附加相移的影响。

(2) 相拍二光束的获得

光拍频波要求相拍二光束具有一定的频差。使激光束产生固定频移的办法很多。一种最常用的办法是使超声与光波互相作用。超声(弹性波)在介质中传播,引起介质光折射率发生周期性变化,就成为一位相光栅,这就使入射的激光束发生了与声频有关的频移。

本实验采用驻波法,利用声光相互作用产生频移,如图 5-13 所示。利用声波的反射,使介质中存在驻波声场(相应于介质传声的厚度为半声波长的整数倍)。声光相互作用,使激光产生对称多级衍射,此时为拉曼-纳斯衍射。第 1 级的衍射光角频率为

$$\omega_{lm} = \omega_0 + (l + 2m)\Omega \tag{5-19}$$

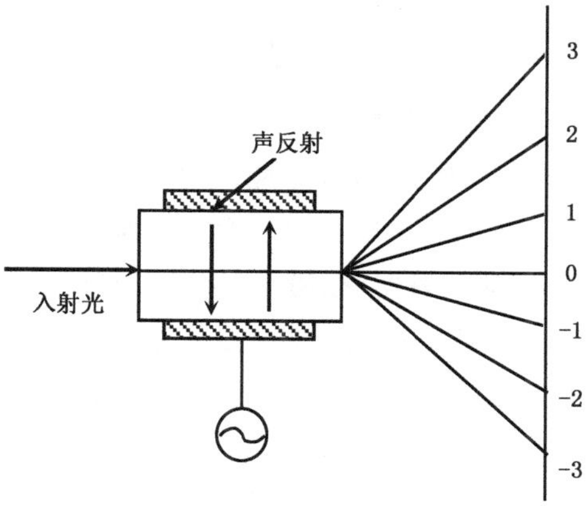

图 5-13 驻波法

式中,l、$m = 0, \pm 1, \pm 2 \cdots$;$\omega_0$ 为入射光的角频率;Ω 为声角频率。可见,在同一级衍射光束内就含有许多不同频率的光波的叠加(当然强度不相同),因此不用光路的调节就能获得拍频波。例如选取第 1 级,由 $m=0$ 和 -1 的两种频率成分叠加得到拍频为 2Ω 的拍频波。

3. 差频法测位相

为了避免高频下测相的困难,人们通常采用差频的办法,把待测高频信号转化为中、低频信号处理。将两频率不同的正弦波同时作用于一个非线性元件(如二极管、三极管)时,其输出端包含有两个信号的差频成分。非线性元件对输入信号 x 的响应可以表示为

$$y(x) = A_0 + A_1 x + A_2 x^2 + \cdots \tag{5-20}$$

忽略上式中的高次项,将看到二次项产生混频效应。设基准高频信号为

$$u_1 = U_{10}\cos(\omega t + \varphi_0) \tag{5-21}$$

被测高频信号为

$$u_2 = U_{20}\cos(\omega t + \varphi_0 + \varphi) \tag{5-22}$$

它们的相位差为 φ,现在引入一个本振高频信号

$$u' = U_0'\cos(\omega' t + \varphi_0') \tag{5-23}$$

将式(5-22)和式(5-23)代入式(5-20)中,略去高次项

$$y(u_2 + u') \approx A_0 + A_1 u_2 + A_1 u' + A_2 {u_2}^2 + A_2 u'^2 + 2A_2 u_2 u' \tag{5-24}$$

展开交叉项

$$\begin{aligned} 2A_2 u_2 u' &\approx 2A_2 U_{20} U_0' \cos(\omega t + \varphi_0 + \varphi)\cos(\omega' t + \varphi_0') \\ &= A_2 U_{20} U_0' \{\cos[(\omega + \omega')t + (\varphi_0 + \varphi_0') + \varphi] + \cos[(\omega - \omega')t + (\varphi_0 - \varphi_0') + \varphi]\} \end{aligned} \tag{5-25}$$

当两个不同频率的正弦信号同时作用于一个非线性元件时,在其输出端除了可以得到原来两种频率的基波信号以及它们的二次和高次谐波之外,还可以得到差频以及和频信号,其中差频信号很容易和其他的高频成分或直流成分分开。

基准高频信号 u_1 与本振高频信号 u' 混频,其差频项为

$$A_2 U_{10} U_0' \cos[(\omega - \omega')t + (\varphi_0 - \varphi_0')] \tag{5-26}$$

被测高频信号 u_2 与本振高频信号 u' 混频,其差频项为

$$A_2U_{20}U_0'\cos[(\omega-\omega')t+(\varphi_0-\varphi_0')+\varphi] \tag{5-27}$$

可见，当基准信号、被测信号分别与本振信号混频后，所得到的两个差频信号之间的位相差仍保持为 φ。

本实验就是利用差频检相的方法，将 $f=100$ MHz 的高频基准信号和高频被测信号分别与本机振荡器产生的高频振荡信号混频，得到两个频率为 455 kHz、位相差依然为 φ 的低频信号，然后送到示波器中去比相。

【实验内容】

1. 相位法测量光速

(1) 打开 LM2000A 型光速测量仪，预热 15 min。调整光路，使反射光斑尽可能居中，且前后移动反射器（棱镜小车）时光斑位置变化最小。

(2) 调整示波器使参考信号和测量信号波形稳定，调节扫描时间选择开关（TIME/DIV）及微调控制键，使屏幕上显示完整正弦波形数 1～2 个，并准确记录一个周期所占的格数 n。

(3) 将棱镜小车置于导轨前端的某一整刻线上，记下起始位置 x_0，调节示波器“左右位移”旋钮，将波形的某一峰或谷的位置置于示波器屏幕上中间竖直刻线上。

(4) 移动棱镜小车，观察波形变化。当峰或谷横向移动 1.0 个大格时，记录小车位置 x_1。

(5) 更改棱镜小车初始位置，重复上述(3)～(4)步骤，分别记下峰或谷横向移动 0.8 及 0.6 个大格时小车移动前后的位置读数，完成 3 组数据的测量。

(6) 已知 $f=100$ MHz，利用式(5-13)计算光速平均值，并与理论值(2.998×10^8 m/s)比较求相对误差。

2. 光拍法测量光速

(1) 依次按“电路控制箱开关—斩波器旁边开关—频率计开关—示波器开关”，打开 LM2000C 型光速测量仪，预热 15 min。

(2) 调节电路控制箱面板上的“频率”和“功率”旋钮，使示波器上的图形清晰、稳定（频率在 75 MHz 附近，功率指示一般在满量程的 60%～100%）。若为两列波（也可能重叠为一列波），则说明光路已调好。

(3) 内(近)光路调节：调节内光路上的平面反射镜，使内光程的光打在光电接收器入光孔的中心。

(4) 外(远)光路调节：调节外光路上的平面反射镜，使棱镜小车在整个导轨上来回移动时，外光路的光也始终保持在光电接收器入光孔的中心。

(5) 反复进行步骤(3)和(4)，直至示波器上的两条曲线清晰、稳定、幅值相等。各光学器件的光轴设定在平台表面上方 62.5 mm 的高度，调节时注意保持才不致调节困难。

(6) 记下频率计上的读数 f，如发生变化，应立即调节声光功率源面板上的“频率”旋钮，保持 f 在整个实验过程中的稳定。

(7) 将棱镜小车 A 定位于导轨 A 最左端某处（比如 5 mm 处），这个起始值记为 $D_a(0)$；同样，从导轨 B 最左端开始移动棱镜小车 B，当示波器上的两条正弦波完全重合时，记下棱镜小车 B 在导轨 B 上的读数，记为 $D_b(0)$，反复重合 5 次。

(8) 将棱镜小车 A 定位于导轨 A 右端某处（比如 535 mm 处），这个值记为 $D_a(2\pi)$；将棱镜小车B向右移动，当示波器上的两条正弦波再次完全重合时，记下棱镜小车B在导轨B上的读数，记为$D_b(2\pi)$，反复重合5次。

计算$D_a(0)$、$D_a(2\pi)$、$D_b(0)$、$D_b(2\pi)$的平均值，代入表达式$v=2f[2(D_b(2\pi)-D_b(0))+2(D_a(2\pi)-D_a(0))]$中，求出光速$v$，并与理论值比较求相对误差。

【注意事项】

1. 光速测量仪属于精密仪器，操作时用力要均匀，不可用力过猛。
2. 若反射器表面有灰尘，可用擦镜纸轻轻擦去，不可用手触摸光学面。
3. 光拍法测光速实验中，在需要调节平面全反光镜的时候，应尽量优先考虑内(近)光路的调节，再进行难度更高的外(远)光路的调节训练。
4. 光拍法测光速实验中，不能将功率调节过高，一般指示在50左右即可。电机损耗大，不允许长时间开启。关机顺序与开机相反。

【思考题】

1. 通过实验观察，你认为波长测量的主要误差来源是什么？为提高测量精度需做哪些改进？
2. 本实验所测定的是100 MHz调制波的波长和频率，能否把实验装置改成直接发射同频率的无线电波并对它的波长进行绝对测量？为什么？
3. 如何将光速仪改成测距仪？

实验5.4 全息照相

普通照相是立体景物的平面记录，没有反映出景物的实际状况。全息照相是20世纪60年代发展起来的一门立体摄影和波阵面再现的技术，它能完全再现被摄物光波的全部信息，在精密测量、无损检测、信息存储和处理、遥感技术等方面有着广泛的应用。

【实验目的】

1. 了解全息照相的基本原理和主要特点。
2. 掌握拍摄全息图的实验技术。
3. 了解摄影暗室技术，并学习和掌握全息图再现像的观察方法。

【实验仪器】

全息实验台、He-Ne激光器、光电快门、曝光定时器、分束镜、平面反射镜、扩束镜、全息干板、干板夹、被摄物、暗房设备及冲洗药水。

【实验原理】

人眼通过接收发自物体的光波强度、频率和位相，能从整体上辨认出物体的全部特征。基于几何光学成像原理，普通照相是通过照相机镜头使物体成像在感光材料上，感光材料的感光性能只与物体表面的光强分布和频率有关。因为光强与振幅的平方成正比，所以它只记录了光波的振幅，而无法记录物体光波的位相信息。因此，普通照相记录的只能是物体失去了立体感的二维平面像。

全息照相则是利用干涉原理，将物体发出的特定光波以干涉条纹的形式记录下来，使物光波前的全部信息都贮存在记录介质中，由于全息图记录的是物体光波振幅和位相的全部信息，所以再现的物像是一个三维立体像。

1. 全息图的记录、物像的再现及其理论分析

(1) 全息图的记录——光的干涉

利用干涉的方法，以干涉条纹的形式就可以记录光波的全部信息，图 5-14 是制备全息图的光路。由 He-Ne 激光器发出的激光束通过分束镜 G 分成两束，其中透过分束镜的一束光经反射镜 M_1 反射、扩束镜 L_1 扩束后均匀照射到被摄物体 O 上，经物体表面反射（或透射）后再照射到全息干板 H 上（称为物光）；另一束从分束镜 G 反射后经反射镜 M_2 反射、扩束镜 L_2 扩束后直接均匀地照射到全息干板 H 上（称为参考光）。

设物光波和参考光波在记录介质上的复振幅分布为

$$O(x,y)=O_0(x,y)\,e^{i\varphi_0(x,y)}$$

$$R(x,y)=R_0(x,y)\,e^{i\varphi_r(x,y)} \tag{5-28}$$

合成光波的复振幅为

$$\psi(x,y)=O(x,y)+R(x,y) \tag{5-29}$$

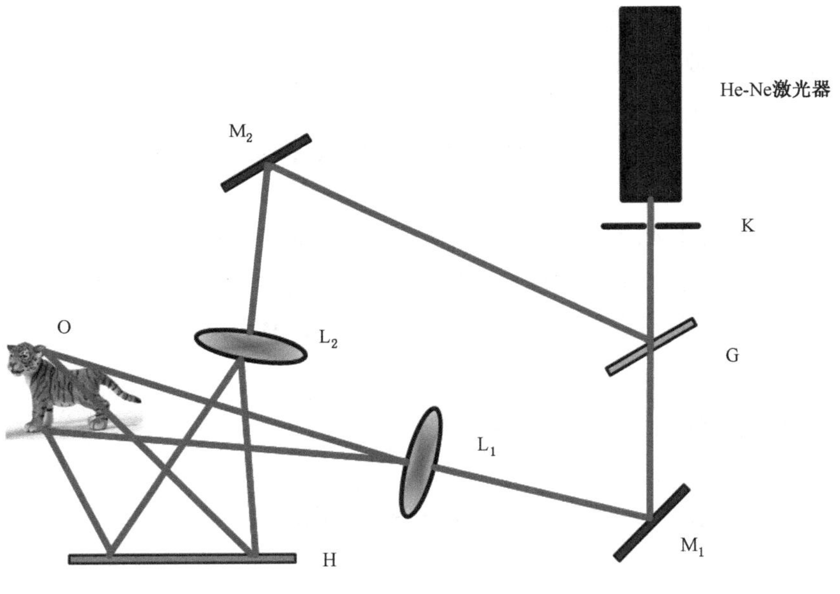

K—光电快门；G—分束镜；M_1、M_2—反射镜；L_1、L_2—扩束镜；O—被摄物体；H—全息干板

图 5-14 全息照相光路图

其发光强度分布应是合成光复振幅的平方，即

$$\begin{aligned} I(x,y)&=\psi(x,y)\cdot\psi^*(x,y)=(O+R)\cdot(O+R)^* \\ &=OO^*+RR^*+OR^*+O^*R \\ &=O_0{}^2+R_0{}^2+O_0e^{i\varphi_0}\cdot R_0e^{-i\varphi_r}+O_0e^{-i\varphi_0}\cdot R_0e^{i\varphi_r} \end{aligned} \tag{5-30}$$

由此可见，在参考光存在的情况下，物光波的振幅和位相均被记录了，这种位相记录是将位相因子转换成控制干涉图样的调制因子，从而把它记录下来的。由于被摄物体发出的

光波是不规则的，这种复杂的物光波是由无数物点发出的球面波叠加而成。因此，在全息干板上记录的干涉条纹，是一个十分复杂的干涉条纹的集合，最后形成一个人眼不能识别的全息图。

由光的干涉原理可以推导出全息图上干涉条纹的间距为

$$d=\frac{\lambda}{2\sin(\theta/2)} \tag{5-31}$$

式中，θ 为参考光束和物光束之间的夹角；λ 为入射光波长。

很明显，在物光和参考光夹角大的地方，条纹细密；夹角小的地方，条纹稀疏。

由波的叠加原理可知，干涉条纹的明暗主要取决于两列光波在相干处的位相关系(和两光波的振幅也有关)，若位相相同，两列光波的振幅相加，形成亮条纹；若位相相反，则两列光波的振幅相减，形成暗条纹；如果二者的位相既不相同又不相反，则条纹的明暗程度便介于上述两种极限情形之间。干涉条纹的明暗对比度(即反差)和两相干光的振幅有关：如果物光和参考光两光束的振幅相等，则反差最大；如果振幅一大一小，则反差小。

由上可见，物光波中的振幅和位相的信息是以干涉条纹的反差和明暗变化被记录下来，物光波的位相是以条纹的间距和走向被记录下来，所以物光波的全部信息均以干涉条纹的形式被记录下来。

(2) 物像的再现——光的衍射

曝光后的全息干板经过适当的显影和定影处理即形成全息图，全息图的复振幅透过率与曝光时的光强度呈线性关系，即

$$T(x,y)=\alpha+\beta I(x,y) \tag{5-32}$$

式中，α 和 β 是由全息干板的性质确定的常数。

再现过程的观察光路如图 5-15 所示，用一束与拍摄时用的参考光方向相同的激光束照射全息图，全息图上每一组干涉条纹相当于一个复杂的光栅，它使再现光产生衍射，则从全息图透过的光的复振幅为

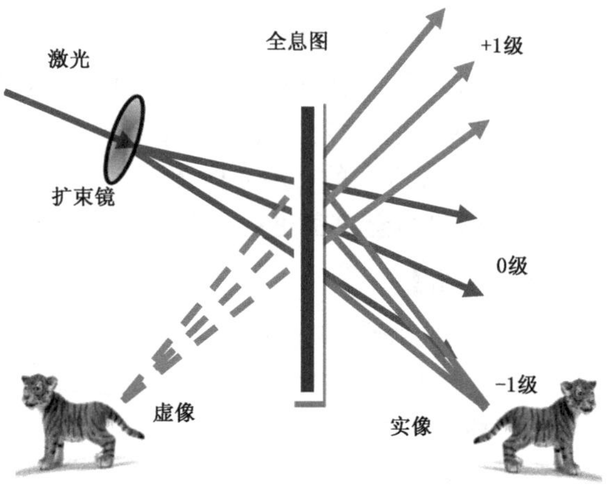

图 5-15 全息再现光路图

$$W(x,y)=T(x,y)\cdot R(x,y)$$
$$=[\alpha+\beta(O_0{}^2+R_0{}^2)]R(x,y)+\beta R_0{}^2 O(x,y)+\beta O_0 R_0{}^2 \mathrm{e}^{-\mathrm{i}\varphi_0}\mathrm{e}^{\mathrm{i}2\varphi_r} \tag{5-33}$$

得到一列沿照明方向传播的 0 级衍射光波和+1 级与−1 级两列衍射光波。其中+1 级衍射光波是发散波，它与物体在原来位置上发出的光波完全一样，将形成一个虚像。如果这个光波被人眼所接受，就等于看到了原物体，所以也称它为真像。−1 级衍射波是一个会聚波，它将在原物再现虚像的异侧形成一个共轭实像，称为赝像。

2. 全息照相的主要特点

(1) 可再现逼真的三维图像。如果从不同角度观察全息图，可以看到物体的不同侧面，而且有视差效应和景深感。

(2) 具有可分割性。通过全息图的每一小块均能再现完整的物体图像。

(3) 同一张全息干板上可重叠拍摄多个全息图，每一再现像可做到不受其他再现像的干扰而显示出来。

(4) 对光源的要求较高，必须具有高度空间和时间相干性。

(5) 全息照片的再现像可放大和缩小。用不同波长的激光照射全息照片，由于与拍摄时所用的激光波长不同，再现像就会发生放大和缩小。

【实验内容】

1. 拍摄一张陶瓷工艺品的全息图

(1) 按图 5-14 布置拍摄光路，移开扩束镜 L_1、L_2，调节各元件等高。

(2) 将物光与参考光光程调至基本相等，二者夹角约为 40°。

(3) 调节平面镜 M_1、M_2 的倾角，使物光与参考光最强点在全息干板（先以白屏代替）的中部相遇。

(4) 加入扩束镜 L_1、L_2，调整其远近倾角，使白屏上物光与参考光光强之比约为 1∶4。

(5) 调节曝光定时器，使曝光时间控制在 15 s 左右，安装全息干板，进行曝光、显影、水洗、定影、水洗、干燥过程。曝光时不能触及全息台，不要随意走动和说话，以免破坏光路的稳定性，影响全息图质量。

2. 观察全息照片的再现像

按图 5-15 所示光路观察再现的虚像。将已经制成的全息图放回干板夹上，不要改变全息图与干板夹之间的方位（即不能上下颠倒、前后翻转），移去被摄物体，便可在原物体位置上显现出与物体等大的三维立体像。

3. 对得到的全息图进行评价，分析实验结果

【注意事项】

1. 不能用手触摸所有的光学元件，必要时用专用擦镜纸轻轻揩拭。
2. 调试光路时不能用眼睛直视激光束。
3. 严格遵守暗房操作规程。

【思考题】

1. 全息照相与普通照相相比有何特点？
2. 拍摄一张高质量的全息图应注意哪些问题？
3. 如果参考光的位相改变 180°，是否会导致全息图的黑白颠倒？

实验 5.5　夫兰克-赫兹实验

1913 年，玻尔发展了原子模型理论，提出了原子能级的存在。光谱学的研究证明了原子能级的存在，原子光谱中的每条谱线都相应表示了原子从某一较高能态向另一较低能态跃迁时的辐射。然而，原子能级的存在除了可由光谱研究推得外，1914 年德国物理学家夫兰克和赫兹用低速电子与稀薄气体原子碰撞的方法，使原子从低能级激发到高能级，通过测量电子与原子碰撞时交换某一定值能量，测量到了氩的激发电位和电离电位，直接证明了原子内部量子化能级的存在，也证明了原子发生跃迁时吸收或发射的能量是完全确定的、不连续的，为玻尔发表的原子结构理论的假说提供了有力的实验证据。他们因此获得1925年度诺贝尔物理学奖。其实验方法至今仍是探索原子结构的重要手段之一。

【实验目的】

1. 了解夫兰克-赫兹实验的原理和方法，测定氩原子的第一激发电位，验证原子能级的存在。

2. 分析灯丝电压、拒斥电压等因素对夫兰克-赫兹实验曲线的影响。

【实验仪器】

夫兰克-赫兹实验仪、示波器。

【实验原理】

原子只能处于一系列不连续的状态。这些状态具有分立的确定的能量值，称为定态。原子的跃迁只能吸收或发射相当于两定态能量差的能量。

原子从低能级向高能级跃迁，可以通过具有一定能量的电子与原子相碰撞进行能量交换来实现。

设气体原子的基态能量为 E_1，第一激发态能量为 E_2。若电子在某一电位差为 U_0 的加速电场作用下，获得能量 eU_0，且

$$eU_0 = E_2 - E_1 \tag{5-34}$$

当电子与稀薄气体原子碰撞时，原子恰好吸收 eU_0 的能量，由基态跃迁至第一激发态，则这里的加速电位差 U_0 称为该原子的第一激发电位，测出 U_0 就可算出基态与第一激发态之间的能量差。

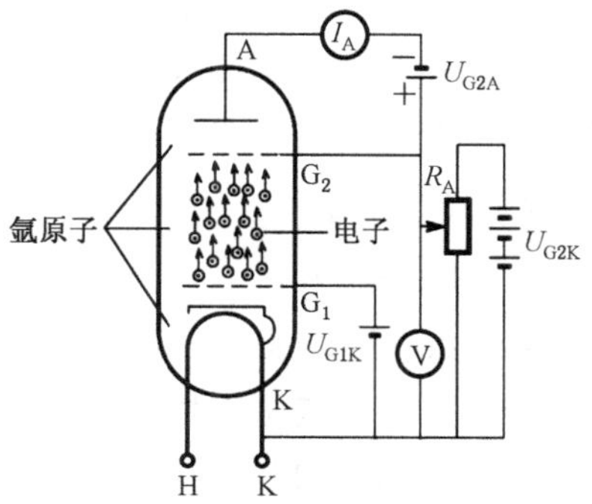

图 5-16 夫兰克-赫兹管原理图

夫兰克-赫兹管的原理如图 5-16 所示。管中充有少量的氩。阴极 K 加热后发射出的电子，在阴极 K 与栅极 G 间的正向电压 U_{G2K} 的作用下被加速。板极 A 和栅极 G 之间加有反向拒斥电压 U_{G2A}。管内空间的电位分布如图 5-17 所示。

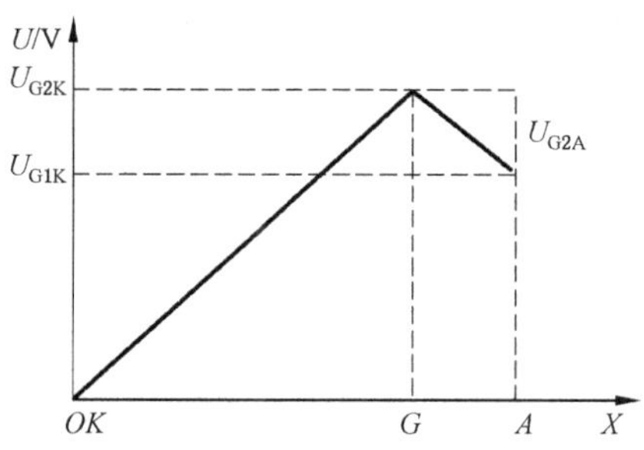

图 5-17 夫兰克-赫兹管内的电位分布

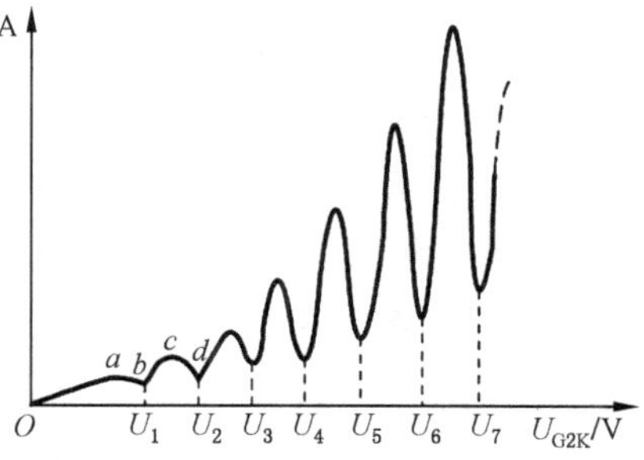

图 5-18 氩原子的 I_A-U_{G2K} 曲线

当电子通过 KG 空间进入 GA 空间时，如果具有较大的能量，就能冲过反向拒斥电场到达板极形成板流，为微电流计 I_A 检出。如果电子在 KG 空间因与气体原子碰撞，将自己的全部或部分能量传给了原子使之激发的话，电子因失掉了能量或剩余能量很小，以致使通过

栅极后也不足以克服拒斥电场而被折回，那么通过板极的电流就会显著地减少。

图 5-18 的 I_A-U_{G2K} 曲线反映了电子与氩原子进行能量交换的情况。当加速电压 U_{G2K} 刚开始增大时，由于电压较低，电子获得的能量较低，与氩原子的碰撞只能是弹性碰撞，不会使氩原子激发，从而电子在碰撞后无显著的能量损失。能穿过栅极并克服反向拒斥电压而到达板极 A 的电子数随着 U_{G2K} 的增大而增多，即图 5-18 中的 Oa 段。当 U_{G2K} 达到或稍大于氩原子的第一激发电位 U_0 时，电子在栅极附近与氩原子作非弹性碰撞，使氩原子从基态跃迁至第一激发态，而失去能量的电子已不能克服拒斥电压到达板极，板流从峰值开始下跌，即图 5-18 中的 ab 段。随着 U_{G2K} 的增加，电子的能量也随之增加，在与氩原子碰撞后剩余的能量仍足以克服反向拒斥电场到达板极，这时电流又开始上升，即图 5-18 中的 bc 段。直到 U_{G2K} 加大到 $2U_0$ 时，电子在 KG 间又会第二次碰撞失去能量，造成如图 5-18 中 cd 段所示的板流第二次下降。同理，当 $U_{G2K}=nU_0(n=1,2,\cdots)$ 时，I_A 都会明显下降。I_A-U_{G2K} 曲线的规则起伏变化，形象地证明了原子能级的存在。

应当指出，由于阴极和板极一般采用不同的金属材料制造，产生接触电位差，整个曲线会沿电压轴偏移。图 5-18 中与曲线第一峰值所对应的电压 U_a 并不等于而是稍大于原子的第一激发电位 U_0，但曲线上两相邻极值所对应的加速电压的差值就等于原子的第一激发电位 U_0，即 $U_0=U_{n+1}-U_n$。公认值表明 $U_0=13.1$ V。

【实验内容】

1. 手动测试

(1) 按“手动/自动”键，将仪器设置为“手动”工作状态。

(2) 按下相应电流量程键，设定电流量程(电流量程可参考机箱盖上提供的数据)。

(3) 用电压调节键←→调节位，↑↓调节值的大小，设定灯丝电压 V_F、第一加速电压 V_{G1K}、拒斥电压 V_{G2A} 的值(设定值可参考机箱盖上提供的数据)。

(4) 按下“启动”键和“V_{G2K}”挡位键，实验开始。用电压调节键↑↓←→，从 0.0 V 开始，按步长 1 V(或 0.5 V)的电压值调节电压源 V_{G2K}，并记录下 V_{G2K} 的值和对应的电流值 I_A。同时可用示波器观察板极电流 I_A 随电压 U_{G2K} 的变化情况。

(5) 测试结束，依据记录下的数据作出 I_A-U_{G2K} 图。

(6) 在 I_A-U_{G2K} 图中读出相邻六组 I_A 峰值(或谷值)所对应的 U_{G2K} 的坐标，用逐差法求出第一激发电位，并与公认值比较。

2. 自动测试

(1) 按“手动/自动”键，将仪器设置为“自动”工作状态。

(2) 参考机箱上提供的数据设置灯丝电压、V_{G1K}、V_{G2A}、V_{G2K} 的大小，V_{G2K} 设定终止值建议不超过 85 V。

(3) 按面板上“启动”键，自动测试开始，同时用示波器观察板极电流 I_A 随电压 U_{G2K} 的变化情况。

(4) 自动测试结束后，用电压调节键←→↑↓键改变 V_{G2K} 的值，查阅并记录数据作出 I_A-U_{G2K} 图。

(5) 根据 I_A-U_{G2K} 图，读出相邻六组 I_A 峰值(或谷值)所对应的 U_{G2K} 的坐标，用逐差法求出第一激发电位，并与公认值比较。

【注意事项】

1. 每个夫兰克-赫兹管的参数各不相同，尤其是灯丝电压，使用每一台仪器都要按调试步骤认真地进行操作。

2. 为保证实验数据的唯一性，U_{G2K} 的值必须从小到大单向调节，不可在过程中反复；记录完成最后一组数据后，立即将 U_{G2K} 电压快速归零。

3. 调节 U_{G2K} 和 U_H 时应注意 U_{G2K} 和 U_H 过大会导致氩原子电离而形成正离子到达阳极使阳极电流 I_A 突然骤增，直至将夫兰克-赫兹管烧毁。

【思考题】

1. 拒斥电压在实验中的作用是什么？

2. 板极电流 I_A 的峰谷是如何形成的？

3. 为什么 I_A-U_{G2K} 曲线可以说明原子能级是分立的？

【附录】仪器简介

1. 夫兰克-赫兹实验仪

夫兰克-赫兹实验仪的前面板如图 5-19 所示，以功能划分为八个区：

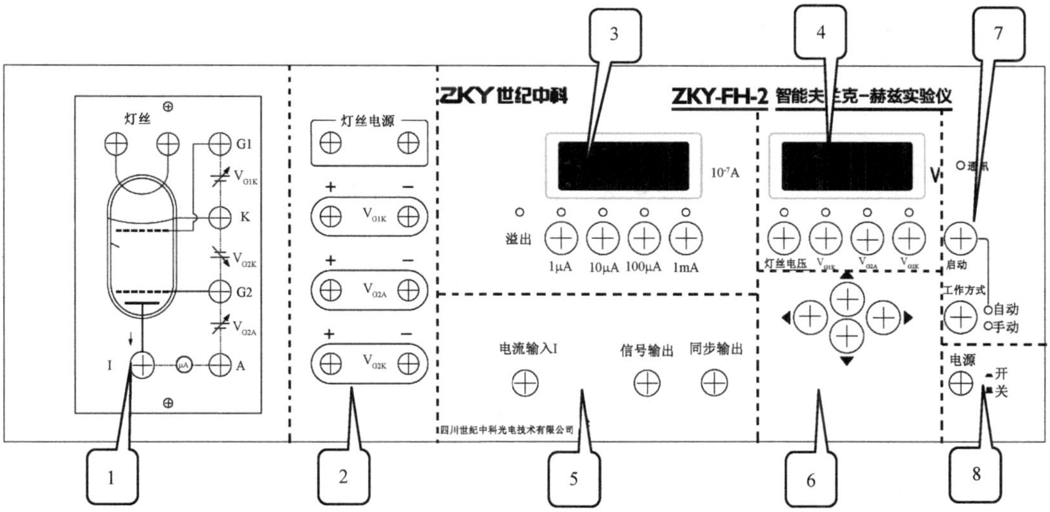

图 5-19 夫兰克—赫兹实验仪面板

区〈1〉是夫兰克-赫兹管各输入电压连接插孔和板极电流输出插座。区〈2〉是夫兰克-赫兹管所需激励电压的输出连接插孔，其中左侧输出孔为正极，右侧为负极。区〈3〉是测试电流指示区：四位七段数码管指示电流值；四个电流量程挡位选择按键用于选择不同的最大电流量程挡；每一个量程选择同时备有一个选择指示灯指示当前电流量程挡位。区〈4〉是测试电压指示区：四位七段数码管指示当前选择电压源的电压值；四个电压源选择按键用于选择不同的电压源；每一个电压源选择都备有一个选择指示灯指示当前选择的电压源。区〈5〉是测试信号输入输出区：电流输入插座输入夫兰克-赫兹管板极电流；信号输出和同步输出插座可将信号送示波器显示。区〈6〉是调整按键区，用于改变当前电压源电压设定值；设置查询电压点。区〈7〉是工作状态指示区：通信指示灯指示实验仪与计算机的通信状态；启动按键与工作方式按键共同完成多种操作。区〈8〉是电源开关。

2. 基本操作

(1) 开机后的初始状态

开机后，实验仪面板状态显示如下：

实验仪的“1 mA”电流挡位指示灯亮，表明此时电流的量程为 1 mA 挡；电流显示值为 0000. $\times 10^{-7}$ A(若最后一位不为 0，属正常现象)。

实验仪的“灯丝电压”挡位指示灯亮，表明此时修改的电压为灯丝电压；电压显示值为 000.0 V；最后一位在闪动，表明现在修改位为最后一位。

“手动”指示灯亮，表明此时实验操作方式为手动操作。

(2) 变换电流量程

如果想变换电流量程，则按下在区〈3〉中的相应电流量程按键，对应的量程指示灯点亮，同时电流指示的小数点位置随之改变，表明量程已变换。

(3) 变换电压源

如果想变换不同的电压，则按下在区〈4〉中的相应电压源按键，对应的电压源指示灯随之点亮，表明电压源变换选择已完成，可以对选择的电压源进行电压值设定和修改。

(4) 修改电压值

按下前面板区〈6〉上的←/→键，当前电压的修改位将进行循环移动，同时闪动位随之改变，以提示目前修改的电压位置。按下面板上的↑/↓键，电压值在当前修改位递增/递减一个增量单位。

实验 5.6　密立根油滴实验

由美国实验物理学家密立根(R. A. Millikan)首先设计并完成的密立根油滴实验，在近代物理学的发展史上是一个十分重要的实验。它证明了任何带电体所带的电荷都是某一最小电荷——基本电荷的整数倍；明确了电荷的不连续性；并精确地测定了基本电荷的数值，为从实验上测定其他一些基本物理量提供了可能性。由于测量基本电荷和研究光电效应方面的杰出成就，密立根荣获 1923 年度诺贝尔物理学奖。

由于密立根油滴实验设计巧妙、原理清楚、设备简单、结果准确，所以它历来是一个著名而有启发性的物理实验。

【实验目的】

1. 通过对带电油滴在重力场和静电场中运动的测量，验证电荷的不连续性，并测定电子的电荷量 e。

2. 通过实验时对仪器的调整、油滴的选择、耐心地跟踪和测量以及数据的处理等，培养学生严肃认真和一丝不苟的科学实验方法和态度。

【实验仪器】

密立根油滴仪、实验油、喷雾器等。

【实验原理】

用油滴法测量电子的电荷，本实验采用静态(平衡)测量法。

用喷雾器将油喷入两块相距为 d 的水平放置的平行极板之间。油在喷射撕裂成油滴时，一般都是带电的。设油滴的质量为 m，所带的电荷为 q，两极板间的电压为 V，则油滴在平行极板间将同时受到重力 mg 和静电力 qE 的作用。如图 5-20 所示。如果调节两极板间的电压 V，可使两力达到平衡，这时

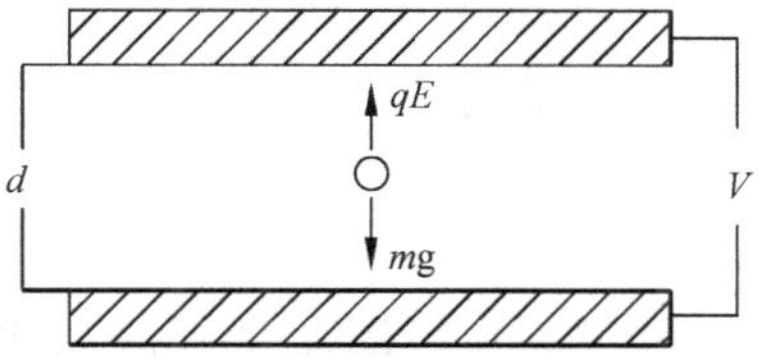

图 5-20 油滴在平行极板间受力

$$mg=qE=q\frac{V}{d} \tag{5-35}$$

从上式可见，为了测出油滴所带的电量 q，除了需测定 V 和 d 外，还需要测量油滴的质量 m。因 m 很小，需用如下特殊方法测定：平行极板不加电压时，油滴受重力作用而加速下降，由于空气阻力的作用，下降一段距离达到某一速度 v_g 后，阻力 f_r 与重力 mg 平衡，如图 5-21 所示(空气浮力忽略不计)，油滴将匀速下降。根据斯托克斯定律，油滴匀速下降时

$$f_r=6\pi\alpha\eta v_g=mg \tag{5-36}$$

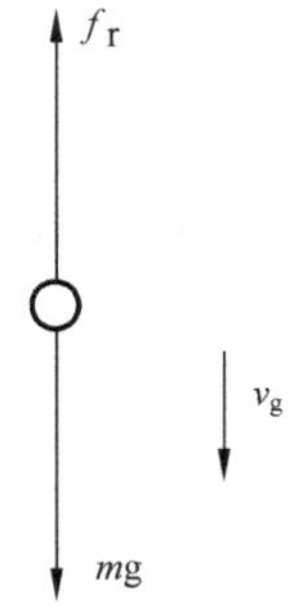

图 5-21 油滴匀速下落时的受力

式中，η 是空气的黏滞系数；α 是油滴的半径(由于表面张力的原因，油滴总是呈小球状)。

设油的密度为 ρ，油滴的质量 m 可以用下式表示

$$m=\frac{4}{3}\pi\alpha^3\rho \tag{5-37}$$

由式(5-36)和式(5-37)，得到油滴的半径为

$$\alpha=\sqrt{\frac{9\eta v_g}{2\rho g}} \tag{5-38}$$

由于油滴很小，其直径可以和分子的平均自由程相比拟，所以不能再将空气看成连续介质，空气的黏滞系数 η 应作如下修正

$$\eta'=\frac{\eta}{1+\frac{b}{p\alpha}}$$

这时斯托克斯定律应改为

$$f_r=\frac{6\pi\alpha\eta v_g}{1+\frac{b}{p\alpha}}$$

式中，b 为修正常数；p 为大气压强，得

$$\alpha=\sqrt{\frac{9\eta v_g}{2\rho g}\frac{1}{1+\frac{b}{p\alpha}}} \tag{5-39}$$

上式根号中还包含油滴的半径 α，但因它处于修正项中，不需十分精确，因此可用式(5-38)计算。将式(5-39)代入式(5-37)，得

$$m=\frac{4}{3}\pi\left[\frac{9\eta v_g}{2\rho g}\frac{1}{1+\frac{b}{p\alpha}}\right]^{\frac{3}{2}}\rho \tag{5-40}$$

至于油滴匀速下降的速度 v_g，可用下法测出：当两极板间的电压 V 为零时，设油滴匀速下降的距离为 l，时间为 t_g，则

$$v_{\mathrm{g}}=\frac{l}{t_{\mathrm{g}}} \tag{5-41}$$

将式(5-41)代入式(5-40)，式(5-40)代入式(5-35)，得

$$q=\frac{18\pi}{\sqrt{2\rho g}}\left[\frac{\eta l}{t_{\mathrm{g}}\left(1+\frac{b}{p\alpha}\right)}\right]^{\frac{3}{2}}\frac{d}{V} \tag{5-42}$$

上式是用平衡测量法测定油滴所带电荷的理论公式。

【实验内容】

1. 调整仪器

将仪器放平稳，调节仪器底部调平螺丝，使水准泡指示水平(气泡位于中心)，这时平行极板处于水平位置。将油从油雾室旁的喷雾口喷入(喷一次即可)，微调测量显微镜的调焦手轮。这时视场中出现大量清晰的油滴。

2. 练习测量

(1) 练习控制油滴

用平衡法实验时，在平行极板上加工作(平衡)电压 250 V 左右，驱走不需要的油滴，直到剩下几颗缓慢运动的为止。注视其中的某一颗，仔细调节平衡电压，使这颗油滴静止不动。然后去掉平衡电压，让它匀速下降，下降一段距离后再加上平衡电压和升降电压，使油滴上升。如此反复多次地进行练习，以掌握控制油滴的方法。

(2) 练习测量油滴运动的时间

任意选择几颗运动速度快慢不同的油滴，测出它们下降一段距离所需要的时间。或者加上一定的电压，测出它们上升一段距离所需要的时间。如此反复多练几次，以掌握测量油滴运动时间的方法。

(3) 练习选择油滴

要做好本实验，很重要的一点是选择合适的油滴。选的油滴体积不能太大，太大的油滴虽然比较亮，但一般带的电荷比较多，下降速度也比较快，时间不容易测准确。油滴也不能选得太小，太小则布朗运动明显。通常可以选择平衡电压在 200 V 以上，在 20～30 s 时间内匀速下降 2 mm 的油滴，其大小和带电量都比较合适。

3. 正式测量

从式(5-42)可见，用平衡测量法实验时要测量的有两个量。一个是平衡电压 V，另一个是油滴匀速下降一段距离 l 所需要的时间 t_g。测量平衡电压必须经过仔细的调节，并将油滴置于分划板上某条横线附近，以便准确判断出这颗油滴是否平衡。

测量油滴匀速下降一段距离 l 所需要的时间 t_g 时，为了在按动停表时有所准备，应选让它下降一段距离后再测量时间。选定测量的一段距离 l，应该在平行极板之间的中央部分，即视场中分划板的中央部分。若太靠近上电极板，小孔附近有气流，电场也不均匀，会影响测量结果。太靠近下电极板，测量完时间 t_g 后，油滴容易丢失，影响测量。一般取 $l=1.2$ mm 比较合适。

对同一颗油滴应进行多次测量，而且每次测量都要重新调整平衡电压。如果油滴逐渐变得模糊，要微调测量显微镜跟踪油滴，勿使丢失。用同样方法分别为 4～5 颗油滴进行测量。

【实验参数】

油的密度	$\rho=981\ \mathrm{kg\cdot m^{-3}}$
重力加速度	$g=9.80\ \mathrm{m\cdot s^{-2}}$
空气的黏滞系数	$\eta=1.83\times10^{-5}\ \mathrm{kg\cdot m^{-1}\cdot s^{-1}}$
油滴匀速下降的距离取	$l=1.2\times10^{-3}\ \mathrm{m}$
修正常数	$b=8.22\times10^{-3}\ \mathrm{m\cdot Pa}$
大气压强	$p=1.013\times10^{5}\ \mathrm{Pa}$
平行极板距离	$d=5.00\times10^{-3}\ \mathrm{m}$

【注意事项】

1. 调整仪器时，如果需要打开油雾室，必须在老师的指导下操作，以防触电。
2. 喷油时喷雾器的喷头不要深入喷油孔内，防止大颗粒油滴堵塞落油孔。
3. 实验完毕及时揩擦油雾室内的积油。
4. 注意放置好喷雾器，不要把油洒到桌面上。

【思考题】

1. 在选择被测油滴时，希望油滴所带电量多还是少？为什么？
2. 实验中测量油滴匀速运动的时间 t 时，如何保证油滴做匀速运动？

【附录】仪器简介

仪器主要由油滴盒、CCD 电视显微镜、电路箱、监视器等组成。

1. 油滴盒是本仪器很重要部件，机械加工要求很高，其结构如图 5-22 所示。

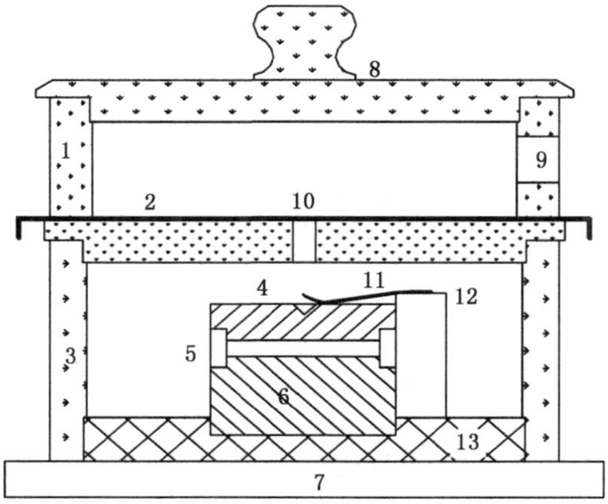

1—油雾室；2—油雾孔开关；3—防风罩；4—上电极板；5—胶木圆环；6—下电极板；7—底板；8—上盖板；9—喷雾口；10—油雾孔；11—上电极板压簧；12—上电极板电源插孔；13—油滴盒基座

图 5-22 油滴盒结构示意图

油滴盒防风罩前装有测量显微镜，通过胶木圆环上的观察孔观察平行极板间的油滴。监视器显示屏上有分划板，其总刻度相当于现实中 2.00 mm，用以测量油滴运动的距离 l。

分划板的刻度如图 5-23 所示。分划板中间的横向刻度尺是用来测量布朗运动的。

图 5-23 显示器分划板示意图

2. 仪器面板结构如图 5-24 所示。

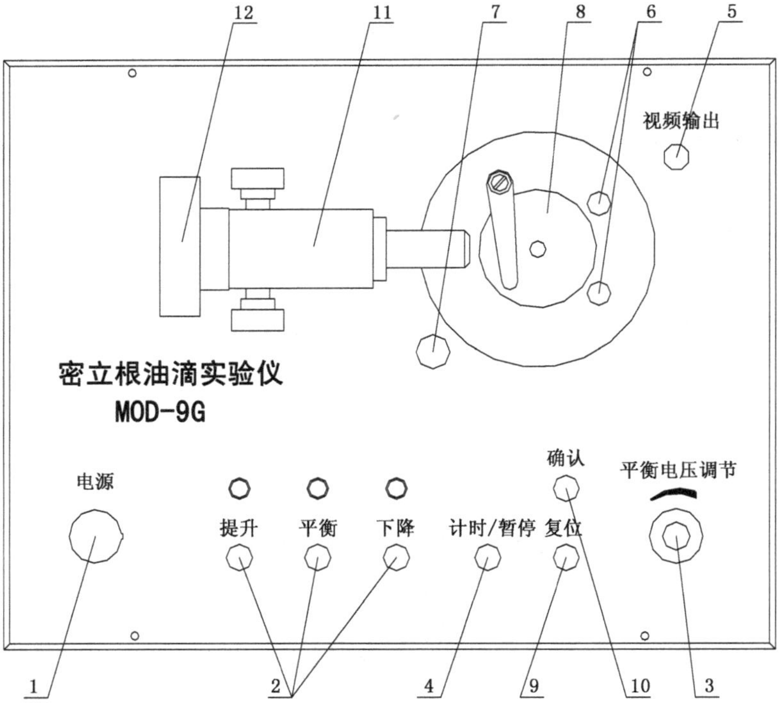

图 5-24 实验仪控制面板结构示意图

(1) 电源开关按钮:按下按钮,电源接通,主机工作。

(2) 功能控制开关:有平衡、升降、测量三挡(分别配有指示灯显示相应状态)。

① 当按下“平衡”按钮时,此时极板上加载了 0～500 V 左右平衡电压,可用平衡电压调节旋钮 3 来调节平衡电压大小,使被测量油滴处于平衡状态;

② 按下“提升”按钮时,上下电极在平衡电压的基础上自动增加 DC200～300 V 的提升

电压；

③ 按下“下降”按钮时，极板间电压为 0 V，被测量油滴处于被测量阶段而匀速下落，在“0”起始刻度线处按下“计时/暂停”按钮开始计时；油滴下落到“6”（即预定距离）时，迅速按下“计时/暂停”按钮，同时停止计时。

【数据处理说明】

为了证明电荷的不连续性和所有电荷都是基本电荷 e 的整数倍，并得到基本电荷 e 值，我们应对实验测得的各个电量 q 求最大公约数。这个最大公约数就是基本电荷 e 值，也就是电子的电荷值。但由于学生实验技术不熟练，测量误差可能要大些，要求出 q 的最大公约数有时比较困难，通常我们用“逆向验证法”进行数据处理。

逆向验证法作为本实验的最低要求，主观性色彩较浓。但在科研实践中，有时先对未知规律作出大胆猜想，再以假设结论作为理性指导去寻求实验支持，科学史上由此成功的案例比比皆是，同学们有必要熟悉这种研究方法。

设已求出所测 n 个油滴电量 $q_1, q_2, \cdots, q_i, \cdots, q_n$，用基本电荷公认值 $e=1.602\times10^{-19}$C 遍除 $q_i(i=1\sim n)$，得到 n 个商值 $N_1', N_2', \cdots, N_i', \cdots, N_n'$。将 N_i' 四舍五入取整，得到 n 个倍数 $N_1, N_2, \cdots, N_i, \cdots, N_n$。用 q_i 除以对应 N_i，得到 n 个基本电荷测量值 $e_1, e_2, \cdots, e_i, \cdots, e_n$。将 e_i 取平均，求标准偏差，写出结果表达式。将结果与公认值对比，并讨论系统误差的可能来源。

实验 5.7 钨的逸出功的测定

【实验目的】

1. 了解热电子发射的基本原理。
2. 掌握用里查逊直线法测定钨逸出功的方法。
3. 进一步学习数据处理方法。

【实验仪器】

逸出功测定仪（包括理想二极管、二极管电源、温度测量系统）。

【实验原理】

在高度真空的管子中，应用最广泛的纯金属阴极是钨，个别的亦有钼、钽等材料制成的。如果给阴极通以电流加热，金属中电子就可能逸出金属表面。这种因加热而使电子从金属中逸出的现象称为热电子发射。研究热电子发射的目的之一就是要选择合适的阴极物质。实验和理论证实：影响灯丝发射电流密度的主要参量是灯丝温度和灯丝物质的逸出功。灯丝温度愈高，发射电流密度愈大；金属的逸出功愈小，发射的电流密度亦愈大。因此理想的纯金属热电子发射体应该是具有较小的逸出功且有较高的熔点，使得工作温度得以提高，以期获得较大的发射电流。

1. 电子的逸出功

根据固体物理学的金属电子理论，金属中的传导电子具有一定的能量。但是它们处于简并情况，单个原子中的每一能级分裂为许多很靠近的能级，犹如一连续的带，称之为“能带”。现代电子论认为金属中电子能量分配不是按照麦克斯韦分布，而是按费米-狄拉克统计公式分布的。在绝对零度温度时，电子能量分布如图 5-25 中曲线①所示。这时电子具有最大的能量为费米能级 E_f 对应的能量。当温度高于绝对零度时，电子能量分布如图 5-25 中曲线②。这时有部分电子的能量大于 E_f，且高能量的电子数随着能量的增加按指数规律递减。

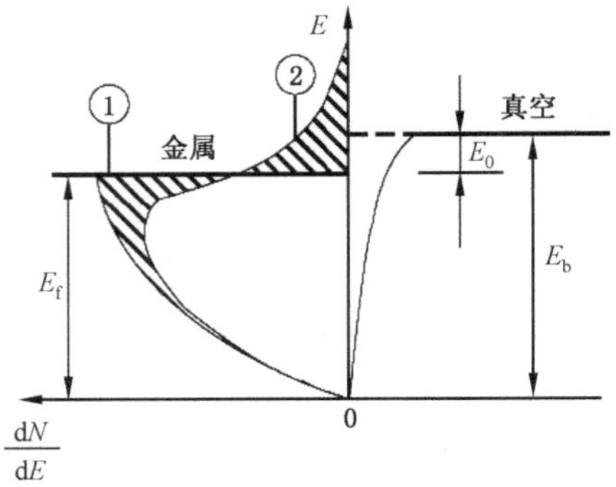

图 5-25　金属中的电子能量分布图

按上述分析，在通常温度下，金属中必然有部分电子的能量高于费米能级，但金属中几乎没有电子从其表面逸出。这是因为金属表面存在一个约 10^{-10} m 左右的电子-正电荷电偶层，阻碍电子从金属中逸出，即金属表面与外界（真空）之间存在一个势垒 E_b，电子要从金属中出来，至少要具备 E_b 的能量。从图 5-25 看出，要使处于绝对温度零度的金属中电子逸出表面。电子至少要从外界获得能量

$$E_0 = E_b - E_f = e\varphi \tag{5-43}$$

式中，$E_0(e\varphi)$为逸出功；φ 为逸出电位；e 为电子电量。

逸出功表征处于绝对温度零度时，金属中具有最大能量的电子逸出金属表面要获取的最小能量。逸出功的单位常用电子伏特(eV)。

2. 热电子发射公式

图 5-26 是测量热电子发射所形成的电流的原理图，它由理想二极管、电表、电源组成。

根据费米-狄拉克分布可以导出热电子发射遵循的里查逊-杜希曼公式：

$$I_s = AST^2 \exp\left(-\frac{e\varphi}{kT}\right) \tag{5-44}$$

式中，I_s 为热电子发射的电流强度；A 为与阴极表面化学纯度有关的系数；S 为阴极的有效发射面积；k 为玻耳兹曼常量（1.38×10^{-23} J/K）；T 为阴极材料热力学温度；$e\varphi$ 为逸出功。

原则上，只要测定 I_s、A、S 和 T，就可以由式(5-44)计算出逸出功。但是困难在于 A 和 S 的测量，所以在实际测量中常用下述的里查逊直线法。

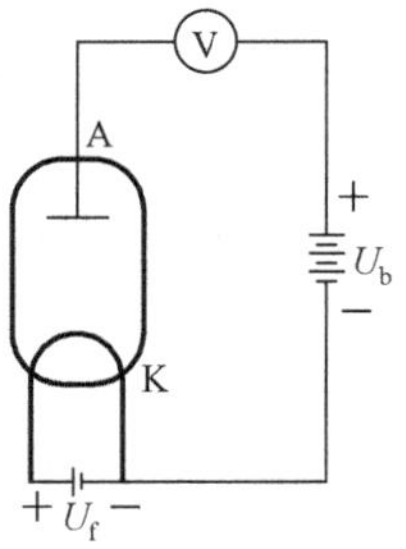

图 5-26　测量热电子发射所形成电流的原理

3. 里查逊直线法

将式(5-44)两边除以 T^2，再取对数得

$$\lg\frac{I_s}{T^2} = \lg AS - \frac{e\varphi}{2.303kT} = \lg AS - 5\,040\varphi\,\frac{1}{T} \tag{5-45}$$

从式(5-45)可以看出 $\lg\frac{I_s}{T^2}$ 与 $\frac{1}{T}$ 呈线性关系。如果我们以 $\lg\frac{I_s}{T^2}$ 作纵坐标，以 $\frac{1}{T}$ 为横坐标作图，然后从所得直线的斜率中就可求出电子的逸出电位 φ。这方法就叫作里查逊直线法。它的优点是可以不必求出 A、S 的具体数值，直接由 T 和 I_s 就可得出 φ 的值，A 和 S 的

影响只是使 $\lg \frac{I_s}{T^2}$-$\frac{1}{T}$直线平行移动。这种方法在实验、科研、生产上都有广泛应用。

4. 肖脱基效应

为了维持阴极发射的热电子能连续不断地飞向阳极，必须在阳极与阴极间外加一个加速电场 E_a。然而，由于 E_a 的存在，就必然助长了热电子发射，这就是所谓的肖脱基效应。肖脱基认为，在加速场 E_a 的作用下，阴极发射电流 I_a 与 E_a 有如下关系式

$$I_a = I\exp\left(\frac{\sqrt{e^3 E_a}}{kT}\right) \tag{5-46}$$

式中，I 为零场电流；k 为玻耳兹曼常量；T 为阴极温度；e 为电子电量。

对式(5-46)取对数得

$$\lg I_a = \lg I + \frac{e^{3/2}}{2.303kT}\sqrt{E_a} \tag{5-47}$$

为了简便，将阴极和阳极做成共轴圆柱形，并忽略接触电位差的影响，其加速电场可表示为

$$E_a = \frac{U_a}{r_1 \ln \frac{r_2}{r_1}} \tag{5-48}$$

式中，r_1 和 r_2 为阴极和阳极的半径；U_a 为加速电压。

将式(5-48)代入式(5-47)得

$$\lg I_a = \lg I + \frac{e^{3/2}}{2.303kT} \cdot \frac{1}{\sqrt{r_1 \ln \frac{r_2}{r_1}}} \cdot \sqrt{U_a} \tag{5-49}$$

由此式看出阴极温度一定时，对于确定的理想二极管(r_1 和 r_2 为定值)、$\lg I_a$ 和$\sqrt{U_a}$有线性关系。若以 $\lg I_a$ 为纵坐标，$\sqrt{U_a}$ 为横坐标作图，此直线的延长线与纵轴的交点为 $\lg I$，由此可求出在一定温度下的零场电流 I。图 5-27 为一组 $\lg I_a$-$\sqrt{U_a}$ 关系曲线。

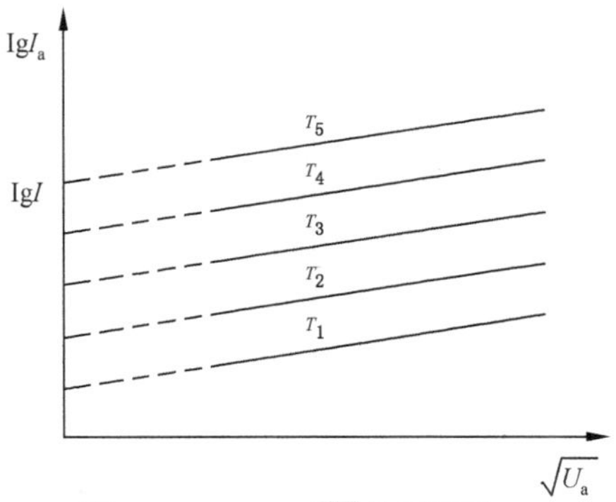

图 5-27 $\lg I_a$-$\sqrt{U_a}$ 关系图线

【实验内容 1】

1. 熟悉仪器装置，接通电源预热 10 min。

2. 取理想二极管参考灯丝电流 I_f 约从 0.55～0.75 A，每隔 0.05 A 进行一次测量，同时记录灯丝温度。

3. 对每一参考灯丝电流在阳极上加 25 V、36 V、49 V、64 V、81 V、100 V、121 V、144 V 诸电压，同时各测出一组相对应的阳极电流，分别记录数据于表 5-1，作图并换算成表 5-2。

4. 作出 $\lg I_a$-$\sqrt{U_a}$ 图线，求出截距 $\lg I$，即可得到在不同灯丝温度时的零场热电子发射电流 I。

5. 表 5-2 数据，作出 $\lg \frac{I_s}{T^2}$-$\frac{1}{T}$图线，从直线斜率求出钨的逸出功 $e\varphi$(或逸出电位 φ)。

6. 五组不同电流的数据表格同表 5-1。

按返回键“RIGHT”退到主菜单，按确定键“LEFT”可以继续浏览下一组数据，浏览完五组原始数据之后第六张表中存放的是处理后的中间数据。如表 5-2 所示。

7. 通过上、下方向键进入曲线拟合状态将阳极电流随阳极电压，灯丝温度的变化的关系显示出来，一共有两张图。一张是阳极电流随阳极电压的变化关系，还有一张是零电场发射电流与灯丝温度的关系。

图 5-28 虚线的意思是通过外延法测的零电场的发射电流。按确定键“LEFT”继续浏览下一张图，按返回键“RIGHT”退到主菜单。

图 5-29 测量点以×字显示，直线是通过最小二乘法拟合的效果。

8. 通过上、下方向键进入检查验收状态，按确定键“LEFT”可以判定试验是否合格。

9. 通过上、下方向键进入数据清除状态，按确定键“LEFT”可以清除数据。

10. 按背光键，可以通过左、右方向键来调节液晶屏的对比度。

11. 把逸出功公认值和用作图法计算出来的结果相比较，求出相对误差。

表 5-1　阳极电压与阳极电流数据记录表

主要仪器：　　　　　　　　精度：　　　　　　　　实验台号：

组号	1		2		3		4		5	
灯丝电流										
灯丝温度										
	阳极电压	阳极电流	阳极电压	阳极电流	阳极电压	阳极电流	阳极电压	阳极电流	阳极电压	阳极电流
1										
2										
3										
4										
5										
6										
7										
8										
量程										

表 5-2 lg I_s/T^2-1/T 关系数据记录表

T/K					
lgI_s					
lgI_s/T^2					
$1/T\times10^{-4}$					

逸出功 $e\varphi$=________eV

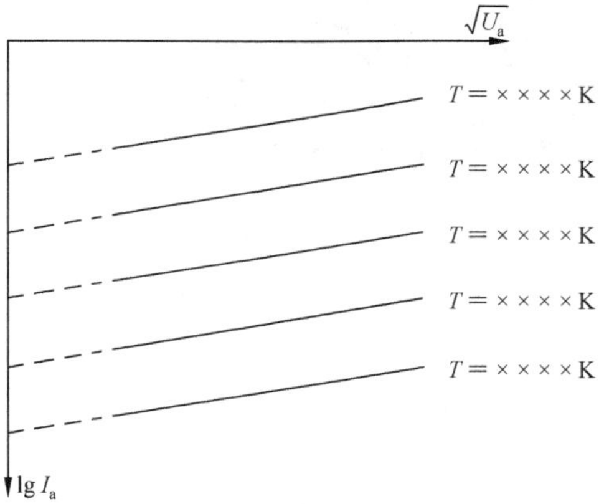

图 5-28 阳极电压与阳极电流图

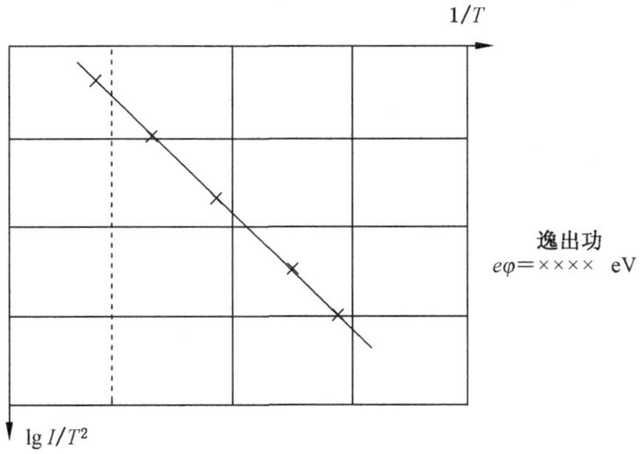

图 5-29 零电场发射电流与灯丝温度图

【实验内容 2】

1. 按照图 5-30 连接好实验电路,接通电源。

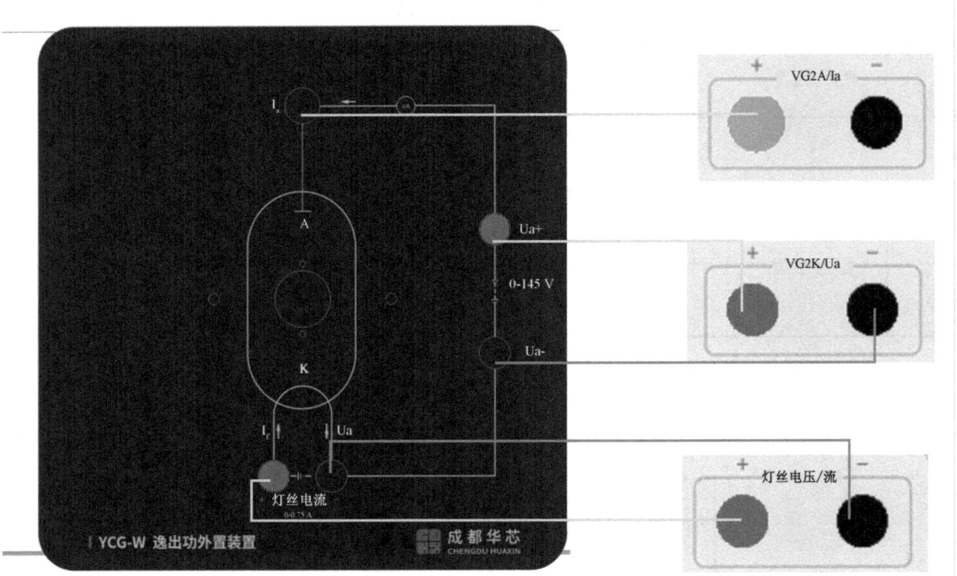

图 5-30　金属电子逸出功实验连线

2. 调节理想二极管灯丝电流 I_f，在 0.600～0.700 A 之间每隔 0.025 A 进行一次测量。对于每一灯丝电流，预热 3～5 分钟，对应温度按照 $T=900+1\ 430I_f$ 求得（如果阳极电流 I_a 偏小或偏大，也可适当增加或降低灯丝电流 I_f）。

3. 对应每一灯丝电流，在阳极上依次加上 25 V、36 V、49 V、64 V、81 V、100 V 的电压，各测出一组阳极电流 I_a 填入表 5-3。根据表 5-3 中的数据，作出 $\lg I_a$-$\sqrt{U_a}$ 线，此线的延长线与纵轴的交点即为 $\lg I$，由此可得在不同阴极温度时的零场热电子发射电流 I。

表 5-3　不同灯丝电流 I_f 和阳极电压 U_a 对应的阳极电流 I_a 值

I_f / U_a		0.600 A		0.625 A		0.650 A		0.675 A		0.700 A	
U_a	$\sqrt{U_a}$	I_a	$\lg I_a$	I_a	$\lg I_a$	I_a	$\lg I_a$	I_a	$\lg I_a$	I_a	$\lg I_a$
25 V											
36 V											
49 V											
64 V											
81 V											
100 V											

4. 根据 $\lg I_a \sim \sqrt{U_a}$ 图中截距数据完成表 5-4，作出 $\lg \dfrac{I}{T^2} \sim \dfrac{1}{T}$ 图。

表 5-4 lg (I/T^2)～$1/T$ 图线相关数据

I_f/A	0.600	0.625	0.650	0.675	0.700
T/K					
$\lg I$/mA					
$1/T/(10^{-4}\text{K}^{-1})$					
$\lg(I/T^2)$					

5. 根据 $\lg\dfrac{I}{T^2}\sim\dfrac{1}{T}$ 图，求出斜率 k，通过式(5-43)求出电子逸出电位及钨的逸出功，与公认值 4.540 eV 比较，求出相对误差。

【思考题】

1. 何谓逸出功？改变阴极的温度是否改变了阴极材料的逸出功？
2. 阴极温度的改变，对阴极热电子发射有何影响？
3. 里查逊直线法有何优点？
4. 何谓零场电流，本实验中如何得到的？
5. 灯丝电流为什么要保持稳定？测量中，每次改变 I_f 值时为什么要预热几分钟，然后再测数据？

【附录】仪器简介

1. 理想二极管

其结构原理如图 5-31 所示。它为直热式真空二极管，阴极与阳极为同轴圆形系统。阴极为待测逸出功的材料(本实验材料为钨)制成的细直线，阳极为镍片制成的圆筒。在阳极中部开有一小孔，以便用光测高温计测定灯丝温度。为避免灯丝两端温度较低和电场的边缘效应层，在阳极两端各装一圆筒形保护电极。保护电极和阳极加同一电压，但其电流不计入热电子发射电流中。

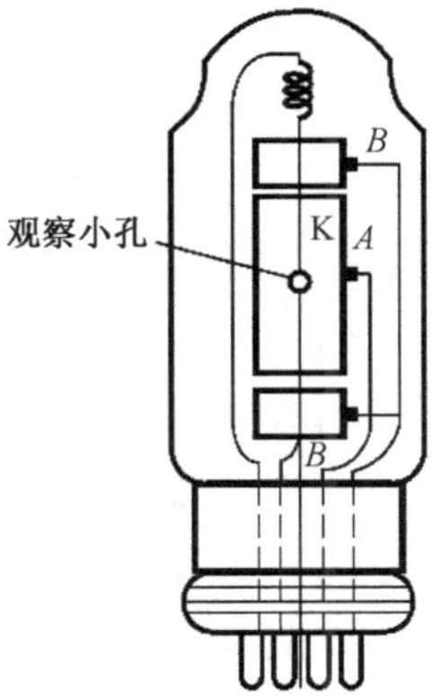

图 5-31 理想二极管的结构图

2. 实验电路

根据实验原理，实验电路如图 5-32 所示。220 Ω 的二只电阻是为了平衡灯丝上的电压降和阳极电压的关系而设置的平衡电阻。由于连接电路训练并非本实验的训练目的，因此理想二极管的电路已经在仪器中连接好了。

3. 仪器用途

本仪器是专门为大专院校做测量金属(钨)电子逸出功(或逸出电位)实验设计的中级物理实验仪器，由于该实验在方法上所用的里查逊直线法是一种常被采用的基本实验方法；在数据处理方面有较好的基本训练，因此该实验已逐步被引入工科物理实验。

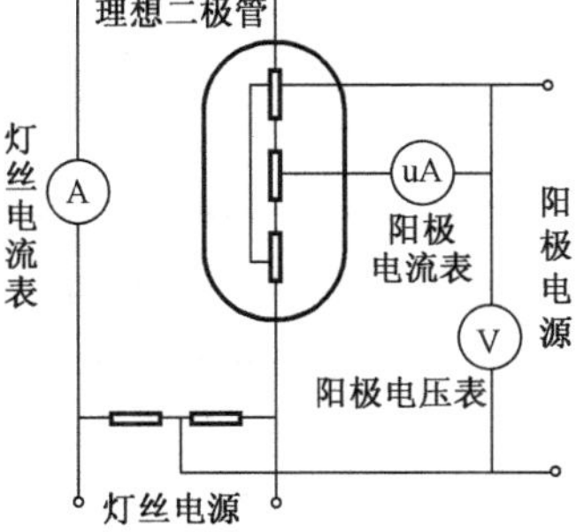

图 5-32 实验电路

4. 仪器特点

新式的电子逸出功测试仪与老式的相比具有以下几个优点：

(1) 在电路原理上的改进：老式的逸出功测试仪的稳压电源和测量电表需要外接，而新式的逸出功测试仪将所有的电源和测量电表集成在一起，免去了外部连线，缩小了实验场地。

(2) 性能上的改进：老式的逸出功测试仪使用机械式的电压表、电流表进行测量，测量值受到了很大的人为因素的干扰，如观察的角度等，因此测量误差较大。新式的逸出功测试仪采用数字化技术，将所有的模拟量都通过模数转换器转换成数字量进行测量，结果都以数字的形式显示，消除了人为因素的干扰、提高了实验的精度，使整机的误差缩小到了5%左右。

(3) 电气性能上的改进：通过数字电位器对标准二极管的灯丝电流和阳极电压进行嵌位，从而延长了标准二极管的使用寿命。

(4) 操作界面上的改进：老式的逸出功测试仪只是简单地显示出相应的电流、电压值。所有的结果处理都需要学生手动完成，因而操作起来费时费力还容易出错，导致了实验的成功率不高。新式的仪器采用了微处理器控制，大屏幕的 LCD 显示器，所有的测量菜单、表格都可以显示出来，操作直观，另外所有的数据处理、直线的拟合均由微处理器自动完成，减少了处理过程中的舍入误差的累积，提高了处理的精度。在测试仪上还具备评判的功能，对学生的实验结果作出评价。还可以通过 RS-232 接口将数据传送到电脑上进行更为详细的分析。

5. 主要技术指标

(1) 实验结果相对误差：≤5%

(2) 理想二极管

灯丝材料：钨丝

(3) 测量稳定度：≤±3LSB

(4) 测量精度

阳极电压、灯丝电流：12bitAD(1/4096)

阳极电流：10bit(1/1023)

(5) 其他

电源电压：220 V±10%　消耗功率：≤30 W

6. 仪器电路原理方框图(见图 5-33)

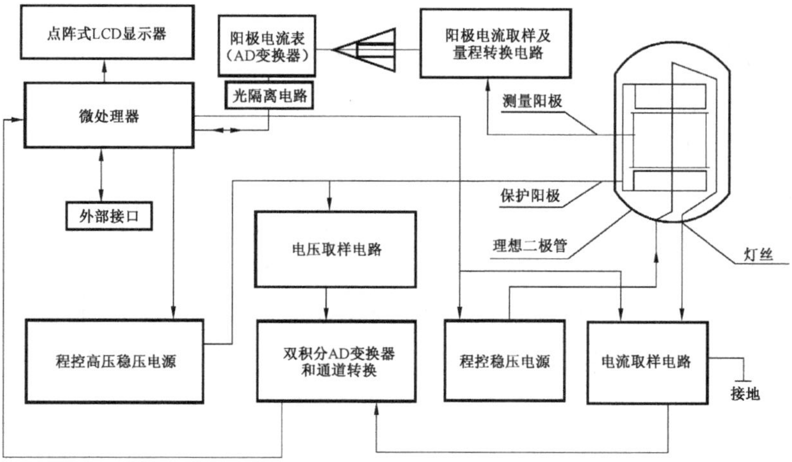

图 5-33　仪器电路原理方框图

7. 仪器操作说明

仪器需要预热 5～10 min，以便使测量结果稳定。

(1) 打开仪器，在欢迎画面之后进入主菜单，如图 5-34 所示。

(2) 面板上各键操作说明：

1) 上下左右键可以使光标移动到需要的项目上。按确定键“LEFT”进入该项功能中。

2) 需要数据测量时进入数据测量状态，这时显示出测量界面，如图 5-35 所示。

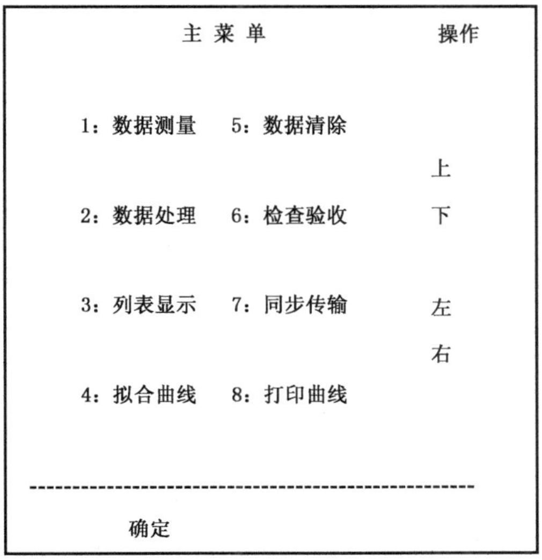

图 5-34 LCD 主菜单图

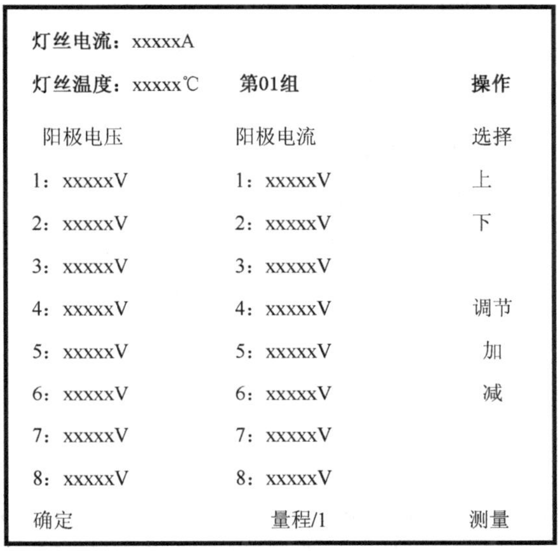

图 5-35 LCD 数据处理

图 5-34 中所有的测量数据都未定。按测量键“RIGHT”进入测量状态，第一个测量的是灯丝电流，在同一组中只测一次，上、下方向键可调整灯丝电流的大小。需要注意的是灯丝电流调整后，需要一定的时间才能达到热平衡，所以一定要等到灯丝电流稳定后才可以读数。数据在实时测量时是反白显示的。测量键“RIGHT”是启动测量、停止测量的控制键，按一下启动实时测量，再按一下停止实时测量，并自动把测量结果保存起来(注意测量的每一个数据都应该保存到仪器里)。在测量灯丝电流的同时灯丝温度会随着一起变化，并一起被保存起来。

3) 测量完灯丝电流之后，按一下测量键“RIGHT”停止测量。按一下右方向键可以启动阳极电压测量状态。在实时测量时，上、下键可以调整阳极电压的大小。待阳极电压稳定后，按一下测量键“RIGHT”停止测量，并自动把数据保存起来。再按一下右方向键进入阳极电流测量状态，待电流稳定后，按一下测量键“RIGHT”停止测量，并自动把数据保存起来。再按一下右方向键，可以继续测量下一阳极电压与阳极电流。

4) 在灯丝电流比较小时，可以通过量程转换键“MENU”切换量程(当灯丝电流为 0.55A 时，选择的量程应为“100”；当灯丝电流为 0.6A 时，选择的量程应为“10”；其他均为量程“1”)。需要注意的是在同一组中只能使用同一量程测量。

5) 在测量时，阳极电流随阳极电压的变化并不大，所以在同一组中第一个阳极电流可以作为量程的选择标准。阳极电流的量程范围是 0～1 023，合适的量程应该具备三位有效数字。阳极电流的实际值为显示值除以量程。如显示值为 0.666 mA，量程是/100 时，则结果是(0.666/100) mA＝6.66 μA。灯丝电流小时测量值稳定需要一定的时间，鉴别稳定的标准是数据长时间在某一个值的附近波动±2 即可。

6) 测量完一组数据后，按一下确定键“LEFT”可进入下一组的测量。待五组数据测完自动返回到主菜单。

7) 通过上、下方向键进入数据处理状态进行数据处理，处理内容包括将原始数据转换、最小二乘拟合等。等待画面完成之后处理完成，自动返回主菜单。

8) 通过上、下方向键进入列表显示状态把结果(包括原始测量的结果和处理过的中间数据)以表格的形式显示。

【注意事项】

1. 在一组测量中只能使用同一量程测量。
2. 变灯丝电流要等灯丝电流稳定后才可以测量，阳极电流测量值稳定需要一定时间。
3. 按键时要轻、快，不要滞留时间过长。

实验 5.8　液晶电光效应综合实验

液晶是介于液体与晶体之间的一种物质状态。一般的液体内部分子排列是无序的，而液晶既具有液体的流动性，其分子又按一定规律有序排列，使它呈现晶体的各向异性。当光通过液晶时，会产生偏振面旋转、双折射等效应。液晶分子是含有极性基团的极性分子，在电场作用下，偶极子会按电场方向取向，导致分子原有的排列方式发生变化，从而液晶的光学性质也随之发生改变，这种因外电场引起的液晶光学性质的改变称为液晶的电光效应。

【实验目的】

1. 掌握液晶光开关的基本工作原理和液晶光开关的电光特性。
2. 学习液晶光开关的视角特性。
3. 了解液晶光开关构成图像矩阵的方法，学习和掌握这种矩阵所组成的液晶显示器构成文字和图形的显示模式。

【实验仪器】

液晶光开关电光特性综合实验仪。

【实验原理】

1. 液晶光开关的工作原理

液晶的种类很多，仅以常用的 TN(扭曲向列)型液晶为例，说明其工作原理。

TN 型光开关的结构如图 5-36 所示。在两块玻璃板之间夹有正性向列相液晶，液晶分子的形状如同火柴一样，为棍状。电极表面的液晶分子按一定方向排列，且上下电极上的定向方向相互垂直。上下电极之间的那些液晶分子因范德瓦尔斯力的作用，趋向于平行排列。然而由于上下电极上液晶的定向方向相互垂直，所以从俯视方向看，液晶分子的排列从上电极的沿－45°方向扭曲到下电极的沿＋45°方向排列，整个扭曲了 90°，如图 5-36 左图所示。

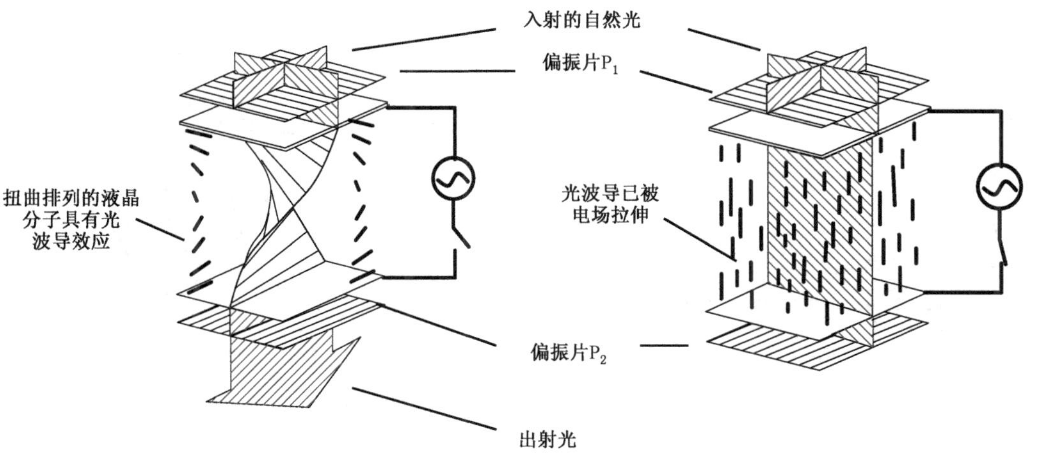

图 5-36 液晶光开关的工作原理

上述均匀扭曲排列起来的结构具有光波导的性质，即偏振光从上电极表面透过扭曲排列起来的液晶传播到下电极表面时，偏振方向会旋转 90°。取两张偏振片贴在玻璃的两面，P_1、P_2 的透光轴分别与上电极、下电极的定向方向相同，于是 P_1 和 P_2 的透光轴相互正交。

在未加驱动电压的情况下，来自光源的自然光经过偏振片 P_1 后只剩下平行于透光轴的线偏振光，该线偏振光到达输出面时，其偏振面旋转了 90°，这时光的偏振面与 P_2 的透光轴平行，因而有光通过。

在施加足够的电压(一般为 1～2 V)时，在静电场的作用下，除了基片附近的液晶分子被基片"锚定"以外，其他液晶分子趋于平行于电场方向排列。于是原来的扭曲结构被破坏，成了均匀结构，如图 5-36 右图所示。从 P_1 透射出来的偏振光的偏振方向在液晶中传播时不再旋转，保持原来的偏振方向到达下电极，这时光的偏振方向与 P_2 正交，因而光被关断。

由于上述光开关在没有电场的情况下让光透过，加上电场的时候光被关断，因此叫作常通型光开关，又叫作常白模式。若 P_1 和 P_2 的透光轴相互平行，则构成常黑模式。

2. 液晶光开关的电光特性

图 5-37 为光线垂直液晶面入射时，液晶相对透射率(以不加电场时的透射率为 100%)与外加电压的关系。对于常白模式的液晶，其透射率随外加电压的升高而逐渐降低，在一定电压下达到最低点，此后略有变化。可以根据此电光特性曲线图得出液晶的阈值电压和关断电压。

阈值电压：透过率为 90%时的驱动电压；

关断电压：透过率为 10%时的驱动电压。

液晶的电光特性曲线越陡，即阈值电压与关断电压的差值越小，由液晶开关单元构成的显示器件允许的驱动路数就越多。TN 型液晶最多允许 16 路驱动，故常用于数码显示。在电脑，电视等需要高分辨率的显示器件中，常采用 STN(超扭曲向列)型液晶，以改善电光特性曲线的陡度，增加驱动路数。

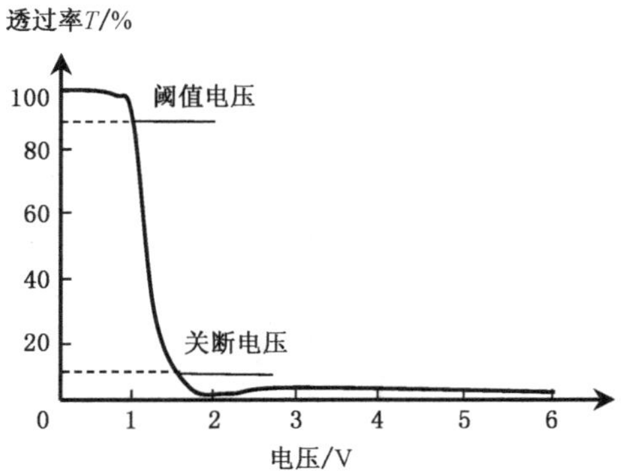

图 5-37 液晶光开关的电光特性曲线

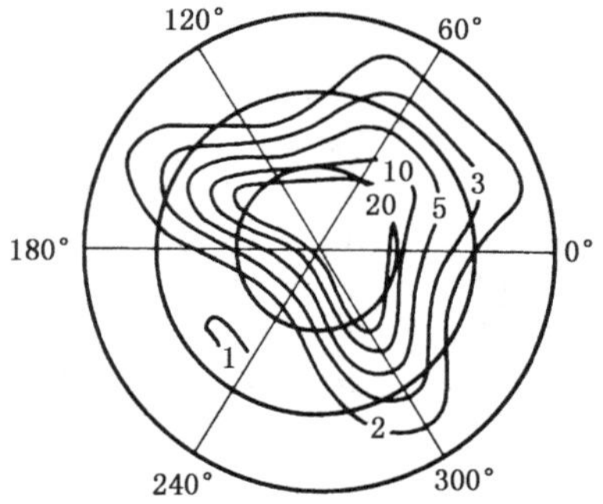

图 5-38 液晶的视角特性

3. 液晶光开关的视角特性

液晶光开关的视角特性表示对比度与视角的关系。对比度定义为光开关打开和关断时透射光强度之比，当对比度大于 5 时，可以获得满意的图像；当对比度小于 2 时，图像模糊不清。

图 5-38 表示了某种液晶视角特性的理论计算结果。图中，用曲线与原点的距离表示垂直视角（入射光线方向与液晶屏法线方向的夹角）的大小。3 个同心圆分别表示垂直视角为 30°、60°和 90°。90°同心圆外面标注的数字表示水平视角（入射光线在液晶屏上的投影与 0°方向之间的夹角）的大小。闭合曲线为不同对比度时的等对比度曲线。

由图 5-38 可以看出，液晶的对比度与垂直、与水平视角都有关，而且具有非对称性。若我们把具有图中所示视角特性的液晶开关逆时针旋转，以 220°方向向下，并由多个显示开关组成液晶显示屏。则该液晶显示屏的左右视角特性对称，在左、右和俯视 3 个方向，垂直视角接近 60°时对比度为 5，观看效果较好，而在仰视方向对比度随着垂直视角的加大迅速降低，观看效果差。

4. 液晶光开关构成图像显示矩阵的方法

液晶显示器通过对外界光线的开关控制来完成信息显示任务，为非主动发光型显示，其最大的优点在于能耗极低。

把图 5-39(a)所示的横条形状的透明电极做在一块玻璃片上，叫作行驱动电极，简称行电极（常用 Xi 表示）；而把竖条形状的电极制在另一块玻璃片上，叫作列驱动电极，简称列电极（常用 Si 表示）。把这两块玻璃片面对面组合起来，把液晶灌注在这两片玻璃之间构成液晶盒。为了画面简洁，通常将横条形状和竖条形状的 ITO 电极抽象为横线和竖线，分别代表扫描电极和信号电极，如图 5-39(b)所示。

矩阵型显示器的工作方式为扫描方式。欲显示图 5-39(b)的那些有方块的像素，首先在第 A 行加上高电平，其余行加上低电平，同时在列电极的对应电极 c、d 上加上低电平，于是 A 行的那些带有方块的像素就被显示出来了。然后第 B 行加上高电平，其余行加上低电平，同时在列电极的对应电极 b、e 上加上低电平，因而 B 行的那些带有方块的像素被显示出来了。然后是第 C 行、第 D 行、……，以此类推，最后显示出完整的图像。这种分时间扫描每一行的方式是平板显示器的共同的寻址方式，依这种方式，可以让每一个液晶光开关按照其上的电压的幅值让外界光关断或通过，从而显示出任意文字、图形和图像。

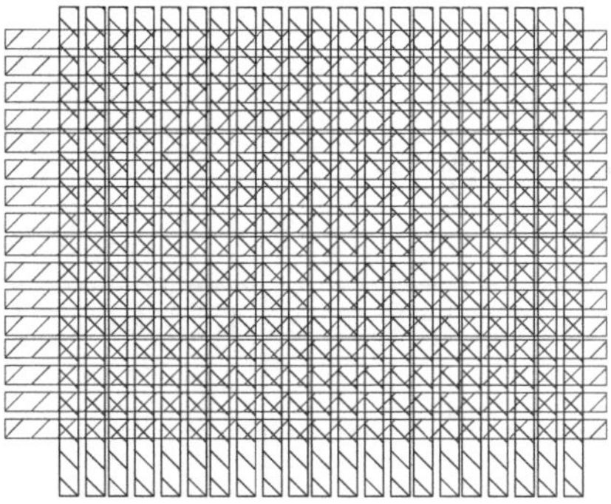

(a)

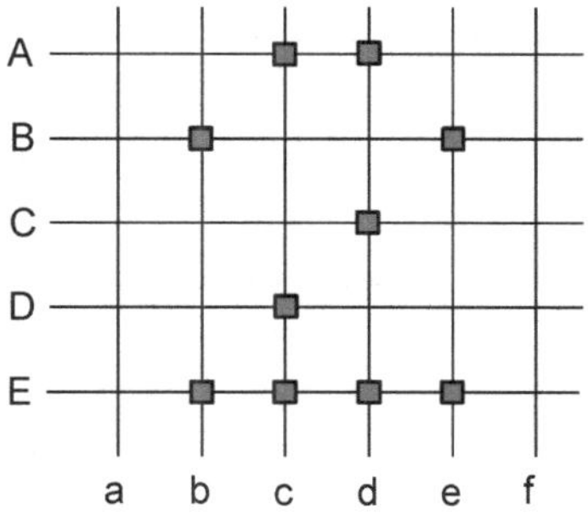

(b)

图 5-39 液晶光开关组成的矩阵式图形显示器

【实验内容】

1. 实验准备

将液晶板金手指(水平方向)插入转盘上的插槽,液晶凸起面必须正对光源发射方向。打开电源开关,点亮光源,预热 10 min 左右。

在正式进行实验前,首先需要检查仪器的初始状态,看发射器光线是否垂直入射到接收器;在静态 0 V 供电电压条件下,经校准后的透过率显示是否为“100%”。以上显示正确后方可开始实验。

2. 液晶光开关电光特性测量

将模式转换开关置于静态模式,将透过率显示校准为 100%,按表 5-5 的数据改变电压,使得电压值在 0~6 V 变化,记录相应电压下的透射率,重复测量 3 次。

3. 液晶光开关视角特性测量

(1) 水平方向视角特性的测量

将模式转换开关置于静态模式。首先将透过率显示调到 100%,以水平方向插入液晶板,在供电电压为 0 V 时,调节液晶屏与入射激光的角度,在每一角度下测量光强透过率最大值 T_{max}。然后将供电电压设置为 2.20 V,再次调节液晶屏角度,测量光强透过率最小值 T_{min},将数据记录于表 5-6 中。

(2) 垂直方向视角特性的测量

关断总电源后,取下液晶显示屏,将液晶板旋转 90°以垂直方向插入转盘插槽。重新通电,将模式转换开关置于静态模式。按照与(1)相同的方法和步骤,测量垂直方向的视角特性,并将数据记录于表 5-7 中。

4. 液晶的图像显示原理

将模式转换开关置于动态(图像显示)模式,液晶供电电压调到 5 V 左右。此时矩阵开关板上的每个按键位置对应一个液晶光开关像素。初始时各像素都处于开通状态,按 1 次矩阵开光板上的某一按键,可改变相应液晶像素的通断状态,所以可以利用点阵输入关断(或点亮)对应的像素,使暗像素(或点亮像素)组合成一个字符或文字。矩阵开关板右上角的按键为清屏键,用以清除已输入在显示屏上的图形。

实验完成后，关闭电源开关，取下液晶板妥善保存。

【数据记录与处理】

表 5-5 液晶光开关电光特性测量

主要仪器： 精度： 实验台号：

电压/V		0	0.5	0.8	1.0	1.2	1.4	1.6	1.8	2.0	2.2	2.4	3.0	4.0	5.0	6.0
透射率/%	1															
	2															
	3															
	平均															

计算相应电压下透射率的平均值，绘制液晶光开关电光特性曲线，由图得出阈值电压和关断电压。

表 5-6 液晶光开关视角特性测量——水平方向

主要仪器： 精度： 实验台号：

正角度/(°)	0	5	10	15	20	25	30	35	40	45	50	55	60	65	70	75
T_{max}/% (0 V)																
T_{min}/% (2.20 V)																
T_{max}/T_{min}																
负角度/(°)	0	5	10	15	20	25	30	35	40	45	50	55	60	65	70	75
T_{max}/% (0 V)																
T_{min}/% (2.20 V)																
T_{max}/T_{min}																

计算液晶的对比度。以角度为横坐标，对比度为纵坐标，绘制水平方向对比度随入射光入射角而变化的曲线，找出比较好的水平视角显示范围。

表 5-7 液晶光开关视角特性测量——垂直方向

主要仪器： 精度： 实验台号：

正角度/(°)	0	5	10	15	20	25	30	35	40	45	50	55	60	65	70	75
T_{max}/% (0 V)																
T_{min}/% (2.20 V)																
T_{max}/T_{min}																
负角度/(°)	0	5	10	15	20	25	30	35	40	45	50	55	60	65	70	75
T_{max}/% (0 V)																
T_{min}/% (2.20 V)																
T_{max}/T_{min}																

计算液晶的对比度。以角度为横坐标，对比度为纵坐标，绘制垂直方向对比度随入射光入射角而变化的曲线，找出比较好的垂直视角显示范围。

比较液晶水平和垂直方向的视角特性。

【注意事项】

1. 禁止用光束照射他人眼睛或直视光束本身，以防伤害眼睛。

2. 在液晶视角特性测量实验中，更换液晶板方向时，务必断开总电源后，再进行插取，否则将会损坏液晶板。

3. 液晶板凸起面必须要朝向光源发射方向，否则实验记录的数据为错误数据。

4. 在调节透过率100%时，如果透过率显示不稳定，则可能是光源预热时间不够，或光路没有对准，需要仔细检查，调节好光路。

5. 在校准透过率100%前，必须将液晶供电电压显示调到0.00 V或显示大于“250”，否则无法校准透过率为100%。在实验前，电压为0.00 V时，不要长时间按住“透过率校准”按钮，否则透过率显示将进入非工作状态，导致本组测试的数据错误，从而需要重新进行本组实验数据记录。

【思考题】

1. 施加电压的过程中，液晶板上有时会出现片状斑点，说明导致这种现象出现的可能原因。

2. 如何确定本实验所使用的液晶板是常黑型还是常白型？

3. 液晶屏视角特性测量有何意义？

◎ 第 6 章 设计性实验

实验 6.1 复摆研究

【实验目的】

1. 分析复摆物理模型。
2. 通过实验学习用复摆测量物体的转动惯量和验证平行轴定理。

【实验要求】

1. 自己设计实验方案测量物体的转动惯量和验证平行轴定理。
2. 探究无阻尼任意角复摆运动行为。
3. 自行设计实验测量方案验证公式，并作出（x，y）的相轨图。

【实验仪器】

复摆装置、多功能微秒计。

【实验提示】

1. 测量物体的转动惯量

如图 6-1 所示，当复摆作小角度（$\theta<5°$）摆动，且忽略阻尼的影响时，摆动周期 T 与转动惯量的关系

$$I_0=\frac{mgh_0T_0^2}{4\pi^2} \tag{6-1}$$

当待测物体的质心与复摆质心重合时（$h_x=h_0, x=0$），有

$$T=2\pi\sqrt{\frac{I_x+I_0}{Mgh_0}} \tag{6-2}$$

整理得

$$I_x=\frac{Mgh_0T^2}{4\pi^2}-I_0 \tag{6-3}$$

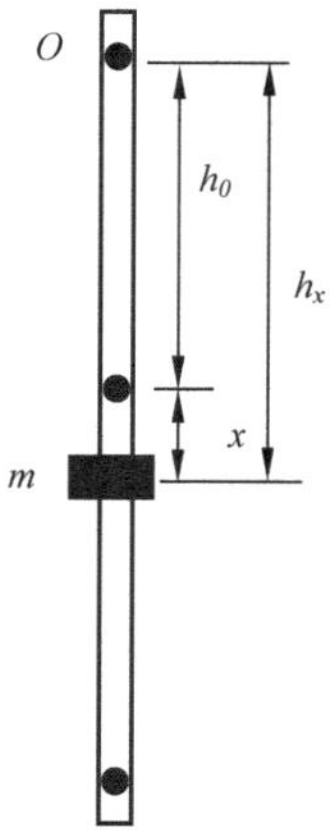

图 6-1 复摆测物体的转动惯量

式中，M 为复摆与待测物体总质量；I_x 为待测物绕 O 轴转动的转动惯量；I_0 为待测物绕自身质心转动的转动惯量。

将待测物体的质心调节到与复摆质心重合，测出周期 T，可求转动惯量为 I_x 和 I_{x_0}。

2. 验证平行轴定理

取质量和形状相同的两个摆锤 A 和 B，对称地固定在复摆质心 G 的两边，则

$$T=2\pi\sqrt{\frac{I_A+I_B+I_0}{Mgh_0}} \tag{6-4}$$

根据平行轴定理有

$$I_A=I_{A_0}+m_A(h_0-x)^2;I_B=I_{B_0}+m_B(h_0+x)^2 \tag{6-5}$$

二式相加得

$$I_A+I_B=2[I_{A_0}+m_A(h_0^2+x^2)] \tag{6-6}$$

整理得

$$T^2=\frac{8\pi^2 m_A}{Mgh_0}x^2+\frac{8\pi^2}{Mgh_0}(I_{A_0}+I_0+m_A h_0^2) \tag{6-7}$$

当以 x^2 为横轴，T^2 为纵轴，作 T^2-x^2 图像，应是直线，直线的截距为 a，斜率为 b。如果实验测得的 a、b 值与计算的理论值相等，也就证明平行轴定理成立。

3. 无阻尼任意角复摆运动行为的探究

$$\ddot{\theta}=-\omega^2\sin\theta \tag{6-8}$$

摆角很小时，整理得

$$\left(\frac{d\theta}{dt}\right)^2=E+2\omega_0^2\cos\theta \tag{6-9}$$

求得积分常数 E 为

$$E=-2\omega_0^2\cos\theta_0 \tag{6-10}$$

式中，θ_0 为最大角位移。

整理得

$$\omega_0 t=\int\frac{d\theta}{[2(\cos\theta-\cos\theta_0)]^{\frac{1}{2}}} \tag{6-11}$$

可求得任意摆角的周期为

$$T=T_0\left[1+\left(\frac{1}{2}\right)^2\sin^2\frac{\theta_0}{2}+\left(\frac{1}{2}\times\frac{3}{4}\right)^2\sin^4\frac{\theta_0}{2}+\cdots\right] \tag{6-12}$$

设 $\frac{d\theta}{dt}=y,\theta=x$，则 $\frac{d\theta}{dt}=\omega_0[2(\cos\theta-\cos\theta_0)]^{\frac{1}{2}}$ 可写成

$$y=\omega_0[2(\cos x-\cos\theta_0)]^{\frac{1}{2}} \tag{6-13}$$

根据上式可作出复摆任意摆角时的（x，y）相图。

实验 6.2 惯性秤实验

【实验目的】

1. 学会使用惯性秤测定物体质量的原理和方法。
2. 学习仪器的定标方法和求仪器常数的方法。
3. 研究重力对惯性秤的影响。

【实验要求】

1. 自行设计实验方案测定仪器常数及求待测物体的惯性质量。

2. 研究重力对惯性秤的影响。

【实验仪器】

惯性秤、周期测定仪。

【实验提示】

惯性质量表示物体惯性大小的量度，引力质量则表示物体引力大小的量度。任一物体的引力质量和它的惯性质量成正比。

有两种测定质量的方法：一是通过待测物体和选作质量标准的物体达到力矩平衡的杠杆原理求得；另一种是由测定待测物体和标准物体在相同的外力作用下的加速度而求得。惯性秤用振动法比较反映物体加速度的振动周期，去确定物体的质量。具体原理如下。

惯性秤平台调平后，将其沿水平方向推开一段距离，然后松手，平台上负载不大且平台位移较小时，平台是在水平方向作简谐振动，可得方程

$$(m_0+m_i)\frac{\mathrm{d}^2x}{\mathrm{d}t^2}=-Kx \tag{6-14}$$

解此方程，得平台的周期为

$$T=2\pi\sqrt{\frac{m_0+m_i}{K}} \tag{6-15}$$

先测得空秤($m_i=0$)时的周期 T，然后将具有相同惯性质量的片状砝码依次插入平台，测得相应的周期为 T_1，T_2，……，作 $T\text{-}m_i$ 曲线，若测得待测物体的周期时，即可从图线上找出相应的惯性质量值，则式(6-15)改写为

$$m_i=-m_0+\frac{K}{4\pi^2}T^2 \tag{6-16}$$

用一元线性回归法处理数据，即可得仪器的常数(空秤等效质量 m_0 和秤臂的弹性系数 K)，若已知待测物的周期可得该物体的惯性质量值。

实验 6.3 三线摆和扭摆实验

【实验目的】

1. 加深对转动惯量概念和平行轴定理等的理解。
2. 了解用三线摆和扭摆测转动惯量的原理和方法。
3. 掌握周期等物理量的测量方法。

【实验要求】

1. 用三线摆测定下圆盘对中心轴 OO' 的转动惯量和圆柱体对其质心轴的转动惯量。要求测得的圆柱体的转动惯量值与理论计算值($J=\frac{1}{2}mr_1{}^2$，r_1 为圆柱体半径)之间的相对误差不大于 5%。

2. 用三线摆验证平行轴定理。

3. 用扭摆测定圆盘的转动惯量和切变模量。

【实验仪器】

三线摆及扭摆实验仪、水准仪、米尺、游标卡尺、物理天平及待测物体、周期测定仪等。

【实验提示】

转动惯量是刚体转动惯性的量度，它与刚体的质量分布和转轴的位置有关。对于形状简单的均匀刚体，测出其外形尺寸和质量，就可以计算其转动惯量。对于形状复杂、质量分布不均匀的刚体，通常利用转动实验来测定其转动惯量。三线摆法和扭转摆法是其中的两种办法。为了便于与理论计算值比较，实验中的被测刚体均采用形状规则的刚体。

实验 6.4　霍尔式传感器的研究与应用

【实验目的】

1. 了解霍尔式传感器的原理与特性。
2. 了解交流激励霍尔片的特性。

【实验要求】

1. 研究霍尔式传感器在静态测量中的应用(制作电子秤)。
2. 研究霍尔式传感器在振动测量中的应用(对振幅的测量)。
3. 归纳总结霍尔元件的误差主要有哪几种，各自的产生原因是什么，应怎样进行补偿。

【实验仪器】

霍尔式传感器及磁场、霍尔片、频率振荡器、差动放大器、测微头及连接件、电桥模块、移相器、相敏检波器、低通滤波器、九孔板接口平台、万用表、直流恒压源、示波器和传感器实验台。

【实验提示】

金属或半导体薄片置于磁场中，当有电流流过时，在垂直于磁场和电流的方向上将产生电动势，这种物理现象称为霍尔效应。具有这种效应的元件成为霍尔元件，根据霍尔效应，霍尔元件在一个均匀梯度的磁场中沿水平方向移动，则输出的霍尔电动势为

$$U_{\mathrm{H}}=kx \tag{6-17}$$

式中，k 为位移传感器的灵敏度。

这样它就可以用来测量位移。霍尔电动势的极性表示了元件的方向。磁场梯度越大，灵敏度越高；磁场梯度越均匀，输出线性度就越好。

实验 6.5　压电传感器的研究

【实验目的】

1. 掌握压电效应，石英晶体的纵向压电效应的定义。
2. 了解石英晶体的突出优点；掌握影响石英晶体表面电荷密度大小的因素。
3. 掌握压电陶瓷的构成、极化处理、工作原理、压电陶瓷式传感器的优点。

4. 了解压电陶瓷材料。

【实验要求】

1. 了解压电式传感器的结构，研究其原理及应用。

2. 研究压电传感器的引线电容对电压放大器、电荷放大器的影响。

【实验仪器】

频率振荡器、压电式传感器、电压放大器、电荷放大器、低通滤波器、相敏检波器、万用表、单芯屏蔽线、差动放大器、直流稳压源、示波器、九孔板接口平台和传感器实验台。

【实验提示】

压电传感器中主要使用的压电材料包括有石英、酒石酸钾钠和磷酸二氢胺。其中石英(二氧化硅)是一种天然晶体，压电效应就是在这种晶体中发现的，在一定的温度范围之内，压电性质一直存在，但温度超过这个范围之后，压电性质完全消失(这个高温就是所谓的“居里点”)。由于随着应力的变化电场变化微小(也就说压电系数比较低)，石英逐渐被其他的压电晶体所替代。而酒石酸钾钠具有很大的压电灵敏度和压电系数，但是它只能在室温和湿度比较低的环境下才能够应用。磷酸二氢胺属于人造晶体，能够承受高温和相当高的湿度，所以已经得到了广泛的应用。

现在压电效应也应用在多晶体上，比如现在的压电陶瓷，包括钛酸钡压电陶瓷、PZT、铌酸盐系压电陶瓷、铌镁酸铅压电陶瓷等等。压电效应是压电传感器的主要工作原理，压电传感器不能用于静态测量，因为经过外力作用后的电荷，只有在回路具有无限大的输入阻抗时才得到保存。实际的情况并非这样，所以这决定了压电传感器只能够测量动态的应力。

实验 6.6　热电阻特性实验

【实验目的】

1. 研究 Pt100 铂电阻、Cu50 铜电阻和热敏电阻(NTC 和 PTC)的温度特性及其测温原理。

2. 研究比较不同温度传感器的温度特性及其测温原理。

3. 了解温度控制的最小微机控制系统。

4. 掌握实验中单片机在温度实时控制、数据采集、数据处理等方面的应用。

5. 学习运用不同的温度传感器设计测温电路。

【实验要求】

1. 自行设计测温电路来测量温度传感器的温度特性。

2. 用万用表直接测量法测量各温度传感器的电阻值，在不同的温度下，观察 Pt100 铂电阻、热敏电阻(NTC 和 PTC)和 Cu50 铜电阻的阻值的变化，分析比较它们的温度特性。

3. 用单臂电桥法测量各温度传感器的电阻值。在不同的温度下，观察 Pt100 铂电阻、热敏电阻(NTC 和 PTC)和 Cu50 铜电阻的阻值的变化；推导测量原理计算公式；分析比较它们的温度特性。

4. 用恒流法测量各温度传感器的电阻值。在不同的温度下，观察 Pt100 铂电阻、热敏电阻(NTC 和 PTC)和 Cu50 铜电阻的阻值的变化；推导测量原理计算公式；分析比较它们的温度特性。

【实验仪器】

九孔板、直流恒压源恒流源、温度传感器实验装置、数字万用表、电阻箱。

【实验原理】

1. Pt100 铂电阻的测温原理

金属铂的电阻值随温度变化而变化，利用铂的此种物理特性制成的传感器称为铂电阻温度传感器。铂电阻温度传感器精度高，稳定性好，应用温度范围广，是中低温区(−200～650 ℃)最常用的一种温度检测器，应用于工业测温和制成各种标准温度计(涵盖国家和世界基准温度)供计量和校准使用。

2. Cu50 铜电阻的温度特性原理

铜电阻是利用物质在温度变化时本身电阻也随着发生变化的特性来测量温度的。铜电阻的受热部分(感温元件)是用细金属丝均匀地双绕在绝缘材料制成的骨架上，当被测介质中有温度梯度存在时，所测得的温度是感温元件所在范围内介质层中的平均温度。

3. 热敏电阻的温度特性原理(NTC 型)

详见实验 3.3.3 的项目 1。

◎ 附　录

附表 1　基本和重要的物理常数

名称	符号	数值	单位
真空中的光速	c	$2.997\ 924\ 58\times10^{8}$	$m \cdot s^{-1}$
基本电荷	e	$1.602\ 189\ 2\times10^{-19}$	C
电子的静止质量	m_e	$9.109\ 534\times10^{-31}$	kg
质子质量	m_p	1.675×10^{-27}	kg
原子质量单位	u	$1.660\ 565\ 5\times10^{-27}$	kg
普朗克常数	h	$6.626\ 176\times10^{-34}$	$J \cdot s$
阿伏伽德罗常数	N_A	$6.022\ 045\times10^{23}$	mol^{-1}
摩尔气体常数	R	8.314 41	$J \cdot mol^{-1} \cdot K^{-1}$
玻尔兹曼常数	k	$1.380\ 62\times10^{-23}$	$J \cdot K^{-1}$
万有引力常数	G	6.67×10^{-11}	$N \cdot m^{2} \cdot kg^{-2}$
法拉第常数	F	$9.648\ 56\times10^{4}$	$C \cdot mol^{-1}$
热功当量	J	4.186	$J \cdot cal^{-1}$
里德伯常数	R_∞ R_H	$1.073\ 731\ 77\times10^{7}$ $1.096\ 775\ 76\times10^{7}$	m^{-1}
洛喜密德常数	n	$2.687\ 19\times10^{25}$	m^{-3}
库仑常数	$1/4\pi\varepsilon_0$	8.988×10^{9}	$N \cdot m^2/C^2$
电子荷质比	e/m_e	$1.758\ 804\ 7\times10^{11}$	$C \cdot kg^{-1}$
电子静止能量	$m_e c^2$	0.511 0	MeV
质子静止能量	$m_p c^2$	938.3	MeV
原子质量单位的等价能量	mc^2	9 315	MeV
标准大气压	p	$1.013\ 25\times10^{5}$	Pa
电子磁矩	$\mu=\frac{E\pi}{2M}$	$0.927\ 3\times10^{-23}$	$J \cdot m^2 \cdot Wb^{-1}$
冰点绝对温度	T_0	273.15	K
标准状态下声音在空气中的速度	c	331.46	$m \cdot s^{-1}$

（续表）

名称	符号	数值	单位
标准状态下干燥空气的密度	$\rho_{空气}$	1.293	$kg \cdot m^{-3}$
标准状态下水银密度	$\rho_{水银}$	135 95.04	$kg \cdot m^{-3}$
标准状态下理想气体的摩尔体积	V_m	$22.413\ 83 \times 10^{-3}$	$m^3 \cdot mol^{-1}$
真空介电常数(电容率)	ε_0	$8.854\ 188 \times 10^{-12}$	$F \cdot m^{-1}$
真空的磁导率	μ_0	$12.566\ 371 \times 10^{-7}$	$H \cdot m^{-1}$
钠光谱中黄线波长	D	589.3×10^{-9}	m
在 15 ℃，101 325 Pa 时镉光谱中红线的波长	λ_{cd}	$643.846\ 96 \times 10^{-9}$	m
转换因子			
$1\ eV = 1.602 \times 10^{-19}\ J$ $1 Å = 10^{-10}\ m$ 1 原子质量单位 $= 1.661 \times 10^{-27}\ kg$			

附表 2 在 20 ℃ 时某些金属的弹性模量(杨氏模量)[①]

金属	杨氏模量 E	
	GPa	$Pa(N \cdot m^{-2})$
铝	70.00～71.00	$(7.000 \sim 7.100) \times 10^{10}$
钨	415.0	4.150×10^{11}
铁	190.0～210.0	$(1.900 \sim 2.100) \times 10^{11}$
铜	105.0～130.0	$(1.050 \sim 1.300) \times 10^{11}$
金	79.00	7.900×10^{10}
银	70.00～82.00	$(7.000 \sim 8.200) \times 10^{10}$
锌	800.0	8.000×10^{11}
镍	205.0	2.050×10^{11}
铬	240.0～250.0	$(2.400 \sim 2.500) \times 10^{11}$
合金钢	210.0～220.0	$(2.100 \sim 2.200) \times 10^{11}$
碳钢	200.0～210.0	$(2.000 \sim 2.100) \times 10^{11}$
康铜	163.0	1.630×10^{11}

注：① 杨氏模量的值跟材料的结构、化学成分及其加工制造方法有关。因此在某些情况下，E 的值可能与表中所列的平均值不同。

附表 3　在 20 ℃时与空气接触的液体的表面张力系数

液体	$\sigma/(\times10^{-3}\ N\cdot m^{-1})$	液体	$\sigma/(\times10^{-3}\ N\cdot m^{-1})$
航空汽油(在 10℃时)	21	氟利昂-12	9.0
石油	30	蓖麻油	36.4
煤油	24	甘油	63
松节油	28.8	水银	513
水	72.75	甲醇	22.6
肥皂溶液	40	乙醇	22.3

附表 4　水在不同温度下与空气接触的表面张力系数

温度/℃	$\sigma/(\times10^{-3}\ N\cdot m^{-1})$	温度/℃	$\sigma/(\times10^{-3}\ N\cdot m^{-1})$	温度/℃	$\sigma/(\times10^{-3}\ N\cdot m^{-1})$
0	75.62	16	73.34	30	71.15
5	74.90	17	73.20	40	69.55
6	74.76	18	73.05	50	67.90
8	74.48	19	72.89	60	66.17
10	74.20	20	72.75	70	64.41
11	74.07	21	72.60	80	62.60
12	73.92	22	72.44	90	60.74
13	73.78	23	72.28	100	58.84
14	73.64	24	72.12		
15	73.48	25	71.96		

附表 5　某些金属和合金的电阻率及温度系数

金属或合金	电阻率①/($\mu\Omega\cdot m$)	温度系数/$℃^{-1}$	金属或合金	电阻率/($\mu\Omega\cdot m$)	温度系数/$℃^{-1}$
铝	0.028	42×10^{-4}	锌	0.059	42×10^{-4}
铜	0.0172	43×10^{-4}	锡	0.12	44×10^{-4}
银	0.016	40×10^{-4}	水银	0.958	10×10^{-4}
金	0.024	40×10^{-4}	伍德合金	0.52	37×10^{-4}
铁	0.098	60×10^{-4}	钢(0.10%～0.15%碳)	0.10～0.14	6×10^{-3}
铅	0.205	37×10^{-4}	康铜	0.47～0.51	$(-0.04\sim+0.01)\times10^{-3}$
铂	0.105	39×10^{-4}	铜锰镍合金	0.34～1.00	$(-0.03\sim+0.02)\times10^{-3}$
钨	0.055	48×10^{-4}	镍铬合金	0.98～1.10	$(0.03\sim0.4)\times10^{-3}$

注：①电阻率与金属中的杂质有关，因此表中列出的只是 20 ℃时的电阻率的平均值。

附表 6 标准化热电偶的特性

名称	国标	分度号	旧分度号	温度范围/℃	100℃时的电动势/mV
铂铑 10-铂	GB 3772—1983	S	LB-3	0～1 600	0.645
铂铑 30-铂铑 6	GB 2902—1982	B	LL-2	0～1 800	0.033
铂铑 13-铂	GB 1598—1986	R	FDB-2	0～1 600	0.647
镍铬-镍硅	GB 2614—1985	K	EU-2	−200～1 300	4.095
镍铬-考铜			EA-2	0～800	6.95
镍铬-康铜	GB 4993—1985	E		−200～900	5.268
铜-康铜	GB 2903—1989	T	CK	−200～350	4.277
铁-康铜	GB 4994—1985	J		−40～750	6.317

附表 7 固体的比热容

物质	温度/℃	比热容		物质	温度/℃	比热容	
		kcal[①]/(kg·K)	kJ/(kg·K)			kcal/(kg·K)	kJ/(kg·K)
铝	20	0.214	0.895	镍	20	0.115	0.481
黄铜	20	0.0917	0.380	银	20	0.056	0.234
铜	20	0.092	0.385	钢	20	0.107	0.447
铂	20	0.032	0.134	锌	20	0.093	0.389
生铁	20	0.13	0.54	玻璃	20	0.14～0.22	0.585～0.920
铁	20	0.115	0.481	冰	20	0.43	1.797
铅	20	0.030 6	0.130	水	20	0.999	4.176

注：① 1 cal=4.186 J

附表 8 液体的比热容

物质	温度/℃	比热容		物质	温度/℃	比热容	
		kJ/(kg·K)	kcal/(kg·K)			kJ/(kg·K)	kcal/(kg·K)
乙醇	0	2.30	0.55	氟利昂-12	20	0.84	0.20
	20	2.47	0.59	变压器油	0～100	1.88	0.45
甲醇	0	2.43	0.58	汽油	10	1.42	0.34
	20	2.47	0.59		50	2.09	0.50
水	0	4.220	1.009	水银	0	0.1465	0.035 0
	20	4.182	0.999		20	0.1390	0.033 2
乙醚	20	2.34	0.56	甘油	18		0.58

附表 9　不同温度时干燥空气中的声速

m/s

温度/℃	0	1	2	3	4	5	6	7	8	9
60	366.05	366.60	367.14	367.69	368.24	368.78	369.33	369.87	370.42	370.96
50	360.51	361.07	361.62	362.18	362.74	363.29	363.84	364.39	364.95	365.50
40	354.89	355.46	356.02	356.58	357.15	357.71	358.27	358.83	359.39	359.95
30	349.18	349.75	350.33	350.90	351.47	352.04	352.62	353.19	353.75	354.32
20	343.37	343.95	344.54	345.12	345.70	346.29	346.87	347.44	348.02	348.60
10	337.46	338.06	338.65	339.25	339.91	340.43	341.02	341.61	342.20	342.78
0	331.45	332.06	332.66	333.27	333.87	334.47	335.07	335.67	336.27	336.87
−10	325.33	324.71	324.09	323.47	322.84	322.22	321.60	320.97	320.34	319.72
−20	319.09	318.45	317.82	317.19	316.55	315.92	315.28	314.64	314.00	313.36
−30	312.72	312.08	311.43	310.78	310.14	309.49	308.84	308.19	307.53	306.88
−40	306.22	305.56	304.91	304.25	303.58	302.92	302.26	301.59	300.92	300.25
−50	299.58	298.91	293.24	297.56	296.89	296.21	295.53	294.85	294.16	293.48
−60	292.79	292.11	291.42	290.73	290.03	289.34	288.64	287.95	287.25	286.55
−70	285.84	285.14	284.43	283.73	283.02	282.30	281.59	280.88	280.16	279.44
−80	278.72	278.00	277.27	276.55	275.82	275.09	274.36	273.62	272.15	272.15
−90	271.41	270.67	269.92	269.18	268.42	267.68	266.93	266.17	265.42	264.66

附表 10　在常温下某些物质相对于空气的光的折射率

物质 \ 波长	H_a 线(656.3 nm)	D 线(589.3 nm)	H 线(486.1 nm)
水(18℃)	1.344 1	1.3332	1.3373
乙醇(18℃)	1.360 9	1.362 5	1.366 5
二硫化碳(18℃)	1.619 9	1.629 1	1.654 1
冕玻璃(轻)	1.512 7	1.515 3	1.521 4
冕玻璃(重)	1.612 6	1.615 2	1.621 3
燧石玻璃(轻)	1.603 8	1.608 5	1.620 0
燧石玻璃(重)	1.743 4	1.751 5	1.772 3
方解石(寻常光)	1.654 5	1.658 5	1.667 9
方解石(非常光)	1.484 6	1.486 4	1.490 8
水晶(寻常光)	1.541 8	1.544 2	1.549 6
水晶(非常光)	1.550 9	1.553 3	1.558 9

参考文献

［1］ 秦艳芬．大学物理实验［M］．北京：清华大学出版社，2020．

［2］ 高兴茹，母小云，吴萍．大学物理实验［M］．北京：清华大学出版社，2019．

［3］ 罗晓琴，罗浩．新编大学物理实验［M］．北京：科学出版社，2019．

［4］ 袁文峰，王家政，张静华，等．物理量测量［M］．北京：科学出版社，2019．

［5］ 孙秀平．大学物理实验教程［M］．北京：北京理工大学出版社，2019．

［6］ 李钰，李云宝．大学物理实验教程［M］．北京：科学出版社，2017．

［7］ 陈庆东，甄志强．大学物理实验［M］．北京：人民邮电出版社，2018．

［8］ 丁喜峰，王锁明，孙鑫．大学物理实验［M］．秦皇岛：燕山大学出版社，2014．

［9］ 仲志强．大学物理实验［M］．南京：南京大学出版社，2009．

［10］ 吴泳华．大学物理实验［M］．北京：高等教育出版社，2001．

［11］ 吴俊林．科学实验探索与创新设计［M］．北京：科学出版社，2017．

［12］ 李学慧，刘军，部德才．大学物理实验［M］．北京：高等教育出版社，2018．

［13］ 游泳，邓建杰，张静，等．大学物理实验［M］．北京：北京理工大学出版社，2019．

［14］ 吴兴林，武颖丽．物理实验［M］．西安：西安电子科技大学出版社，2018．

［15］ 康垂令．物理实验［M］．武汉：武汉理工大学出版社，2009．

［16］ 吕桓林，王永良．大学物理实验［M］．北京：北京邮电大学出版社，2019．

［17］ 毕会英．大学物理实验［M］．北京：北京航空航天大学出版社，2019．

［18］ 邢凯，丁琦．大学物理实验［M］．上海：同济大学出版社，2019．

［19］ 杨强，周晶．大学物理实验［M］．北京：北京邮电大学出版社，2018．

［20］ 吴兴林，代少玉．近代物理实验［M］．西安：西安电子科技大学出版社，2019．

［21］ 马宁生，李佛生．光学实验［M］．北京：北京理工大学出版社，2019．

［22］ 鲁芬．普通物理实验［M］．北京：北京邮电大学出版社，2018．

［23］ 原所佳．物理实验教程［M］．北京：北京航空航天大学出版社，2019．